计算机网络控制技术研究

李建辉　武俊丽　马　军◎著

吉林出版集团股份有限公司

图书在版编目（CIP）数据

计算机网络控制技术研究 / 李建辉，武俊丽，马军著. — 长春：吉林出版集团股份有限公司，2021.7
ISBN 978-7-5731-0034-4

Ⅰ. ①计… Ⅱ. ①李… ②武… ③马… Ⅲ. ①计算机网络—控制系统 Ⅳ. ①TP393

中国版本图书馆 CIP 数据核字（2021）第 148726 号

计算机网络控制技术研究

著　　者	李建辉　武俊丽　马　军	
责任编辑	曲珊珊	
封面设计	林　吉	
开　　本	787mm×1092mm　1/16	
字　　数	290 千	
印　　张	13.25	
版　　次	2021 年 9 月第 1 版	
印　　次	2021 年 9 月第 1 次印刷	
出版发行	吉林出版集团股份有限公司	
电　　话	总编办：010-63109269	
	发行部：010-63109269	
印　　刷	北京宝莲鸿图科技有限公司	

ISBN　978-7-5731-0034-4　　　　　　　　　　　　定价：86.00 元

前 言

随着科技和互联网的飞速发展，计算机在人们的日常工作和生活中的应用范围快速扩大，已经渗透到人们工作和生活的各个领域。但由于计算机的开放性，计算机病毒层出不穷，网络黑客的猖獗活动，网络安全受到前所未有的威胁。因此，对网络安全的威胁必须采取有效的计算机网络安全技术，对于保障现代社会人们工作和生活的正常进行，显得十分重要。

由于互联网具有充分开放、不设防护的特点使加强电子商务的安全问题日益紧迫，只有在全球范围建立一套人们能充分信任的安全保障制度，确保信息的真实性、可靠性和保密性，才能够打消人们的顾虑，放心的参与电子商务；否则，电子商务的发展将失去其支撑点。加强电子商务的安全，需要采取更为严格的管理措施，需要国家建立健全法律制度，同时更需要有科学的先进的安全技术。

本书分别从计算机信息技术与网络技术安全两个方面进行论述，系统介绍了信息与网络安全管理各方面的知识。本书主要内容包括：计算机网络安全概述、网络安全系统模型 、安全态势感知体系框架和态势理解技术、认证 Agent 的实现及防护、入侵检测技术方法、基于模型的网络安全风险评估、基于无线局域网的异构无线网络攻击环境及防御、网络信息系统安全的技术对策等相关内容。本书始终把内容的可读性、实用性、先进性和科学性作为撰写原则，力求做到内容新颖、结构清晰、概念准确、理论联系实际。

此外，本书在写作的过程中参考了大量学前教育管理学相关著作的理论与研究文献，在此向涉及的专家学者们表示衷心的感谢。最后，限于作者水平有不足，加之时间仓促，本书难免存在疏漏和不足之处，在此，恳请同行专家和读者朋友批评指正。

目 录

第一章　计算机网络安全概述

计算机网络安全是指利用网络管理控制和技术措施，保证在一个网络环境里，数据的保密性、完整性及可使用性受到保护。计算机网络安全包括两个方面物理安全和逻辑安全。物理安全指系统设备及相关设施受到物理保护，免于破坏、丢失等。逻辑安全主要包括信息的完整性、保密性和可用性。随着计算机网络的不断发展，全球信息化已成为人类发展的大趋势。但由于计算机网络具有联结形式多样性、互连性等特征，加之安全机制的缺乏和防护意识不强，致使网络易受黑客、恶意软件和其他不轨行为的攻击，因此，网络信息的安全和保密是一个至关重要的问题。

第一节　计算机网络安全的含义

在信息技术领域，信息安全和计算机系统安全是两个相互依赖而又很难分开的问题。保证信息安全的一个必要条件是实现计算机系统的安全，而保证计算机系统安全的一个必要条件是实现信息安全，这或许就是此问题难解决的原因。如果说两者有什么基本的共同之处的话，那就在于两者的实现都是通过"存取控制"或"访问控制"来作为最后一道安全防线（如果不考虑基于审计或其他信息的攻击检测方法的话）。在这道防线之前，自然就是"身份鉴别"或"身份认证"。为此，各种"授权"或"分配"技术就应运而生了。从根本上说，操作系统安全、数据库安全和计算机网络安全的基本理论是相通的。计算机网络的安全问题是伴随人类社会进步和发展而凸显其重要性。信息技术革命不仅给人们带来工作和生活上的便利，同时也使人们处于一个更易受到侵犯和攻击的境地。例如，个人隐私的保密性就是在信息技术中使人们面对的最困难的问题之一。在"全球一村"的网络化时代，传统的物理安全技术和措施不足以充分保证信息和系统的安全。

一、计算机网络安全概述

人类步入 21 世纪这一信息社会、网络社会后，我国将建立起一套完整的网络安全体系，特别是从政策上和法律上建立起有中国特色的网络安全体系。21 世纪全世界的计算机都将通过互联网联到一起，信息安全的内涵也随之发生了根本的变化。它不仅从一般性的防卫变成了一种非常普遍的防范，而且还从一种专门的领域扩大到整个信息体系。一个国家的信息安全体系实际上包括国家的法规和政策，以及技术与市场的发展平台。我国在构建信息防卫系统时，应着力发展自己独特的安全产品，我国要想真正解决网络安全问题，最终的办法就是通过发展民族的安全产业，从而带动我国网络安全技术的整体提高。网络安全产品有以下几大特点：第一，网络安全来源于安全策略与技术的多样化，如果采用一种统一的技术和策略也就不安全了；第二，网络的安全机制与技术要不断变化；第三，随着网络在社会各个方面的延伸，进入网络的手段也越来越多，因此，网络安全技术是一个十分复杂的系统工程。因此，建立有中国特色的网络安全体系，需要国家政策和法规的支持及集团联合研究开发。

安全与反安全就像矛盾的两个方面，总是不断地向上攀升，所以安全产业将来也是一个随着新技术发展而不断发展的产业。信息安全是国家发展所面临的一个重要问题。对于这个问题，我们还没有从系统的规划上去考虑它，从技术上、产业上、政策上来发展它。政府不仅应该看见信息安全的发展是我国高科技产业的一部分，而且应该看到，发展安全产业的政策是信息安全保障系统的一个重要组成部分，甚至应该看到，它对我国未来电子化、信息化的发展将起到非常重要的作用。

1．计算机网络安全的定义及特征

计算机网络安全是指利用网络控制和技术措施，保证在一个网络里，数据的保密性、完整性及可使用性受到保护，不因偶然的或者恶意的原因而遭到破坏、更改、泄露。计算机网络安全包括两个方面安全和安全。物理安全指系统设备及相关设施受到物理保护，免于破坏、丢失等。逻辑安全包括：信息的完整性、保密性和可用性。网络安全从其本质上讲就是网络上的信息安全，指网络系统的硬件、软件及数据受到保护，不遭受破坏、更改、泄露，系统可靠正常地运行，网络服务不中断。从用户的角度，他们希望涉及个人和商业的信息在网络上传输时受到机密性、完整性和真实性的保护，避免其他人或对手利用窃听、冒充、篡改、抵赖等手段对自己的利益和隐私造成损害和侵犯。从网络运营商和管理者的角度来说，他们希望对本地网络信息的访问、读写等操作受到保护和控制，避免出现病毒、非法存取、拒绝服务和网络资源的非法占用和非法控制等威胁，从而制止和防御网络"黑客"的攻击。

网络安全根据其本质的界定，应具有以下基本特征：

（1）机密性

机密性是指信息不泄露给非授权的个人、实体和过程，或供其使用的特性。在网络系统的各个层次上都有不同的机密性及相应的防范措施。在物理层，要保证系统实体不以电磁的方式向外泄露信息，在运行层面，要保障系统依据授权提供服务，使系统任何时候都不被非授权人使用，对黑客入侵、口令攻击、用户权限非法提升、资源非法使用等。

（2）完整性

完整性是指信息未经授权不能被修改、不被破坏、不被插入、不延迟、不乱序和不丢失的特性。

（3）可用性

可用性是指合法用户访问并能按要求顺序使用信息的特性，即保证合法用户在需要时可以访问到信息及相关资料。在物理层面，要保证信息系统在恶劣的工作环境下能正常进行。在运行层面，要保证系统时刻能为授权人提供服务及系统的可用性，使得发布者无法否认所发布的信息内容。接受者无法否认所接收的信息内容，对数据抵赖采取数字签名。

（4）可控性

可控性是指对网络上的信息及信息系统实施安全监控，做到能够控制授权范围内的信息流向、传播及行为方式，控制网络资源的使用及使用网络资源的人或实体的使用方式。

（5）审查性

审查性是为了对出现的安全问题提供调查的依据和手段，使系统内所有发生的与安全有关的动作均有说明性记录可查。

2. 计算机网络安全的研究目的、意义和背景

目前计算机网络面临着很大的威胁，其构成的因素是多方面的。这种威胁将不断给社会带来巨大的损失。网络安全已被信息社会的各个领域所重视。随着计算机网络的不断发展，全球信息化已成为人类发展的大趋势，给政府机构、企事业单位带来了革命性的改革。然而，由于计算机网络具有联结形式多样性、终端分布不均匀性和网络的开放性、互连性等特征，致使网络易受黑客、病毒、恶意软件和其他不轨行为的攻击，所以，网上信息的安全和保密是一个至关重要的问题。对于军用的自动化指挥网络、C3I 系统、银行和政府等传输敏感数据的计算机网络系统而言，其网上信息的安全和保密尤为重要。因此，上述的网络必须有足够强的安全措施，否则该网络将是个无用、甚至会危及国家安全的网络。无论是在局域网还是在广域网中，都存在着自然和人为等诸多因素的潜在威胁和网络的脆弱性。故此，网络的安全措施应是能全方位地针对各种不同的威胁和网络的脆弱性，只有这样才能确保网络信息的保密性、完整性和可用性。

为了确保信息的安全与畅通，研究计算机网络的安全以及防范措施已迫在眉睫。本节就进行初步探讨计算机网络安全的管理及其技术措施。认真分析网络面临的威胁，计算机网络系统的安全防范工作是一个极为复杂的系统工程，同时也是一个安全管理和技术防范相结合的工程。在目前法律法规尚不完善的情况下，首先各计算机网络应用部门领导要重视，要加强工作人员的责任心和防范意识，自觉执行各项安全制度，在此基础上，再采用先进的技术和产品，构造全方位的防御机制，从而使系统在理想的状态下运行。

3. 计算机网络安全的组成

（1）网络实体安全。如计算机的物理条件、物理环境及设施的安全标准，计算机硬件、附属设备及网络传输线路的安装及配置等；

（2）软件安全。如保护网络系统不被非法侵入，系统软件与应用软件不被非法复制、篡改、不受病毒的侵害等；

（3）数据安全。如保护网络信息的数据安全，不被非法存取，保护其完整、一致等；

（4）网络安全管理。如运行时突发事件的安全处理等，主要包括：采取计算机安全技术，建立安全管理制度，开展安全审计，进行风险分析等内容。

二、常用的网络安全技术

1. 杀毒软件技术

杀毒软件是我们计算机中最为常见的软件，也是用得最为普通的安全技术方案，因为这种技术实现起来最为简单，然而我们知道，杀毒软件的主要功能就是杀毒，功能比较有限，不能完全满足网络安全的需要。这种方式对于个人用户或小企业基本能满足需要，但如果个人或企业有电子商务方面的需求，就不能完全满足了，值得欣慰的是随着杀毒软件技术的不断发展，现在的主流杀毒软件同时对预防木马及其他的一些黑客程序的入侵有不错的效果。还有的杀毒软件开发商同时提供了软件防火墙，具有一定防火墙功能，在一定程度上能起到硬件防火墙的功效，比如，360、金山防火墙、Norton 防火墙等。

2. 防火墙技术

防火墙技术是指网络之间通过预定义的安全策略，对内外网通信强制实施访问控制的安全应用措施。防火墙如果从实现方式上来分，又分为硬件防火墙和软件防火墙两类，我们通常意义上讲的硬防火墙为硬件防火墙，它是通过硬件和软件的结合来达到隔离内外部网络的目的，价格较贵，但效果较好，一般小型企业和个人很难实现；软件防火墙是通过纯软件的方式实现隔离内外部网络的目的，价格很便宜，但这类防火墙只能通过一定的规则来达到限制一些非法用户访问内部网的目的。然而，防火墙也并非人们想象的那样不可渗透。在过去的统计中，曾遭受过黑客入侵的网络用户有三分之一是有防火墙保护的，也就是说要保证网络信息的安全还必须有其他一系列保护措施，例如，对数据进行加密处理。需要说明的是防火墙只能抵御来自外部网络的侵扰，而对企业内部网络的安全却无能为力，要保证企业内部网的安全，还需通过对内部网络的有效控制加以实现。

3. 数据加密技术

与防火墙配合使用的安全技术还有文件加密与数字签名技术。数据加密技术就是对信息进行重新编码，从而隐藏信息内容，致使非法用户无法获取信息真实内容的一种技术手段，它是为提高信息系统及数据的安全性和保密性，防止秘密数据被外部窃取、侦听或破坏所采用的主要技术手段之一。按作用不同，文件加密和数字签名技术主要分为数据传输、数据存储、数据完整性的鉴别以及密钥管理技术四种。数据存储加密技术是以防止在存储环节上的数据失密为目的，可分为密文存储和存取控制两种；数据传输加密技术的目的是对传输中的数据流加密，常用的有线路加密和端口加密两种方法；数据完整性鉴别技术的目的是对介入信息的传送、存取、处理人的身份和相关数据内容进行验证，以达到保密的要求，系统通过对比验证对象输入的特征值是否符合预先设定的参数，实现对数据的安全保护。数据加密在许多场合集中表现为密匙的应用，密匙管理技术事实上是为了数据使用方便。密匙的管理技术主要包括：密匙的产生、分配保存、更换与销毁等各环节上的保密措施。

数据加密技术主要是通过对网络数据的加密来保障网络的安全可靠性，能够有效地防止机密信息的泄漏。此外，它也广泛地应用于信息鉴别、数字签名等技术中，用来防止欺骗，这对信息处理系统的安全起到极其重要的作用。

4. 系统容灾技术

一个完整的网络安全体系，只有防范和检测措施是不够的，还必须具有灾难容忍和系统恢复能力。由于任何一种网络安全设施都不可能做到万无一失，一旦发生漏防漏检事件，其后果将是灾难性的。此外，天灾人祸、不可抗力等原因所导致的事故也会对信息系统造成毁灭性的破坏。这就要求即使发生系统灾难，也能快速地恢复系统和数据，完整地保护网络信息系统的安全。现阶段主要有基于数据备份和基于系统容错的系统容灾技术。

数据备份是数据保护的最后屏障，不允许有任何闪失。但离线介质不能保证安全。数据容灾通过 IP 容灾技术来保证数据的安全。数据容灾使用两个存储器，在两者之间建立复制关系，一个放在本地，另一个放在异地。本地存储器供本地备份系统使用，异地容灾备份存储器实时复制本地备份存储器的关键数据，两者通过 IP 相连，构成完整的数据容灾系统，也能提供数据库容灾功能。

集群技术是一种系统级的系统容错技术，通过对系统的整体冗余和容错来解决系统任何部件失效而引起的系统死机和不可用问题。集群系统可以采用双机热备份、本地集群网络和异地集群网络等多种形式实现，分别提供不同的系统可用性和容灾性。其中，异地集群网络的容灾性是最好的。存储、备份和容灾技术的充分结合，构成的数据存储系统，是数据技术发展的重要阶段。随着存储网络化时代的发展，传统的功能单一的存储器将逐渐让位于一体化的多功能网络存储器。

5. 入侵检测技术

网络入侵检测技术也称为网络实时监控技术，它通过硬件或软件对网络上的数据流进行实时检查，并与系统中的入侵特征数据库等比较，一旦发现有被攻击的迹象，立刻根据用户所定义的动作作出反应，比如，切断网络连接，或通知防火墙系统对访问控制策略进行调整，将入侵的数据包过滤掉等。因此，入侵检测是对防火墙有益的补充，可在不影响网络性能的情况下对网络进行监听，从而提供对内部攻击、外部攻击和误操作的实时保护，大大提高网络的安全性。

6. 网络安全扫描技术

网络安全扫描技术是检测远程或本地系统安全脆弱性的一种安全技术，通过对网络的扫描，网络管理员可以了解网络的安全配置和运行的应用服务，及时发现安全漏洞，客观评估网络风险等级。利用安全扫描技术，可以对局域网络、Web 站点、主机操作系统、系统服务以及防火墙系统的安全漏洞进行服务，检测在操作系统上存在的可能导致遭受缓冲区溢出攻击或者拒绝服务攻击的安全漏洞，同时还可以检测主机系统中是否被安装了窃听程序、防火墙系统是否存在安全漏洞和配置错误。

从严格的意义上来讲，没有绝对安全的网络系统。提高网络的安全系数是要以降低网络效率和增加投入为代价的。在目前的情况下，我们应当全面考虑综合运用防火墙、加密技术、防毒软件等多项措施，互相配合，加强管理，从中寻找到确保网络安全与网络效率的平衡点，综合提高网络的安全性，从而建立起一套信息网络的安全体系。

网络安全与网络的发展息息相关，关系着 Internet 的进一步发展和普及。网络安全不能仅依靠杀毒软件、防火墙和漏洞检测等硬件设备的防护，还应注重树立人的计算机安全意识，才可能更好地进行防护，从而真正享受到网络带来的巨大便利。

网络安全是一个综合性和复杂性的问题。面对网络安全行业的飞速发展以及整个社会越来越快的信息化进程，各种新技术将会不断出现和应用。网络安全孕育着无限的机遇和挑战，作为一个热门的研究领域和其拥有的重要战略意义，相信未来网络安全技术将会取得更加长足的发展。

三、网络安全现状分析

网络安全问题已是当今世界比较棘手的问题，无论是数量、手段，还是性质、规模，都已经到了令人咋舌的程度。

1. 网络安全现状

网络安全问题已是全世界共同关注并迫切需要解决的问题。互联网和网络应用以飞快的速度不断发展，网络应用日益普及并更加复杂，网络安全问题是互联网和网络应用发展中面临的重要问题。网络攻击行为日趋复杂，各种方法相互融合，致使网络安全防御更加困难。黑客攻击行为组织性更强，攻击目标从单纯地追求"荣耀感"向获取多方面实际利益的方向转移，网络木马、间谍程序、恶意网站、网络仿冒等的出现和日趋泛滥；手机、掌上电脑等无线终端的处理能力和功能通用性提高，使其日趋接近个人计算机，针对这些无线终端的网络攻击已经开始出现，并将进一步发展。总而言之，网络安全问题变得更加错综复杂，影响将不断扩大，很难在短期内得到全面解决。

据美国金融时报报道，世界上平均每 20 秒就发生一次网络入侵事件，国外方面，据有关方面统计，目前，美国每年由于网络安全问题而遭受的经济损失超过170亿美元，德国、英国也均在数十亿美元以上，法国、日本、新加坡的问题也很严重；国内方面，面对网络安全的严峻形势，我国的网络安全系统在预测、反应、防范和恢复能力方面存在许多薄弱的环节。据英国《简氏战略报告》和其他网络组织对各国信息防护能力的评估，我国被列入网络防护能力最低的国家之一，不仅大大低于美国、俄罗斯和以色列等网络安全强国，而且排在印度、韩国之后。近年来，国内与网络有关的各类违法行为以每年30%的速度递增。事实上，我们听到的关于网络安全的事件只是实际所发生的事件中非常微小的一部分，相当多的事件并没有被发现，即使被发现，由于这样或那样的原因，人们并不愿意公开它。据专家估计，每公开报道一次网络入侵，同时就有近500例是不被公众所知晓的。因此，安全问题已经摆在了非常重要的位置上，网络安全如果不加以防范，会严重影响网络的应用。

2. 网络安全的重要性

随着计算机技术的不断发展，计算机网络已经成为信息时代的重要特征，人们称它为信息高速公路。网络是计算机技术和通信技术的产物，是应社会对信息共享和信息传递的要求发展起来的，各国都在建设自己的信息高速公路。我国近年来计算机网络发展的速度也很快，在国防、电信、银行、广播等方面都有广泛的应用。笔者相信在不久的将来，计算机网络一定会得到极大的发展，那时将全面进入信息时代。正因为网络应用的如此广泛，又在生活中扮演很重要的角色，所以其安全性是不容忽视的。

第二节　影响计算机网络安全的因素

在不断的发展过程中，计算机网络安全与否是一个重要而复杂的问题。电脑安全被定义为数据处理系统建立安全保护，保护互联网硬件、软件、数据不因偶然和恶意的破坏原因更改和泄漏。总体而言，对计算机网络的安全性的影响主要有以下几个方面。

一、应用系统和软件安全漏洞

WEB服务器和浏览器难以保障安全，最初人们引入CGI程序目的是让主页活起来，然而，很多人在编CGI程序时对软件包并不十分了解，多数人不是新编程序，而是对程序加以适当的修改，这样一来，很多CGI程序就难免具有相同安全漏洞，且每个操作系统或网络软件的出现都不可能完美无缺，因此，始终处于危险的境地，一旦连接入网，将成为众矢之的。

1. 关于计算机网络存在安全漏洞分析简单介绍

漏洞是在硬件、软件、协议具体实现或系统安全策略上存在缺陷，从而可以方便攻击者能够在未授权情况下访问或破坏系统。近几年来，Intenet发展异常迅速，但人们并没有采取多少措施来提高其安全性，因此，在计算机网络中存在缓冲区溢出问题、假冒用户问题、完全欺骗用户等问题都是漏洞表现。根据网络漏洞产生原因、存在位置和利用漏洞攻击原理来进行分类，分类情况如下：信息化社会全面发展为我们构建了自由、开放、共享网络环境，使人们生活、工作、学习得到切实的便利与优化，同时也使网络安全漏洞问题日益凸显。黑客攻击、病毒侵犯使本来有序网络环境变得日渐复杂，而各类丰富信息资源也受到了严重的安全威胁，一旦遭到不良攻击，轻者信息数据被篡改、服务器不能正常运转，网络不能正常使用；重者整个数据库系统瘫痪、崩溃，人们财物、金钱丢失、重要国家机密被窃取，从而严重危害了人们自身利益、国家公众利益。

（1）操作系统安全漏洞

操作系统是一个平台，要支持各种各样应用，各种操作系统都存在着先天缺陷和由于不断增加新功能而带来漏洞。操作系统安全漏洞主要有四种：一是输入输出非法访问；二是访问控制混乱；三是操作系统陷门；四是不完全中介。

（2）网络协议安全漏洞

tcp/ip 是冷战时期产物，目标是要保证通达及传输正确性，通过来回确认来证实数据的完整性。而 tcp/ip 没有内在控制机制来支持源地址鉴别，来证实 ip 从哪儿来，这就是 tcp/ip 漏洞根本所在。黑客通过侦听方式来截获数据，对数据进行检查，推测 tcp 系列号，修改传输路由，从而破坏数据。

（3）数据库安全漏洞

盲目信任用户输入是保障 web 应用安全第一敌人。用户输入主要来源是 html 表单中提交参数，如果不能严格地验证这些参数合法性，计算机病毒、人为操作失误对数据库产生破坏以及未经授权而非法进入数据库就有可能危及服务器安全。

（4）网络软件安全漏洞网络软件安全漏洞主要表现如下：

①匿名 ftp。

②电子邮件。电子邮件存在安全漏洞使得电脑黑客很容易将经过编码电脑病毒加入该系统中，以便对上网用户进行随心所欲控制。

③域名服务。域名是连接自己和用户生命线，只有建立整个"生命网"注册并拥有全部相关甚至相似域名，才可以保护自己。但不幸的是，这个"生命网"上漏洞多得让人防不胜防。

④web 编程人员编写 cgi、asp、php 等程序存在问题，会暴露系统结构或服务目录可读写，从而扩大了黑客入侵空间。

2. 计算机网络安全漏洞种类

网络高度便捷性、共享性使之在广泛开放环境下极易受到这样或那样威胁与攻击，例如，拒绝服务攻击、后门及木马程序攻击、病毒、蠕虫侵袭、arp 攻击等。而威胁主要对象则包括机密信息窃取、网络服务中断、破坏等。例如，在网络运行中常见缓冲区溢出现象、假冒伪装现象、欺骗现象均是网络漏洞最直接的表现。

（1）操作系统本身漏洞及链路连接漏洞

计算机操作系统是一个统一用户交互平台，为了给用户提供便利，系统需全方位地支持各种各样功能应用，而其功能性越强，漏洞则势必越多，受到漏洞攻击可能性也会越大。而操作系统服务时间越久，其漏洞被暴露可能性同样会大大增加，受到网络攻击机率将随之升高，即便是设计性能再强、再兼容系统也必然会存在漏洞。计算机在服务运用中，需要通过链路连接实现网络互通功能，既然有了链路连接，就势必会存在对链路连接攻击、对互通协议攻击、对物理层表述攻击以及对会话数据链攻击，等等。

（2）tcp/ip 协议缺陷与漏洞及安全策略漏洞

网络通信畅通运行离不开应用协议高效支持，而 tcp/ip 固有缺陷决定其没有相应控制机制对源地址进行科学鉴别，也就是说，ip 地址从哪里产生无从确认，而黑客则可利用侦听方式劫持数据，推测序列号，篡改路由地址，使鉴别过程被黑客数据流充斥。此外，在计算机系统中各项服务正常开展依赖于响应端口开放功能，例如，要使 http 服务发挥功能就必须开放 80 端口，如果提供 smtp 服务，则需开放 25 端口等。而端口开放则给网络攻击带来了可乘之机。在针对端口各项攻击中，传统防火墙建立方式已不能发挥有效防攻击职能，尤其对于基于开放服务流入数据攻击、隐蔽隧道攻击及软件缺陷攻击更束手无策、望尘莫及。

二、后门和木马程序

在计算机系统中，后门是指软、硬件制作者为了进行非授权访问而在程序中故意设置的访问口令，然而也由于后门的存大，对处于网络中的计算机系统构成潜在的严重威胁。木马程序是一种后门程序，其中以特洛伊木马首当其冲，它是一种基于远程控制的黑客工具，被控制端相当于一台服务器，控制端则相当于一台客户机，被控制端为控制端提供服务，具有隐蔽性和非授权性的特点。虽然木马程序手段越来越隐蔽，只要加强个人安全防范意识，还是可以大大地降低"中招"的机率。

1. 特洛伊木马的特点

（1）包含在正常程序中，当用户执行正常程序时，启动自身，在用户难以察觉的情况下，完成一些危害用户的操作，具有隐蔽性。由于木马所从事的是"地下工作"，因此，它必须隐藏起来，它会想尽一切办法不让你发现它。很多人对木马和远程控制软件有点分不清，还是让我们举个例子来说吧。我们进行局域网间通讯的常用软件 PcAnywhere 大家一定不陌生吧？我们都知道它是一款远程控制软件。PcAnywhere 在服务器端运行时，客户端与服务器端连接成功后，客户端机上会出现很醒目的提示标志；而木马类的软件的服务器端在运行的时候应用各种手段隐藏自己，不可能出现任何明显的标志。木马开发者早就想到了可能暴露木马踪迹的问题，把它们隐藏起来。例如，大家所熟悉木马修改注册表和 ini 文件，它们不是自己生成一个启动程序，而是依附在其他程序之中，便于机器在下一次启动后仍能载入木马程式。有些木马把服务器端和正常程序绑定成一个程序的软件，叫作 exe-binder 绑定程序，可以让人在使用绑定的程序时，木马也入侵了系统。甚至有个别木马程序能把它自身的 exe 文件和服务端的图片文件绑定，在你看图片的时候，木马便侵入了你的系统。它的隐蔽性主要体现在以下两个方面：第一，不产生图标木马。虽然在系统启动时会自动运行，但它不会在"任务栏"中产生一个图标，这是容易理解的，不然，你看到任务栏中出现一个来历不明的图标，你不可能不起疑心；第二，木马程序自动在任务管理器中隐藏，并以"系统服务"的方式欺骗操作系统。

（2）具有自动运行性。

木马为了控制服务端。它必须在系统启动时即跟随启动，所以，它必须潜入在你的启动配置文件中，比如，win.ini、system.ini、winstart.bat 以及启动组等文件之中。

（3）包含具有未公开并且可能产生危险后果的功能的程序。

（4）具备自动恢复功能。

现在很多的木马程序中的功能模块不再由单一的文件组成，而是具有多重备份，可以相互恢复。当你删除了其中的一个，以为万事大吉又运行了其他程序的时候，谁知它又悄然出现，像幽灵一样，防不胜防。

（5）能自动打开特别的端口。

木马程序潜入你的电脑之中的目的主要不是为了破坏你的系统，而是为了获取你的系统中有用的信息，当你上网时能与远端客户进行通讯，这样木马程序就会用服务器客户端的通讯手段把信息告诉黑客们，以便黑客们控制你的机器，或实施进一步的入侵企图。你知道你的电脑有多少个端口？不知道吧？告诉你别吓着！根据 TCP/IP 协议，每台电脑可以有 256 乘以 256 个端口，也即从 0 到 65535 号"门"，但我们常用的只有少数几个，木马经常利用我们不大用的这些端口进行连接，打开方便之"门"。

（6）功能的特殊性。

通常的木马功能都是十分特殊的，除了普通的文件操作以外，同时还有些木马具有搜索 cache 中的口令、设置口令、扫描目标机器人的 IP 地址、进行键盘记录、远程注册表的操作以及锁定鼠标等功能。上面所讲的远程控制软件当然不会有这些功能，毕竟远程控制软件是用来控制远程机器，方便自己操作而已，而不是用来黑对方的机器的。

2. 特洛伊木马运行原理

如果木马只是被激活，而没有上网，木马是不会构成危害的。然而，你一旦上网，黑客便可通过客户端程序经由 TCP/IP 网络与在你的微机中运行的木马建立连接，从而窃取信息，控制机器。

木马连接建立后，控制端上的客户端程序与服务端上的木马程序取得联系，并通过木马程序对服务端进行远程控制：

第一，窃取密码。一切以明文的形式，*形式或缓存在 CACHE 中的密码都能被木马侦测到；第二，文件操作。控制端可藉由远程控制对服务端上的文件进行几近所有功能的操作；第三，修改注册表。控制端可任意修改服务端注册表；第四，系统操作。主要包括：重启或关闭服务端操作系统，断开服务端网络连接，控制服务端的鼠标、键盘、监视服务端桌面操作，查看服务端进程等。

3．特洛伊木马传播方式

（1）传播方式

木马的传播方式主要有两种：一种是通过 E-mail，控制端将木马程序以附件的形式夹在邮件中发送出去，收信人只要打开附件系统就会感染木马；另一种是软件下载，一些非正规的网站以提供软件下载为名义，将木马捆绑在软件安装程序上，下载后，只要一运行这些程序，木马就会自动安装。

（2）伪装方式

鉴于木马的危害性，很多人对木马知识还是有一定了解的，这对木马的传播起到了一定的抑制作用，这也是木马设计者所不愿见到的，因此，他们开发了多种功能来伪装木马，以达到降低用户警觉，欺骗用户的目的。

①修改图标

当你在 E-mail 的附件中看到这个图标时，是否会认为这是个文本文件呢？但是我不得不告诉你，这也有可能是个木马程序，现在已经有木马可以将木马服务端程序的图标改成 HTML、TXT、ZIP 等各种文件的图标，这具有相当大的迷惑性，但是目前提供这种功能的木马还不多见，并且这种伪装也不是无懈可击的，所以不必整天提心吊胆，疑神疑鬼。

②捆绑文件

这种伪装手段是将木马捆绑到一个安装程序上，当安装程序运行时，木马在用户毫无察觉的情况下，偷偷地进入系统。至于被捆绑的文件一般是可执行文件（即 EXE，COM 一类的文件）。

③出错显示

有一定木马知识的人都知道，如果打开一个文件，没有任何反应，这很可能就是个木马程序，木马的设计者也意识到了这个缺陷，因此已经有木马提供了一个叫作出错显示的功能。当服务端用户打开木马程序时，会弹出一个错误提示框（这当然是假的），错误内容可自由定义，大多会定制成一些诸如"文件已破坏，无法打开的！"之类的信息，当服务端用户信以为真时，木马却悄悄侵入系统。

④自我销毁

这项功能是为了弥补木马的一个缺陷。我们知道，当服务端用户打开含有木马的文件后，木马会将自己拷贝到 WINDOWS 的系统文件夹中（C：\WINDOWS 或 C：\WINDOWS\SYSTEM 目录下），一般来说，原木马文件和系统文件夹中的木马文件的大小是一样的（捆绑文件的木马除外），那么中了木马的朋友只要在近来收到的信件和下载的软件中找到原木马文件，然后根据原木马的大小去系统文件夹找到相同大小的文件，判断一下哪个是木马就行了。而木马的自我销毁功能是指安装完木马后，原木马文件将自动销毁，这样服务端用户就很难找到木马的来源，在没有查杀木马的工具帮助下，就很难删除木马了。

4．特洛伊木马的防范

（1）鉴于木马危害的严重性，一旦感染，损失在所难免，而且新的变种层出不穷。因此，我们在检测清除它的同时，更要注意采取措施来预防它，在平时，注意以下几点能大大地减少木马的侵入。

①不要下载、接收、执行任何来历不明的软件或文件。

在下载的时候需要特别注意，一般推荐去一些信誉比较高的站点，尽量使用正版软件。同时，在软件安装之前一定要用反病毒软件检查一下，建议用专门查杀木马的软件进行检查，确定无毒和无马后再使用。

②不要随意打开来历不明的邮件。即使是来自朋友的邮件也不要轻信，打开附件前必须经过杀毒。

③不要浏览不健康、不正规的网站。这些网站都是"网页挂马"的高发地带，访问这些网站如同"闯雷区"，非常危险。

④尽量少用共享文件夹。如果因工作等原因必须将电脑设置成共享，则最好单独打开一个共享文件夹，把所有需要共享的文件都放在这个共享文件夹中，注意千万不要将系统目录设置成共享。

⑤安装反病毒软件和防火墙。最好再安装一套专门的木马防治软件，并及时升级代码库。虽然普通防病毒软件也能基本防治木马，但查杀效率和效果不及专业的木马防治软件。

⑥及时打上操作系统的补丁，并经常升级常用的应用软件。不但操作系统存在漏洞，应用软件也存在漏洞，很多木马就是通过这些漏洞来进行攻击的，微软公司发现这些漏洞之后都会在第一时间内发布补丁，很多时候打过补丁之后的系统本身就是一种最好的木马防范办法。

（2）当反病毒软件发出木马警告或怀疑系统有木马时，应尽快采取措施，减少损失。第一步，要马上拔掉网线，断开控制端对目标计算机的连接控制；第二步，换一台计算机上网，马上更改所有的账号和密码，特别是与工作密切相关的应用软件、网上银行、电子邮箱等，凡是需要输入密码的地方，都要尽快变更密码；第三步，备份被感染计算机上的重要数据后，格式化硬盘，重装系统；第四步，对备份的数据进行杀毒和木马清除处理。

三、病毒

目前，数据安全的头号大敌是计算机病毒，它是编制者在计算机程序中插入的破坏计算机功能或数据，影响硬件的正常运行并且能够自我复制的一组计算机指令或程序代码。它具有病毒的一些共性，比如，传播性、隐蔽性、破坏性和潜伏性，等等，同时具有自己的一些特征，比如，不利用文件寄生（有的只存在于内存中），对网络造成拒绝服务以及和黑客技术相结合等。

1. 计算机病毒的概述

随着社会的不断进步，科学的不断发展，计算机病毒的种类也越来越多，但终究万变不离其宗。

（1）计算机病毒的定义

一般来讲，凡是能够引起计算机故障，进而破坏计算机中的资源（包括硬件和软件）的代码，统称为计算机病毒。而在我国也通过条例的形式给计算机病毒下一个具有法律性、权威性的定义："计算机病毒，是指编制或者在计算机程序中插入的破坏计算机功能或者毁坏数据，影响计算机使用，并能自我复制的一组计算机指令或者程序代码。"

（2）计算机病毒的特性

①隐藏性与潜伏性

计算机病毒是一种具有很高编程技巧、短精悍的可执行程序。它通常内附在正常的程序中，用户启动程序同时也打开了病毒程序。计算机病毒程序经运行取得系统控制权，可以在不到一秒钟的时间里传染几百个程序。而且，在传染操作成后，计算机系统仍能运行，被感染的程序仍能执行，这就是计机病毒传染的隐蔽性。计算机病毒的潜伏性则是指，某些编制巧妙的计算机病毒程序，进入系统之后可以在几周或者几个月甚至年内隐藏在合法文件中，对其他系统文件进行传染，而不被人发现。

②传染性

计算机病毒可通过各种渠道（磁盘、共享目录、邮件）从已被感染的计算机扩散到其他机器上，感染其他用户，甚至在某情况下还会导致计算机工作失常。

③表现性和破坏性

任何计算机病毒都会对机器产生一定程度的影响，轻者占用系统资源，致使系统运行速度大幅降低，重者除文件和数据，导致系统崩溃。

④可触发性病毒

具有预定的触发条件，可能是时间、日期、文件类型或某些特定数据等。一旦满足触发条件，便启动感染或破坏作，使病毒进行感染或攻击；如不满足，继续潜伏。有些病毒针对特定的操作系统或特定的计算机。

⑤欺骗性和持久性

计算机病毒行动诡秘，计算机对其反应迟钝，往往把病毒造成的错误当成事实所接受。病毒程序即使被发现，已被破坏的数据和程序以及操作系统都难以恢复。在网络操作情况下，由于病毒程序由一个受感染的拷贝文件通过网络系统反复传，所以病毒程序的清除愈加复杂。

除了上述五点外，计算机病毒还具有不可预见性、衍生性、针对性等特点。正是由于计算机病毒具有这些特点，给计算机病毒的预防、检测与清除工作带来很大的难度。

2. 计算机病毒的分类

（1）计算机病毒的基本分类

①传统开机型计算机病毒

纯粹的开机型计算机病毒多利用软盘开机时侵入计算机系统，然后再伺机感染其他的软盘或者硬盘。例如，"Stoned3"（米开朗基罗）。

②隐形开机型计算机病毒

此类计算机病毒感染的系统，再行检查开机区，得到的将是正常的磁区资料，就好像没有中毒一样，此类计算机病毒不容易被杀毒软件所查杀，而防毒软件对于未知的此类型计算机病毒，必须具有辨认磁区资料真伪的能力。此类计算机病毒已出现的尚有"Fish"。

③档案感染型兼开机型计算机病毒

档案感染型兼开机型计算机病毒会利用档案感染时伺机感染开机区，因而具有双重的行动能力。此类型较著名的计算机病毒有"Cancer"。

④目录型计算机病毒

本类型计算机病毒的感染方式非常独特，"Dir2"即其代表，此类计算机病毒仅修改目录区（Root），便可达到感染目的。

⑤传统档案型计算机病毒

传统档案型计算机病毒最大的特征，便是将计算机病毒本身植入档案，致使档案膨胀，以达到散播传染的目的，主要代表有"13Firday"。

⑥千面人计算机病毒

千面人计算机病毒是指具有自我编码能力的计算机病毒，"1701下雨"为这种类型主要代表，此种计算机病毒编码的目的是使其感染的每一个档案，看起来皆不一样，干扰杀毒软件的侦测，不过千面人计算机病毒仍会留下的这个"小辫子"，能将其绳之以法。

⑦突变引擎病毒

有鉴于前面人计算机病毒一个接一个被截获，便有人编写出一种突变式计算机病毒，使原本千面人计算机病毒无法解决的程序开头相同的问题得到克服，并编写成 OBJ 副程序，供他人植草此类计算机病毒，即 Mctationengine。尽管如此，这类计算机病毒仅干扰扫毒式软件，所以对其他方式的防毒软件并没有太大的影响。

⑧隐形档案型计算机病毒

此类病毒可以避开去多防毒软件，由于隐形计算机病毒能直接植入 DOS 系统的作业环境中，当外部程序呼叫 DOS 中断服务时，便同时执行到计算机病毒本身，使得计算机病毒能从容地将受其感染的档案，粉饰成正常无毒的样子。此类计算机病毒有"4096"等。

⑨终结型计算机病毒能追踪磁盘操作终端的原始进入点，当计算机病毒取得磁盘原始中断时，便可任意在磁盘上修改资料或破坏资料，而不会惊动防毒程序，也就是说，装有防毒程序和没装防毒程序的情况是一样的危险。这类计算机病毒有的采用 INT1 单步执行的方式，逐步追踪磁盘中断的过程，找出 BIOS 磁盘中断的部分，供计算机病毒内部使用；有的采用死机的方式，记录几个 BIOS 版本的磁盘中断原始进入点，当计算机病毒遇到熟悉的 BIOS 版本，便可直接呼叫磁盘中断，对磁盘予取予求；有的则分析磁盘中断的程序片段，找出 BIOS 中的相似部分便可直接呼叫磁盘中断，其代表有"Hammer6"等。

⑩ Word 巨集计算机病毒

Word 巨集计算机病毒可以说是目前最新的计算机病毒种类了，它是文件型计算机病毒，异于以往以感染磁盘区或可执行的档案为主的计算机病毒，此类病毒是利用 Word 提供的巨集功能来感染文件。目前，已经在 Internet 及 BBS 网络中发现不少 Word 巨集计算机病毒，而且，此类计算机病毒是用类似 Basic 程序编写出来的，易学，其反应速度也很快。

3. 计算机病毒防范和清除的基本原则和技术

（1）计算机病毒防范的概念和原则

计算机病毒防范是指通过建立合理的计算机病毒防范体系和制度，即使发现计算机病毒入侵，并采取有效的手段阻止计算机病毒的传播和破坏，恢复受影响的计算机系统和数据。

原则上以防御计算机病毒为主动，主要表现在检测行为的动态性和防范方法的广谱性。

（2）计算机病毒防范基本技术

计算机病毒预防是在计算机病毒尚未入侵或刚刚入侵时，就拦截、阻击计算机病毒的入侵或立即警报。

（3）清除计算机病毒的基本方法

①简单的工具治疗

简单工具治疗是指使用 Debug 等简单的工具，借助检测者对某种计算机病毒的具体知识，从感染计算机病毒的软件中摘除计算机代码。然而，这种方法同样对检测者自身的专业素质要求较高，而且治疗效率也较低。

②专用工具治疗

使用专用工具治疗被感染的程序时通常使用的治疗方法。专用计算机治疗工具，根据对计算机病毒特征的记录，自动清除感染程序中的计算机病毒代码，使之得以恢复。使用专用工具治疗计算机病毒时，治疗操作简单、高效。从探索与计算机病毒对抗的全过程来看，专用工具的开发商也是先从使用简单工具进行治疗开始，当治疗获得成功后，再研制相应的软件产品，促使计算机自动地完成全部治疗操作。

4. 典型计算机病毒的原理、防范和清除

（1）引导区计算机病毒

系统引导区是在系统引导的时候，当进入到系统中，获得对系统的控制权，在完成其自身的安装后才去引导系统的。称其为引导区计算机病毒是因为这类计算机病毒一般是都侵占系统硬盘的主引导扇区 I/O 分区的引导扇区。对于软盘则侵占了软盘的引导扇区，它会感染在该系统中进行读写操作的所有软盘，然后，再由这些软盘以复制的方式和引导进入其他计算机系统，感染其他计算机的操作系统。检测分四个步骤：第一，查看系统内存的总量与正常情况进行比较；第二，检查系统内存高端的内容；第三，检查系统的 INT13H 中断向量；第四，检查硬盘的主引导扇区、DOS 分区引导扇区以及软盘的引导扇区清除。即用原来正常的分区表信息或引导扇区信息，覆盖掉计算机病毒程序。此时，如果用户事先提取并保存了自己硬盘中分区表的信息和 DOS 分区引导扇区信息，那么，恢复工作变得非常简单。可以直接用 Debug 将这两种引导扇区的内容分别调入内存，然后分别回它的原来位置，这样就消除了计算机病毒。

（2）文件型计算机病毒

文件型计算机病毒程序都是依附在系统可执行文件或覆盖文件上，当文件装入系统执行的时候，引导计算机病毒程序进入系统中。只有极少计算机病毒程序感染数据文件。

此类病毒感染对象大多是系统的可执行文件，也有一些还要对覆盖文件进行传染，而对数据进行传染的则少见。清除分四个部分：第一，确定计算机病毒程序的位置，是驻留在文件尾部还是在文件首部；第二，找到计算机病毒程序的首部位置（对应于在文件尾部驻留方式）或者尾部位置（对应于在文件首部驻留方式）；第三，恢复原文件头部的参数；第四，修改文件长度，将源文件写回。

（3）脚本型计算机病毒

主要采用脚本语言设计的病毒称其为脚本病毒。实际上，在早期的系统中，计算机病毒就已经开始利用脚本进行传播和破坏，不过专门的脚本病毒并不常见。然而在脚本应用无所不在的今天，脚本病毒却成为危害最大，传播最为广泛的病毒。特别是当他和一些传统的恶性病毒相结合时，其危害就更为严重了，其主要有纯脚本型和混合型两种类型。它的特点如下：第一，编写简单；第二，破坏力大；第三，感染力强；第四，传播范围大（多通过 E-mail，局域网共享，感染网页文件的方式传播）；第五，计算机病毒源码容易被获取，变种多；第六，欺骗性强，从而使得计算机病毒生产机事先起来非常容易。

清除方法如下：

①禁用文件系统对象 File System Object；

②卸载 Windows Scripting Host；

③删除 vbs，vbe，js，jse 文件后缀与应用程序映射；

④在 Windows 目录中，找到 WScript.exe，更改名称或者删除；

⑤要彻底防止 vbs 网络蠕虫病毒，还需要设置一下浏览器；

⑥禁止 OE 的自动收发电子邮件功能，显示所有文件类型的扩展名称；

⑦将系统的网络连接的安全级别设置至少为"中等"。

四、黑客

黑客通常是程序设计人员，他们掌握着有关操作系统和编程语言的高级知识，并利用系统中的安全漏洞非法进入他人计算机系统，其危害性非常大。从某种意义上讲，黑客对信息安全的危害甚至比一般的电脑病毒更为严重。

1．黑客入侵的常用手法

一是"偷窃"行为。主要是指黑客通过口令破解、网络监听、电磁辐射截获信息、放置木马等手段，获取用户口令，进而获得目标系统的控制权，从中窃取涉密资料；二是"欺骗"行为。主要是指黑客利用"网络钓鱼"、虚假电子邮件，设置各种诱饵套取用户资料和重要信息；三是"攻击"行为。是指黑客通过发起漏洞攻击、电子邮件攻击、拒绝服务攻击等，导致目标系统崩溃或运行缓慢。其中，拒绝服务攻击是黑客向大型网络和竞争对手发起攻击的重要手段，是指在一定时间内向网络发送大量的服务请求，消耗系统资源或网络宽带，占用和超过被攻击主机的处理能力，导致网络或系统不胜负荷而瘫痪，停止对合法用户提供正常的网络服务；四是"流氓"行为。主要是通过"流氓（恶意）软件"来完成。恶意软件是指在未明确提示用户或未经用户许可的情况下，在用户计算机或其他终端上安装运行侵害用户合法权益的软件。

2．黑客入侵的基本过程

在黑客的入侵手段中，"偷窃"行为是最基本、最典型、最具代表性的方法。它入侵的第一步是"寻找作案对象"，利用现有网络工具和协议，查找活动主机、防火墙以及其他设备，根据攻击的难易程度，选择和确定攻击目标；第二步是"踩点"，就是通过公开途径尽可能多地搜集待攻击目标的具体信息，如，目标系统的域名、IP 地址、操作系统类型、是否存在安全漏洞等信息，由此确定攻击策略；第三步是"破门"，就是通过各种方式获取用户口令，取得目标系统的控制权。其手段有：通过猜测法、字典法或穷举法破解口令，通过网络监听获取口令；第四步是"行窃"，黑客进入目标系统后，就会从事提升管理权限、窃取文件、散布病毒、植入木马等活动，设置后门，以备下次更方便入侵；第五步是"掩盖痕迹"，退出系统前，黑客会巧妙地消除记录入侵情况的日志文件等入侵痕迹，致使用户难以觉察已被入侵或难以根据记录找到入侵者。此外，"信息摆渡"也是黑客窃取信息的常用方法，它首先在你的电脑中事先植入木马，当你把U盘或移动硬盘连接到电脑后，木马程序会把你的移动存储介质上的信息复制到本机硬盘上事先设置好的文件夹上，然后选择合适的时机，把信息窃走。

3. 黑客入侵的技术手段

一是网络监听。就是不主动去攻击网络，而是通过网络监听目标计算机与其他计算机通信的数据；二是网络扫描。利用网络工具去扫描目标计算机开放的端口等，目的是发现漏洞，为入侵做准备；三是网络入侵。当探测发现对方存在漏洞之后，入侵到目标计算机获取信息；四是设置网络后门。成功入侵目标计算机后，为了对目标计算机进行长期控制，在目标计算机中种植木马后门；五是网络隐身。入侵完毕退出目标计算机后，将入侵的痕迹清除，防止被发现。

第三节　计算机网络安全体系结构

进入21世纪以来，信息互联网技术已经遍布我们的生活与工作中，给人们的生活和工作带来一定的便利。然而，矛盾经常是对立存在的，计算网络信息的安全问题也会经常发生，给使用人员尤其是一些大型企业公司带来不好的影响。因此，构建计算机网络的信息安全体系就显得非常必要。

一、计算机网络体系结构的基本概念

1. 通信协议

在网络系统中，为了满足数据通信的双方准确无误的进行通信，这就需要我们根据在通信过程中产生的各种问题，制定一系列的通信双方必须遵守的规则，这就是我们所说的通信协议。从通信协议的表现形式来看，它规定了交互双方用于通信的一系列语言法则和意义，这些相关的协议能够规范各个功能部件在通信过程中的正确操作。

2. 实体

每层的具体功能是由该层的实体完成的。所谓实体是指能在某一层中具有数据收发能力的活动单元（元素）。一般就是该层的软件进程或者实现该层协议的硬件单元，在不同系统上同一层的实体互称为对等实体。

3. 接口

上下层之间交换信息通过接口来实现。一般使上下层之间传输信息量尽可能地少，这样使两层之间保持其功能的相对独立性。

4. 服务

服务就是网络中各层向其相邻上层提供的一组功能集合，是相邻两层之间的界面。因为在网络的各个分层机构中的单方面依靠关系，使得在网络中相互邻近层之间的相关界面也是单向性的：其中下层作为服务的提供者，上层作为服务的接受者。上层实体必须通过下次的相关服务访问点（Service Access Point，SAP），才能够获得下层的服务。SAP 作为上层与下层进行访问的服务场所，每一个 SAP 都有自己的一个标识，并且每个层间接口可以有多个 SAP。

5. 服务原语

网络中的各种服务是通过相应的语言进行描述的，这些服务原语可以帮助用户访问相应的服务，同时也可以像用户报告发生的相应事件。

服务原语可以带有不同的参数，这些参数可以指明需要与哪台服务器相连、服务器的类别和准备在这次连接上所使用的数据长度。假如被呼叫的用户不同意呼叫用户建立的连接数据大小，它会在一个"连接响应"原语中提出一个新的建议，呼叫的一方能够从"连接确认"的原语中得知情况，这样整个过程细节就是协议内容的一部分。

6. 数据单元

在网络中信息传送的单位称为数据单元。数据单元可分为：协议数据单元（PDU）、接口数据单元（IDU）和服务数据单元（SDU）。

（1）协议数据单元

不同系统某层对等实体为实现该层协议所交换的信息单位，称为该层协议数据单。

其中：协议控制信息，是为实现协议而在传送的数据的首部或尾部加的控制信息，比如，地址、差错控制信息、序号信息等；用户数据为实体提供服务而为上层传送的信息。考虑到协议的要求，比如，时延、效率等因素，对协议数据单元的大小一般都有所限制。

（2）服务数据单元

上层服务用户要求服务提供者传递的逻辑数据单元称为服务数据单元。考虑到协议数据单元对长度的限制，协议数据单元中的用户数据部分可能会对服务数据单元进行分段或合并处理。

（3）接口数据单元

在同一系统的相邻两层实体的一次交互中，经过层间接口的信息单元，称为接口数据单元。其中，接口控制信息是协议在通过层间接口时，需要加一些控制信息，比如，通过多少字节或要求的服务质量等，它只对协议数据单元通过接口时有作用，进入下层后丢弃；接口数据为通过接口传送的信息内容。

7. 网络体系结构

网络体系结构就是以完成不同计算机之间的通信合作为目标，把需要连接的每个计算机相互连接的功用分成明确的层次，在结构里面它规定了同层次进程通信的协议及相邻层之间的接口及服务。实际上，网络体系结构就是用分层研究方法定义的计算机网络各层的功能、各层协议以及接口的集合。

二、计算机网络体系具体的结构形式

信息技术在现阶段的一些企业公司中得到了广泛的应用，极大地拓宽了信息安全的内涵要义。网络信息的可用性、可靠性、完整性逐渐取代了最初阶段信息的保密性，因此，其中就会存在一定的不可否认性，同时又向着控制、管理、评估、检测、防范、攻击等方面的理论基础和实践形式上演变。之前的信息安全技术通常都在计算系统的防护环节和加固环节上集中存在，一旦应用于安全等级非常高的数据库和操作系统，将相应的防火墙设置在计算机网络的出口处，将加密的技术应用到传输和存储数据信息的过程中，针对单机系统环境来进行设置是传统形式系统安全模式的主要特征，没有办法很好地描述计算机网络环境的安全情况，并且会缺乏有效的措施存在于系统的脆弱性和动态形式的安全威胁当中。因此，静态的安全模式是传统形式安全模式的一大特征。当今社会，计算机网络不断发展，动态变化的互联网问题通过静态安全模型已经很难予以解决。这样一种全新信息安全系统的出现，能够很好地解决计算机安全的问题。信息安全系统是一种基于时间变化的动态理论，提升计算机信息系统和计算机网络的抗攻击性，为了有效提升计算机信息系统和计算机网络的抗攻击性，进而提升数据信息的不可确认性、可控性、完整性和可用性，就要为信息安全体系结构提出一个新的思路：结合每种不同的安全保护因素。例如，安全漏洞检测工具、防病毒软件、防火墙等将一个防护更加有效相对单一的复合式保护模式建立起来，安全互动、多层的安全防护体系模式对黑客攻击的难度与成本上会提升好几倍。因此，对计算机网络系统的攻击就会极大缩减。WPDRRC 是这个信息安全体系的主要模型，主要通过下面的形式呈现出来：

1．W 预警

全部信息安全提醒是通过预警予以实现的，从而可以给网络安全的防护提供正确、科学的分析评估。

2．P 保护

它的功能是提升网络的安全性，主动的防御一些攻击，对创建的新机制予以应用，不断检查安全的情况，评估网络威胁的弱点，确保各个方面是互相合作的。当把政策不一样的情况检测出来时，确保安全的政策存在于整体的环境中，会带来一定的帮助，为了将网络抵御攻击的能力提升上来主要应用了 PKI 和防火墙技术。

3．D 检测

为了将入侵的行为尽快地检测出来，这是应用入侵检测的目的，为将关键的环节尽快地制定出来，对主机的 IDS 和网络进行应用，将技术性的隐蔽应用到检测系统当中，对攻击者进行抵制，避免它进一步发展破坏临测工作。对入侵的行为及时地予以检测，将更多的时间提供非响应，对防火墙互防互动的形式予以应用，将综合性的策略应用到网路安全管理。因此，就应该将一个安全监视的中心构造起来，对整个网络的安全工作情况进行整体性的了解，在对攻击进行防止的时候，检测是其关键的一环。

4．R 响应

当有攻击的行为出现在计算机中时，为了能够尽快防止攻击，对正确及时地响应上就要立刻予以实现，对取证、必要的反击系统、响应阻止、入侵源跟踪等就要实时予以响应，避免再次发生相似的情况，并且还有可能将入侵者提供出来，从而对入侵者的攻击行为也能够有效地进行抵御。

5．R 恢复

防范体系的关键环节就是利用它呈现出来的，不论防范工作做得怎样紧密、怎么完善，也没有办法避免不露出一点儿的马脚。在对信息的内容利用完善的备份机制进行保障的时候，会有一定的恢复功能存在于其中。对破坏的信息进行控制和修补的时候，可以应用快速恢复、自动的系统来进行，从而降低个性的损失。

6．C 反击

信息安全体系的核心是由人员构成的，在信息安全体系建设中，它的主要保障就是管理的体系，以信息安全技术作为支撑，需要根据自身的情况在实际中应用，适当地调配这几个方面，就能很好地完成信息安全体系的建设。在信息安全体系的构成中绝对不能忽视人为因素。应用先进的技术，将入侵的依据、线索提供出来，将合理的法律手段应用在入侵者身上，对其进行法律打击时有法律作为保障。由于证据在数字形式的影响下很难获得，因此，一定要对证据保全、取证等技术进行发展与应用，同时在破译、追踪、恢复、修复的方式上进行使用。

三、计算机网络安全体系中的关键技术

计算机网络安全安全系统的建立无疑是一项复杂且庞大的工程。主要涉及工程技术，如何管理以及物理设备性能提升等多种问题，目前计算机网络安全工程主要表现为：网络防火墙技术、网络信息加密技术等。

1. 网络防火墙技术

防火墙是计算机安全防护的核心，也是目前最重要的表现形式。同时，防火墙可直接进行 SMTP 数据流传输并作为系统安全防护的主要手段。作为一种传统的计算机安全防护技术，防火墙通常应用与两个以上外部网访问时的信息监控，通过防火墙可以实现对不安全信息的过滤。多种不同的防火墙技术可以同时使用，其主要作用在于将内部网与其他网络进行强制性的分离，防火墙尤其是校内或企业计算机防火墙应满足以下标准。

防火墙必须建立局域网与公共网络之间的节流点，并控制计算机流量的流经途径。通过节流点的建立，防火墙可以实现对数据的校验和实时监控。防火墙还应具有记录网络行为的功能，且对不规范网络行为进行报警，避免外部网络病毒威胁，记录功能是防火墙的主要功能之一，同时也是其防止病毒入侵的重要手段。防火墙应建立网络周边的防护边界，其目的是防止主机长期暴露，确保内部网的信息安全。身份验证或加密处理

是其主要表现形式，即访问控制技术和防病毒技术。前者是指对外部网或者主体访问进行权限限制。客体是指受保护的计算机主机系统，而访问主体则是指其他用户的或网络的访问，防火墙的主要作用就是设置主体的访问权限，拒绝不安全信息进入计算机客体，以确保其安全。访问控制技术实际上是对大量网络信息进行必要的屏蔽，使进入计算机客体的信息更加安全。计算机病毒是影响其运行的主要因素，同时也是对计算机影响最大的因素。操作不当，不良网页的进入都会导致计算机招到病毒侵害，导致信息丢失甚至系统瘫痪。因此防病毒技术是防火墙设置的主要作用。网络技术的发展也为病毒变种提供了条件，近年来，多种不同形式的病毒不断出现，其杀伤范围更大，潜伏期长且很容易感染。比如，熊猫烧香就盗走了大量的客户信息，严重威胁了计算机网络安全，影响了计算机运行的大环境。防病毒技术目前主要分为防御、检测和清除三种。计算机病毒防御体系是确保计算机安全的前提，当然其也存在局限性。比如，对于内部网自身的不安全信息无法实现有效的拦截，因此，计算机防火墙依然需要发展。经历了 30 年的发展，防火墙技术已经逐渐成熟，并在计算机防护上起着积极的促进作用。

（1）NAT 防火墙

NAT 防火墙即网络地址转换型防火墙，此防火墙的主要作用体现在利用安全网卡对外部网的访问进行实时记录。采用虚拟源地址进行外部链接从而隐藏内部网的真实地址，使外部网只能通过非安全网络进行内部网的访问，对内部网起到了很好的保护作用。NAT 防火墙主要是通过非安全网卡将内部网真实身份隐藏以实现内部网与外部网的分离，防止外部混杂的信息对内部网的侵害。

（2）Packet Filter 防火墙

Packet Filter 即包过滤型防火墙，其主要功能是对计算机数据包进行来源和目的地的检测。从而屏蔽不安全信息，保护计算机安全。目前，这种计算机防火墙应用广泛，是因为其操作原理简单，价格低且性价比较高。然而，仅通过一个过滤器进行不安全信息的阻拦，常由于用户疏忽或操作不当而无法真正发挥作用。

（3）Application Layer Gateway service 防火墙

Application Layer Gateway service 防火墙即应用层防火墙，其表现形式为将计算机过滤协议和转发功能建立在计算机的应用层，实现对隐患信息的监控和排除。根据不同网络特点，其使用不同的服务协议，对数据进行过滤和分析并形成记录。其主要作用在于建立计算机内外网之间的联系，为用户提供清晰明确的网络运行状态，从而帮助用户防止病毒等对计算机的侵害。

（4）监测型防火墙

监测型防火墙是目前较为先进的防火墙，是计算机防火墙技术革新的结果。其具有以往防火墙缺乏的功能即实现了对计算机中的每层数据进行监控记录和分析，并且能够更有效地阻止非法访问和入侵。

2．计算机网络信息的加密技术

信息加密技术与防火墙技术同为保护计算机安全的重要手段。面对复杂的网络环境，单一的防护手段无法满足客户的需要。其主要原理是利用加密算法，将可见的文字进行加密处理后，要求客户通过密码才能进入，从而保护计算机原始数据，控制非法访问，进而降低信息泄露导致的客户损失或系统瘫痪。计算机网络信息加密技术表现为对称加密、非对称加密技术以及其他数字加密技术。

（1）对称加密技术

对称加密技术也就是私钥加密，其主要特点是其密钥可以进行推算，加密密钥和解密密钥之间存在着逻辑关系且是对称的。对称加密技术的优势在于便于查找和操作，对于操作人员来说，数据不容易丢失。然而也易被破解，受到病毒的侵害，但就目前来说，对称加密技术依然是计算机网络信息安全防护的重要手段。

（1）非对称加密技术

非对称加密技术即公钥密码加密技术。非对称加密技术的主要特点是要求密钥必须成对出现，加密密钥和解密密钥是相互分离的，就目前技术下，非对称加密技术并不能在计算机系统中实现。分对称加密技术的过程为：首先，文件发送方将文件利用接收方的公钥密码进行加密；然后，文件发送方在利用自身的私钥密码进行加密处理后发回给文件接收方。最后，用解密技术从接收文件方开始进行解密获得文件发送方的私钥，实现解密。非对称技术操作复杂，对计算机系统的技术要求较高，因此很难完全实现。但这种加密技术可以很好地防止病毒或非法网页的侵袭，安全系数较高。也是未来计算机信息安全防护的主要手段，当然其实现应借助计算机系统以外的其他技术或设备。

（3）其他加密技术

加密技术确保了计算机网络信息的安全，除了对称和非对称信息加密两种技术外，系统还具有一种数字摘要功能。目前主要表现为数字指纹或者安全 Hash 编码法。要实现 Hash 编码的解密必须使摘要的每个数字与解密数字一一对应。其中单向的含义是密码无法被解密。此外，计算机网络信息技术还包括容灾技术，其建立的目的是防止自然灾害等物理因素造成系统破坏，进一步确保数据存储的安全和完整。

3．计算机网络安全技术展望

（1）云安全技术是将成为重要发展模式

目前，云技术安全网络防护已经初见成效。云技术的提出成为网络安全研究的重点，解决了一定的网络安全隐患，但其应用尚存在一定的难题。今后计算机安全管理发展方向就是探讨如何更有效地发挥云技术的作用，为网络安全保驾护航。云安全技术在于对数据的分析和运算能力高于以往的信息加密技术，将云端作为网络安全防护的核心，避免了用户不安全操作导致的计算机隐患，从而保证计算机终端信息以及传输和接收信息的安全。

（2）关于 ids 的入侵检测

ids 的入侵检测出现的主要目的是弥补单纯防火墙技术无法解决内部网病毒侵害的缺点。ids 技术主要对计算机易受侵害的关键点进行信息收集，并控制不良信息的非法入侵。此技术缩小了入侵检测范围，具有针对性强、效率高等特点，是对防火墙技术的最好补充，可以与防火墙技术同时使用，既节约了资源，又更好地实现了安全防护。与防火墙或其他防护技术不同，ids 入侵检测技术为主动防御，这样对网络病毒或不良侵害具有一定的预防作用，在网络侵袭方面具有进步意义，因此是未来计算机网络安全防护的主要发展方向，发展空间广阔。

第四节　计算机网络安全设计

目前，大多数企业都建设了以办公系统（OA）为中心，集成公文流转、即时消息、门户网站、业务应用的办公系统，这些系统均以网络平台为支撑，采用 B/S 模式运行，并且各系统对于安全性要求不同。安全可靠性不同的多种应用，运行在同一个网络中，给黑客、病毒攻击提供了方便之门，给企业的网络安全造成了极大的威胁。在一定的资金支持下，网络管理都要在网络安全程度和建设成本之间作出取舍，充分使用现有的成熟技术，并且尽可能地发挥管理的功效，提高企业网络安全，从而为业务系统的安全、稳定运行保驾护航。所以，我们可以采用以下技术和策略提高网络的安全性。

一、计算机网络安全设计的内容

1. 网络安全隔离

网络隔离有两种方式：物理隔离和逻辑隔离。将网络进行隔离后，为了能满足网络内授权用户对相关子网资源的访问，保证各业务不受影响，在各子网之间应采取不同的访问策略。物理隔离是最安全的网络隔离方式，但是它的建设成本非常大，要求在网络设备、计算机终端、网络线路上都进行重复性投资，花费很大，除涉密的计算机信息系统必须实行物理隔离外，其他系统以逻辑隔离方式为主。考虑企业的应用情况，针对不同业务的不同需求，从而划分不同的虚拟子网（VLAN）进行逻辑隔离。例如，为财务、人力、工程各部门的客户端划分单独的 VLAN，通过将不同用户或资源划分到不同的 VLAN 中，利用路由器或者防火墙对 VLAN 间的访问进行控制。

2. 网络安全准入与访问控制

企业在信息资源共享的同时也要阻止非授权用户对企业敏感信息的访问，访问控制的目的是保护企业在信息系统中存储和处理信息的安全，它是计算机网络信息安全最重要的核心策略之一，同时也是通过准入策略准许或限制用户、组、角色对信息资源的访问能力和范围的一种方法。

（1）网络边界安全设计

企业一般有大量业务数据流运行于 Internet 网络，在企业内外网络的边界处，部署网络防火墙，实现私有地址和公有地址的相互映射和转换，屏蔽内部网络结构，并遵循最小需求原则配置访问策略，以防范来自外部的威胁与攻击。

（2）内部网络用户准入

采用 DHCP 服务器做地址绑定，用户 IP 地址与 MAC 地址做一对一保留，防止网络接入的随意性，并在交换机设置 DHCP Snooping、动态 ARP 检测防止用户任意修改 IP，保证地址获取的合法性。对于重要的业务系统服务器，还可以在交换机上采取 MAC 地址+IP 地址＋交换机端口进行绑定，从而可以有效地阻止 ARP 等病毒的攻击。

（3）分支机构及移动办公用户的准入

外部用户访问企业内网，应在基于 VPN 的拨号接入之上，建立 AAA 认证服务器，一方面方便用户经常更换口令；另一方面可以实施更加严格的安全策略，并且对这些策略的实施予以监视。

为了方便用户对资源的访问和管理网络，有必要建立一个统一的安全认证及授权系统，因为统一的帐号管理有助于确保安全策略的实施及管理。

3．主机与系统平台安全

网络是病毒传播最好、最快的途径之一。在网络环境下，计算机病毒有不可估量的威胁性和破坏力，它使得网络瘫痪、机密信息泄漏、重要业务系统不能提供正常服务，严重影响网络安全，进而造成不良的社会影响。计算机病毒的防范是网络安全性建设中重要的一环，在企业网中应建立一套网络版的防病毒系统，它能构造全网统一的防病毒体系，支持对网络、服务器、工作站的实时病毒监控；能够在中心控制台向多个目标发布及安装新版杀毒软件，并监视多个目标的病毒防治情况；支持多种平台的病毒防范；能够识别广泛的已知和未知病毒，支持广泛的病毒处理选项；支持病毒主机隔离；提供对病毒特征信息和检测引擎的定期在线更新服务；支持日志记录功能；支持多种方式的告警功能（声音、图像、电子邮件等）等。

为了弥补防病毒软件被动防范的不足，可采用以下两种策略提高网络主动防范的能力。

（1）在网络边界防火墙上配置严格的安全策略，强制关闭常见病毒攻击的服务端口，防止病毒入侵。在核心层和汇聚层交换机上，依据业务数据流流向建立一系列的访问控制列表，服务器只向必须访问它的客户端开放，其他客户端一概被策略拒绝访问。

（2）由于企业中大多数计算机安装 Windows 系列的操作系统，因此，在网络中建设一套 Windows 补丁分发系统，利用微软的 WSUS 服务器进行强联动，辅以行之有效的用户端保护措施，帮助客户机高效、安全完成 Windows 补丁更新，解决为 Windows 系统自动安装系统补丁程序的问题，从而进一步提高计算机及网络的安全性。

4. 网络安全监测与审计

（1）网络管理系统

利用网络管理系统软件，实现对网络管理信息的收集、整理、预警，以视图方式实时监控各种网络设备运行状态。网络管理一般包括：网络性能管理、配置管理、安全管理、计费管理和故障管理等五大管理功能。建立针对全网络的管理平台，对网络、计算机系统、数据库、应用程序等进行统一管理，把网络系统平台由原先的被动管理转向主动监控，被动处理故障变为主动故障预警。

（2）网络入侵检测

作为防火墙功能的有效补充，入侵检测/防御系统（IDS/IPS）可实时监控网络传输，主动检测可疑行为，分析网络外部入侵信号和内部非法活动，在系统遭受危害前发出报警，对攻击作出及时的响应，并提供相应的补救措施，从而最大限度地保障网络安全。

（3）网络安全审计

将网络安全审计系统布署在企业网络中，能够监控、审查、追溯内部人员操作行为，防止企业机密资料泄露，统计网络系统的实际使用状况，帮助管理者及时发现潜在的漏洞和威胁，为企业的网络提供保障，促使企业的网络资源发挥应有的经济效益。

5. 企业网络安全管理制度保障

管理是企业网络安全的核心，技术是企业安全管理的保证。网络安全系统必须包括技术和管理两方面。只有完整的规章制度、行为准则并和安全技术手段紧密结合，网络系统的安全才能得到最大限度的保障。只有制定合理有效的网络管理制度来约束员工，这样才能最大限度地保证企业网络平稳正常的运转，例如，禁止员工滥用计算机，禁止利用工作时间随意下载软件，随意执行安装操作，禁止使用 IM 工具聊天等。最终制度通过网络管理平台得以具体体现，管理平台使得制度被严格地执行起来。

三、计算机网络安全的设计方案

1. 网络规划

整个网络架构可以划分为核心层、汇聚层和接入层。性能最好的设备应放在核心层，同时最重要的防护也要放在核心层。在布局核心层时，应采用双备份的三层交换和光纤冗余，保证网络的可靠性。根据安全程度，整个网络可以分为外网，内网和 DMZ 区。外网就是连接 Internet 的区域，这个区域最重要的就是能提供正常稳定的网络。而在 DMZ 区则存放的是一些可以公开的服务器系统，可以让外网的人访问，如，关于公司主页的 WEB 服务器，还有邮件服务器和电子商务系统，等等。而内网存放的则是一些重要的单位机密信息，禁止外面的人访问，例如，关于公司机密的数据库服务器，内部员工的重要信息，等等。

2. 在重要的区域间安装防火墙

一般公司安装的都是价格较贵，但防范能力较强的硬件防火墙，防火墙种类较多，但现在一般会选用状态检测防火墙，结合包过滤和应用防火墙的优点。而防火墙的体系结构一般会使用屏蔽主机结构，它比堡垒主机结构更安全。为了防止非授权用户的访问，更重要的是进行访问控制策略的设置，从而保证重要区域的数据。防火墙技术是抵抗黑客入侵和防止未授权访问的最有效手段之一，也是实现网络安全最普遍的工具之一。它是隔离内网与外网的一道安全的防护系统，同时也是网络安全最基本的基础设施。

3. 在防火墙的后面安装入侵检测系统

入侵检测系统的实现分为以下几个步聚：首先进行数据收集，通过监听端口，就可以收集到所关心的报文。接着进行数据分析，一般会通过模式匹配，统计分析和完整性分析三种手段。根据三种模式的特点，来发现是否有异常或者与平时正常活动的特征偏离多少来判断用户是否违反安全策略，最后如果被认定异常或与攻击行为的特征相匹配，则会进行记录和报警，并采取一定的措施，如，断网，发报告给管理者，等等。入侵检测技术是指可以对计算机和网络资源的恶意使用行为可以监测到，并能进行记录和报警的一种技术，主要包括：网络系统外部的入侵和内部用户的非法使用等行为，而进行检测的软件和硬件的组合就是入侵检测系统。防火墙并不能完全保证网络的安全，而且防火墙更重要的是防止外来人的入侵，对内部人员的作案并不会检测出来。而入侵检测系统则可以发现内部人员的非法访问，是防火墙的一个补充。

现在所安装的入侵检测系统一般都是采用主机和网络型相结合的入侵检测系统。在一些特别重的的服务器可以安装主机型入侵检测系统，有一些重要网络的区域可以在交换机上连接网络型入侵检测系统。

4. 采用网络防病毒技术

计算机病毒是指编制或者在计算机程序中插入的破坏计算机功能或者破坏数据，影响计算机使用并且能够自我复制的一组计算机指令或者程序代码。计算机病毒的危险性是很大的，轻则只是占用系统资源，让机器运行缓慢，重则是可以破坏重要的数据，甚至可以毁坏计算机的硬件，比如，CIH病毒，所以防范病毒是必须的。个人通常安装个人版的杀毒软件，比如，瑞星，360等等，但对于一间家公司来说，为了方便管理和维护，应该安装的是网络版杀毒软件，可以定期统一进行更新病毒库，也可以统一进行杀毒，当然更重要的是用户必须要有安全意识，不要随便上不良网站，不要随意插U盘，等等。

5. 使用扫描技术

黑客之所以可以入侵系统，是因为他先踩点，使用扫描技术扫描出在一片区域中有哪一台机器存在漏洞，然后攻击它，并可以使它成为"肉鸡"，然后不断去攻击其他机器。所以，我们可以使用安全扫描技术来关闭某些不需要开放的端口和服务，也可以找出本系统的漏洞，然后根据漏洞打补丁和进行安全配置操作系统。

6. 防止 SNFIFFER 嗅探，对数据进行加密

如果传输的数据是明文，黑客可以利用 Sniffer 等软件可以获取你传输的信息，如果

获取的内容有账号和密码等信息，后果不堪设想。因此，为防范嗅探，我们可以对敏感数据进行加密，比如，使用 SSH 协议或者利用 PGP 软件等。

7. 安装用户上网行为的监控系统

为了提高工作效率，应该禁止员工在上班时间上网看电影、炒股、下载电影，通过监控系统，杜绝个人大量地占用带宽，必要的时候还可以进行限流的设置。

在当今时代，网络安全已和我们生活息息相关，设计一个安全的网络方案是必须的，本方案更注重内网的防护设计，该方案不仅适合各类单位、学校，而且也有一定的扩展性，即使网络技术在不断发展，方案也会适合未来的发展需求。但更重要的是每一位使用者都必须要有安全意识，注意数据的备份，将风险将至最低。

第五节　计算机网络安全的评价标准

一、第一级用户自主保护级

本级的计算机信息系统可信计算基通过隔离用户与数据，使用户具备自主安全保护的能力。它具有多种形式的控制能力，对用户实施访问控制，即为用户提供可行的手段，保护用户和用户信息，从而有效避免其他用户对数据的非法读写与破坏。

1. 自主访问控制

计算机信息系统可信计算基定义和控制系统中命名用户对命名客体的访问。实施机制（例如，访问控制表）允许命名用户以用户和（或）用户组的身份规定并控制客体的共享，阻止非授权用户读取敏感信息。

2. 身份鉴别

在计算机信息系统可信计算基初始执行时，首先要求用户标识自己的身份，并使用保护机制（例如，口令）来鉴别用户的身份，阻止非授权用户访问用户身份鉴别数据。

3. 数据完整性

计算机信息系统可信计算基通过自主完整性策略，阻止非授权用户修改或破坏敏感信息。

二、第二级系统审计保护级

与用户自主保护级相比，本级的计算机信息系统可信计算基实施了粒度更细的自主访问控制，它通过登录规程、审计安全性相关事件和隔离资源，促使用户对自己的行为负责。

1. 自主访问控制

计算机信息系统可信计算基定义和控制系统中命名用户对命名客体的访问。实施机制（例如，访问控制表）允许命名用户以用户和（或）用户组的身份规定并控制客体的共享，阻止非授权用户读取敏感信息，并控制访问权限扩散。自主访问控制机制根据用户指定方式或默认方式，阻止非授权用户访问客体。访问控制的粒度是单个用户。没有存取权的用户只允许由授权用户指定对客体的访问权。

2. 身份鉴别

在计算机信息系统可信计算基初始执行时，首先要求用户标识自己的身份，并使用保护机制（例如，口令）来鉴别用户的身份，阻止非授权用户访问用户身份鉴别数据。通过为用户提供唯一标识，计算机信息系统可信计算基能够使用户对自己的行为负责。计算机信息系统可信计算基还具备将身份标识与该用户所有可审计行为相关联的能力。

3. 客体重用

在计算机信息系统可信计算基的空闲存储客体空间中，对客体初始指定、分配或在分配一个主体之前，撤消该客体所含信息的所有授权。当主体获得对一个已被释放的客体的访问权时，当前主体不能获得原主体活动所产生的任何信息。

4. 审计

计算机信息系统可信计算基能创建和维护受保护客体的访问审计跟踪记录，并能阻止非授权的用户对它的访问或破坏。计算机信息系统可信计算基能记录下述事件：使用身份鉴别机制；将客体引入用户地址空间（例如，打开文件、程序初始化）；删除客体；由操作员、系统管理员或（和）系统安全管理员实施的动作以及其他与系统安全有关的事件。对于每一事件，其审计记录包括：事件的日期和时间、用户、事件类型、事件是否成功。对于身份鉴别事件，审计记录包含：请求的来源（例如，终端标识符）；对于客体引入用户地址空间的事件及客体删除事件，审计记录包含客体名。然而对不能由计算机信息系统可信计算基独立分辨的审计事件，审计机制提供审计记录接口，可由授权主体调用。这些审计记录区别于计算机信息系统可信计算基独立分辨的审计记录。

5. 数据完整性

计算机信息系统可信计算基通过自主完整性策略，组织非授权用户修改或破坏敏感信息。

三、第三级安全标记保护级

本级的计算机信息系统可信计算基具有系统审计保护级的所有功能。此外，还需提供有关安全策略模型、数据标记以及主体对客体强制访问控制的非形式化描述，具有准确地标记输出信息的能力；消除通过测试发现的任何错误。

1. 自主访问控制

计算机信息系统可信计算基定义和控制系统中命名用户对命名客体地访问。实施机制（例如，访问控制表）允许命名用户以用户和（或）用户组的身份规定并控制客体的共享；阻止非授权用户读取敏感信息。并控制访问权限扩散。自主访问控制机根据用户指定方式或默认方式，阻止非授权用户访问客体。访问控制的粒度是单个用户。没有存取权的用户只允许由授权用户指定对客体的访问权，阻止非授权用户读取敏感信息。

2. 强制访问控制

计算机信息系统可信计算基对所有主体及其所控制的客体（例如，进程、文件、段、设备）实施强制访问控制。为这些主体及客体指定敏感标记，这些标记是等级分类和非等级类别的组合，它们是实施强制访问控制的依据。计算机信息系统可信计算基支持两种或两种以上成分组成的安全级。计算机信息系统可信计算基控制的所有主体对客体的访问应满住：仅当主体安全级中的等级分类高于或等于客体安全级中的等级分类，且主体安全级中的非等级类别包含客体安全级中的全部非等级类别，主体才能读客体；仅当主体安全级中的等级分类低于或等于客体安全级中的等级分类，且主体安全级中的非等级类别包含于课题安全级中的非等级类别，主体才能写一个客体。计算机信息系统可信计算基使用身份和鉴别数据，鉴别用户的身份，并保证用户创建的计算机信息系统可信计算基外部主体的安全级和授权受该用户的安全级和授权的控制。

3. 标记

在计算机信息系统可信计算基应维护与主体及其控制的存储客体（例如，进程、文件、段、设备）相关的敏感标记，这些标记是实施强制访问的基础。为了输入未加安全标记的数据，计算机信息系统可信计算基向授权用户要求并接受这些数据的安全级别，同时可由计算机信息系统可信计算基审计。

4. 身份鉴别

计算机信息系统可信计算基初始执行时，首先要求用户标识自己的身份，而且，计算机信息系统可信计算基维护用户身份识别数据并确定用户访问权及授权数据。计算机信息系统可信计算基使用这些数据鉴别用户身份，并使用保护机制（例如，口令）来鉴别用户的身份，阻止非授权用户访问用户身份鉴别数据。通过为用户提供唯一标识，计算机信息系统可信计算基能够使用户对自己的行为负责，同时计算机信息系统可信计算基还具备将身份标识与该用户所有可审计行为相关联的能力。

5. 客体重用

在计算机信息系统可信计算基的空闲存储客体空间中，对客体初始指定、分配或再分配一个主体之前，撤消客体所含信息的所有授权。当主体获得对一个已被释放的客体的访问权时，当前主体不能获得原主体活动所产生的任何信息。

6. 审计

计算机信息系统可信计算基能创建和维护受保护客体的访问审计跟踪记录，并能阻止非授权的用户对它的访问或破坏。

计算机信息系统可信计算基能记录下述事件：使用身份鉴别机制；将客体引入用户地址空间（例如，打开文件、程序初始化）；删除客体；由操作员、系统管理员或（和）

系统安全管理员实施的动作以及其他与系统安全有关的事件。对于每一事件，其审计记录包括：事件的日期和时间、用户、事件类型、事件是否成功。对于身份鉴别事件，审计记录包含请求的来源（例如，终端标识符）；对于客体引入用户地址空间的事件及客体删除事件，审计记录包含客体名及客体的安全级别。此外，计算机信息系统可信计算基具有审计更改可读输出记号的能力。

因此，对不能由计算机信息系统可信计算基独立分辨的审计事件，审计机制提供审计记录接口，可由授权主体调用。这些审计记录区别于计算机信息系统可信计算基独立分辨的审计记录。

7. 数据完整性

计算机信息系统可信计算基通过自主和强制完整性策略，阻止非授权拥护修改或破坏敏感信息。在网络环境中，使用完整性敏感标记来确保信息在传送中未受损。

四、第四级机构化保护级

本级的计算机信息系统可信计算基建立于一个明确定义的形式安全策略模型之上，要求将第三级系统中的自主和强制访问控制扩展到所有主体与客体。此外，还要充分考虑隐蔽通道。本级的计算机信息系统可信计算基必须结构化为关键保护元素和非关键保护元素。计算机信息系统可信计算基的借口也必须明确定义，从而使其设计与实现能经受更充分的测试和更完整的复审。加强鉴别机制；支持系统管理员和操作员的职能；提供可信设施管理；增强配置管理控制，系统具有相当强的抗渗透能力。

1. 自主访问控制

计算机信息系统可信计算基定义和控制系统中命名用户对命名客体的访问。实施机制（例如，访问控制表）允许命名用户和（或）以用户组的身份规定并控制客体的共享；阻止非授权用户读取敏感信息，进而控制访问权限扩散。

自主访问控制机制根据用户指定方式或默认方式，阻止非授权用户访问客体。访问控制的粒度是单个用户，因此，没有存取权的用户只允许由授权用户指定对客体的访问权。

2. 强制访问控制

计算机信息系统可信计算基对外部主体能够或直接访问的所有资源（例如，主体、存储客体和输入输出资源）实施强制访问控制。为这些主体及客体指定敏感标记，这些标记是等级分类和非等级类别的组合，它们是实施强制访问控制的依据。计算机信息系统可信计算基支持两种或两种以上成分组成的安全级。计算机信息系统可信计算基外部的所有主体对客体的直接或间接的访问应满足：仅当主体安全级中的等级分类高于或等于客体安全级中的等级分类，且主体安全级中的非等级类别包含了客体安全级中的全部非等级类别，主体才能读客体；仅当主体安全级中的等级分类低于或等于客体安全级中的等级分类，且主体安全级中的非等级类别包含与客体安全级中的非等级类别，主体才能写一个客体。计算机信息系统可信计算基使用身份和鉴别数据，鉴别用户的身份，确保用户创建的计算机信息系统可信计算基外部主体的安全级和授权受该用户的安全级和授权的控制。

3．标记

计算机信息系统可信计算基维护与可被外部主体直接或间接访问到的计算机信息系统资源（例如，主体、存储客体、只读存储器）相关的敏感标记。这些标记是实施强制访问的基础。为了输入未加安全标记的数据，计算机信息系统可信计算基向授权用户要求并接受这些数据的安全级别且可由计算机信息系统可信计算基审计。

4．身份鉴别

在计算机信息系统可信计算基初始执行时，首先要求用户标识自己的身份，并且，计算机信息系统可信计算基维护用户身份识别数据并确定用户访问权及授权数据。计算机信息系统可信计算基使用这些数据，鉴别用户身份，并使用保护机制（例如，口令）来鉴别用户的身份：阻止非授权用户访问用户身份鉴别数据。因此，通过为用户提供唯一标识，计算机信息系统可信计算基能够使用户所有可审计行为相关联的能力。

5．客体重用

在计算机信息系统可信计算基的空闲存储客体空间中，对客体初始指定、分配或再分配一个主体之前，撤消客体所含信息的所有授权。当主体获得对一个已被释放的客体的访问权时，当前主体不能获得原主体活动所产生的任何信息。

6．审计

计算机信息系统可信计算基能创建和维护受保护客体的访问审计跟踪记录，并能阻止非授权的用户对它的访问或破坏。计算机信息系统可信计算基能记录下述事件：使用身份鉴别机制；将客体引入用户地址空间（例如，打开文件、程序初始化）；删除客体；由操作员、系统管理员或（和）系统安全管理员实施的动作以及其他与系统安全有关的事件。对于每一事件，其审计记录包括：事件的日期和时间、用户、事件类型、事件是否成功。对于身份鉴别事件，审计记录包含：请求的来源（例如，终端标识符）；对于客体引入用户地址空间的事件及客体删除事件，审计记录包含客体名及客体的安全级别。此外，计算机信息系统可信计算基具有审计更改可读输出记号的能力。对不能由计算机信息系统可信计算基独立分辨的审计事件，审计机制提供审计记录接口，从而可由授权主体调用。这些审计记录区别于计算机信息系统可信计算基独立分辨的审计记录。

计算机信息系统可信计算基能够审计隐蔽存储信道时可能被使用的事件。

7．数据完整性

计算机信息系统可信计算基通过自主和强制完整性策略，组织非授权用户修改或破坏敏感信息。在网络环境中，使用完整性敏感标记来确保信息在传送中未受损。

8. 隐蔽信道分析

系统开发者应彻底搜索隐蔽存储信道，并根据实际测量或工程估算确定每一个被标识信道的最大带宽。

9. 可信路径

对用户的初始登录和鉴别，计算机信息系统可信计算基在它与用户之间提供可信通信路径。因此，该路径上的通信只能由该用户初始化。

五、第五级访问验证保护级

本级的计算机信息系统可信计算基满足访问控制器需求。访问监控器仲裁主体对客体的全部访问。访问监控器本身是抗篡改的；必须足够小，能够分析和测试。为了满足访问监控器需求，计算机信息系统可信计算基在其构造时，排除那些对实施安全策略来说并非必要的代码；在设计和现实时，从系统工程角度将其复杂性降至最低。支持安全管理员职能；扩充审计机制，当发生与安全相关的事件时发出信号；提供系统恢复机制。此外，系统还具有很高的抗渗透能力。

1. 自主访问控制

计算机信息系统可信计算基定义并控制系统中命名用户对命名客体的访问。实施机制（例如，访问控制表）允许命名用户和（或）以用户组的身份规定并控制客体的共享；阻止非用户读取敏感信息并控制访问权限扩散。

自主访问控制机制根据用户指定方式或默认方式，阻止非授权用户访问主体。访问控制的粒度是单个用户。访问控制能够为每个命名客体指定命名用户和用户组，并规定他们对客体的访问模式。没有存取权的用户只允许由授权用户指定对客体的访问权。

2. 强制访问控制

计算机信息系统可信计算基对外部主体能够直接或间接访问的所有资源（例如，主体、存储客体和输入输出资源）实施强制访问控制。为这些主体及客体指定敏感标记，这些标记是等级分类和非等级类别的组合，它们是实施强制访问控制的依据。计算机信息系统可信计算基外部的所有主体对客体的直接或间接的访问应满足。仅当主体安全级中的等级分类高于或等于客体安全级中的等级分类，且主体安全级中的非等级类别包含了客体安全级中的全部非等级类别，主体才能读客体；仅当主体安全级中的等级分类低于或等于客体安全级中的等级分类，且主体安全级中的非等级类别包含于客体安全级中的非等级类别，主体才能写一个客体。计算机信息系统可信计算基使用身份和鉴别数据，鉴别用户的身份，保证用户创建的计算机信息系统可信计算基外部主体的安全级和授权受该用户的安全级和授权的控制。

3. 标记

计算机信息系统可信计算基维护与可被外部主体直接或间接访问到的计算机信息系

统资源（例如，主体、存储客体、只读存储器）相关的敏感标记，这些标记是实施强制访问的基础。为了输入未加安全标记的数据，计算机信息系统可信计算基向授权用户要求并接受这些数据的安全级别，且可由计算机信息系统可信计算基审计。

4. 身份鉴别

在计算机信息系统可信计算基初始执行时，首先要求用户标识自己的身份，而且，计算机信息系统可信计算基维护用户身份识别数据，并确定用户访问权及授权数据。计算机信息系统可信计算基使用这些数据，鉴别用户身份，并使用保护机制（例如，口令）来鉴别用户的身份；阻止非授权用户访问用户身份鉴别数据。通过为用户提供唯一标识，计算机信息系统可信计算基能够使用户对自己的行为负责。此外，计算机信息系统可信计算基还具备将身份标识与该用户所有审计行为相关联的能力。

5. 客体重用

在计算机信息系统可信计算基的空闲存储客体空间中，对客体初始指定、分配或在分配一个主体之前，撤消客体所含信息的所有授权。当主体获得对一个已被释放的客体的访问权时，当前主体不能获得原主体活动所产生的任何信息。

6. 审计

计算机信息系统可信计算基能创建和维护受保护客体的访问审计跟踪记录，并能阻止非授权的用户对它的访问或破坏。

计算机信息系统可信计算基能记录下述事件：使用身份鉴别机制；将客体引入用户地址空间（例如，打开文件、程序初始化）；删除客体；由操作员、系统管理员或（和）系统安全管理员实施的动作以及其他与系统安全有关的事件。对于每一事件，其审计记录包括：事件的日期和时间、用户、事件类型、事件是否成功。对于身份鉴别事件，审计记录包含请求的来源（例如，终端标识符）；对于客体引入用户地址空间的事件及客体删除事件，审计记录包含客体名及客体的安全级别。此外，计算机信息系统可信计算基具有审计更改可读输出记号的能力。对不能由计算机信息系统可信计算基独立分辨的审计事件，审计机制提供审计记录接口，可由授权主体调用。这些审计记录区别于计算机信息系统可信计算基独立分辨的审计记录，计算机信息系统可信计算基能够审计利用隐蔽存储信道时可能被使用的事件。

计算机信息系统可信计算基包含能够监控可审计安全事件发生与积累的机制，当超过阈值时，能够立即向安全管理员报警。因此，如果这些与安全相关的事件继续发生或积累，系统应以最小的代价中止它们。

7. 数据完整性

计算机信息系统可信计算基通过自主和强制完整性策略，阻止非授权用户修改或破坏敏感信息。在网络环境中，使用完整性敏感标记来确保信息在传送中未受损。

8．隐蔽信道分析

系统开发者应彻底搜索隐蔽信道，并根据实际测量或工程估算确定每一个被标记信道的最大带宽。

9．可信路径

当连接用户时（如，注册、更改主体安全级），计算机信息系统可信计算基提供它与用户之间的可信通信路径。可信路径上的通信只能由该用户或计算机信息可信计算基激活，在逻辑上与其他路径上的通信相隔离，且在逻辑上与其他路径上的通信相隔离，同时也能正确地加以区分。

10．可信恢复

计算机信息系统可信计算基提供过程和机制，保证计算机信息系统失效或中断后，可以进行不损害任何安全保护性能的恢复。

第六节　计算机网络安全的研究意义

一、研究目的

随着互联网技术的不断发展和广泛应用，计算机网络在现代生活中的作用越来越重要。如今，个人、企业以及政府部门，国家军事部门，不管是天文的还是地理的都需要依靠网络传递信息，这已成为主流，人们也越来越依赖网络。然而，网络的开放性与共享性容易使它受到外界的攻击与破坏，网络信息的各种入侵行为和犯罪活动接踵而至，信息的安全保密性受到严重影响。因此，网络安全问题已成为世界各国政府、企业及广大网络用户最关心的问题之一。网络安全技术指致力于解决诸如如何有效进行介入控制，以及如何保证数据传输的安全性的技术手段，主要包括：物理安全分析技术、网络结构安全分析技术，系统安全分析技术，管理安全分析技术以及其他的安全服务和安全机制策略。在网络技术高速发展的今天，对网络安全技术的研究意义重大，它关系到小至个人的利益，大至国家的安全。对网络安全技术的研究就是为了尽最大的努力为个人、国家创造一个良好的网络环境，让网络安全技术更好地为广大用户服务。21世纪全世界的计算机都将通过 Internet 联到一起，信息安全的内涵也就发生了根本的变化。它不仅从一般性的防卫变成了一种非常普通的防范，而且还从一种专门的领域变成了无处不在。当人类步入 21 世纪这一信息社会、网络社会的时候，我国将建立起一套完整的网络安全体系，特别是从政策上和法律上建立起有中国自己特色的网络安全体系。

二、研究意义

一个国家的信息安全体系实际上包括：国家的法规和政策，以及技术与市场的发展平台。我国在构建信息防卫系统时，应着力发展自己独特的安全产品，我国要想真正解决网络安全问题，最终的办法就是通过发展民族的安全产业，进而带动我国网络安全技术的整体提高。信息安全是国家发展所面临的一个重要问题。对于这个问题，我们还没有从系统的规划上去考虑它，从技术上、产业上、政策上来发展它。政府不仅应该看见信息安全的发展是我国高科技产业的一部分，而且应该看到，发展安全产业的政策是信息安全保障系统的一个重要组成部分，甚至应该看到它对我国未来电子化，信息化的发展将起到至关重要的作用。信息安全问题已成为社会关注的焦点。特别是随着 Internet 的普及和电子商务、政府上网工程的启动，一方面，信息技术已经成为整个社会经济和企业生存发展的重要基础，在国计民生和企业经营中的重要性日益凸显；另一方面，政府主管机构、企业和用户对信息技术的安全性、稳定性、可维护性和可发展性提出了越来越迫切的要求。因此，从社会发展和国家安全角度来看，加大发展信息安全技术的力度已刻不容缓。

第二章　网络安全系统模型

由于网络安全动态性的特点，网络安全防范也在动态变化的过程当中，同时网络安全目标也表现为一个不断改进的、螺旋上升的动态过程。传统的以访问控制技术为核心的单点技术防范已经无法满足网络安全防范的需要，人们迫切地需要建立一定的安全指导原则以合理地组织各种网络安全防范措施，从而达到动态的网络安全目标。为了有效地将单点的安全技术有机融合成网络安全的防范体系，各种安全模型就应运而生。所谓网络安全模型，就是动态网络安全过程的抽象描述。为了达到安全防范的目标，需要建立合理的网络安全模型描述，从而指导网络安全工作的部署和管理。目前，在网络安全领域存有较多的网络安全模型。这些安全模型都较好地描述网络安全的部分特征，同时又都有各自的侧重点，在各自不同的专业和领域都有着一定程度的应用。本节将介绍安全领域比较通用的网络安全模型，通过对安全模型的研究，了解安全动态过程的构成因素，是构建合理而实用的安全策略体系的前提之一。

第一节　网络安全系统模型的概念

一、网络安全系统模型概念的提出

近年来，Internet 和网络技术得到了迅猛普及和广泛应用，从而，黑客入侵、蠕虫和拒绝服务等类型的网络攻击找到了更多的攻击途径，进而成为计算机网络系统面临的主要安全问题。这些恶意的攻击行为轻则窃取机密信息、篡改系统和数据，重则导致大规模的网络瘫痪或网络服务不可用。美国计算机紧急事件反应小组协调中心（CERT/CC）自从 1998 年成立以来，收到的计算机安全事故报告的数量一直呈上升趋势，而这些接报的安全事件只是所有网络安全事件的冰山一角。为此，国内外的研究人员在计算机与网络安全的保护方面进行了大量深入的研究工作，针对信息技术产品和计算机网络系统的安全分析、评估、度量作为网络安全 PPDRR（策略、防护、检测、响应、恢复）模型的一个重要环节，在不同的阶段对构建信息系统的软件系统进行安全方面的分析，这方面的工作是为了主动发现、定期检查，防患于未然，从而起到未雨绸缪的作用。

二、网络安全系统模型的研究现状

对计算机安全问题的研究，几乎深入到了计算机科学理论和工程的各个领域，软件的安全故障分析在软件的设计、测试和使用中有着不同的特点。在软件设计阶段，主要目的是要努力避免危害安全的漏洞在软件领域，为了最大限度地保证一个系统的安全性，研究者经常通过构造一个形式化的安全模型并证明其正确，这些安全模型以有限状态机模型、存取矩阵模型、Bell-La Padula 模型和信息流模型为代表。在软件测试阶段，主要目的是要找出可能存在的造成渗透变迁的漏洞和错误。在软件系统的使用过程中，网络的普及和计算机安全的重要性迅速增加，越来越多的网络安全事件和安全漏洞被公开，信息系统开发者也随之开发了不同的方法来分析攻击数据，找出其中结构化的和可重用的模式，提供给系统安全分析使用，从而为系统安全的改进和设计提供指导。针对计算机系统进行安全分析的工作最初使用的方法是传统的弱点扫描方法，即检验系统是否存在已公布的漏洞和简单的攻击路径。例如，基于主机的扫描工具有 COPS、Tripwire 等，基于网络的扫描工具有 Nmap、Nessus、ISS 等，这种安全评估方法就是把这些探测和扫描工具的执行结果罗列出来，生成简略的分析报告，直接提供给使用者。目前基于弱点检测的评估方法主要问题有：第一，弱点的关联问题；由于系统中多个弱点的存在，简单的列举或者权值相加这种表达方式不能反映对于漏洞关联使用造成的安全损害；第二，弱点的量化问题；现存的弱点检测之后就是对于每一个弱点根据弱点数据库里的知识，给予一个类似于高、中、低的模糊评价值，这种表示方法很难反映弱点在系统中造成的真实的安全问题。

随着计算机网络安全评估研究的不断深入，国内外的研究者在基于弱点探测评估方法研究成果上，开始逐步使用多种形式化的工具来建立面向安全评估的安全模型。安全模型分析的方法可以有效地发现系统中复杂的攻击路径或者引起系统状态变迁的序列。攻击树就是一种基于变化的攻击来形式化、系统化地描述系统安全的方法，用来对安全威胁建模。Moore 详细地论述了攻击树以递归或渐进的方式来表达攻击的变化，能比较直观地反映攻击者实施攻击的步骤。在攻击树模型中，对系统安全的最终破坏可以被表达为一棵攻击树的树根，攻击者引起这种破坏的方式可以被表达成攻击树的低层节点。这种分析方法往往针对某种漏洞或某个服务，而在叶节点的属性，往往是一些冗余过程或过细的过程，缺乏全局的考虑。法国学者 Ortalo 使用特权图（privilegegraph）方法，中国科技大学汪渊博士等人提出一种基于图论的网络安全分析方法并且实现了一个原形系统，都是这种评估方法的一种具体探讨和实现。

研究人员为表达攻击者起始点与目标、主机信息以及拓扑信息等提出了威胁信息系统安全的攻击图。Phillips 和 Swiler 在 1998 年首先提出基于图的网络弱点分析方法，作者使用深度优先的正向搜索生成攻击图，并根据路径顺序和相对应的弱点权重，从而使用偏序归约的方法排除图中的冗余路径。

使用模型检测生成攻击图的方法首先由 Rama Krishnan 和 Sekar 提出并应用在主机弱点综合分析上，他们使用 CCS 描述了和系统安全相关的各个部分，组合构成的模型反映了整个系统所有可能的行为，使用模型检测技术来寻找反例，反例即为一个相关的安全属性。在此基础上实现了一个 unix 系统下的弱点分析工具。Ritchey 和 Ammann 把模型检测这种评估方法的应用扩展到了网络系统的评估中，并且用来生成攻击图，他们提出的网络攻击模型主要由四个部分组成：主机描述、主机之间的连接关系、已知的弱点利用知识集和攻击者的初始点，CMU 的系统安全分析课题组改进了标准的模型检测工具，并利用改进后的模型检测工具自动生成目标信息系统的网络攻击图。当目标模型不满足指定的属性时，标准的模型检测工具仅可以给出一个反例，因此，他们对模型检测工具（NuSMV）进行了改进，当属性不满足时可以给出所有的反例。对于一个网络攻击模型来说，这些反例就是相应针对指定攻击目标的网络攻击图。Sheyner 通过这种方法构造出攻击图后，并应用在了入侵检测系统（IDS）的警报关联以及从单个攻击行为来预警攻击。已有的基于安全模型的安全性分析方法面临的一个问题是系统状态空间爆炸问题。信息系统的状态由各个实体、弱点、主机连接、安全需求，等等各种信息组成，在使用模型检测方法的分析过程中待考察的状态数量呈指数级增长，从而致使使用的存储空间巨大。为此，Ammann 在后来的研究中放弃了模型检测方法而使用一种基于图的方法生成攻击图，并且在其中做了安全单调性假设，即攻击者不会重复那些能够获取已有权限的攻击动作。

在安全评估模型的理论探索中，北京大学的阎强博士根据信息技术评估标准定义了信息系统安全评估的安全要素集，并且以等级的形式表示信息系统的安全度量，并且根据组合独立性、组合互补性和组合关联性对安全要素做了区分，定义访问路径、规范路径等概念，给出了信息系统安全度量的形式化评估模型及其实现。在实际使用安全模型进行评估时，尽管模型的建立比规则的抽取简单，能够全面地反映系统中存在的安全隐患，但是目前已有的研究在安全评估模型的建立、描述、验证和度量计算方法都需要进行深入的探讨，因为主观因素和模型完备度的缺乏很容易造成结果的不确定性。

第二节　现有系统模型

一、主体—客体访问控制模型

主体—客体访问控制模型是网络安全领域早期使用的模型。其实，安全人员尚未对网络安全的动态性有足够的认识，人们提出和采用的是以访问控制技术为核心的简单安全模型。随着人们对安全工作和安全过程认识的不断深入，安全人员意识到，仅仅依靠单点的访问控制安全防护并不能收到有效安全保障的效果。目前，在实际网络安全体系中，访问控制模型常常与其他安全模型相结合，指导安全技术防护措施的选择和实施，以建立有效的网络安全防护体系。访问控制模型是一种从访问控制的角度出发，描述安全系统并建立安全模型的方法，主要描述了主体访问客体的一种框架，通过访问控制技术和安全机制来实现模型的规则和目标。可信计算机系统评估准则（TCSEC）提出了访问控制在计算机安全系统中的重要作用，TCSEC 要达到的一个主要目标就是阻止非授权用户对敏感信息的访问。访问控制在准则中被分为两类：自主访问控制（Discretionary Access Control，DAC）和强制访问控制（Mandatory Access Control，MAC）。近几年，基于角色的访问控制（Role-based Access Control，RBAC）技术正得到广泛的研究与应用。

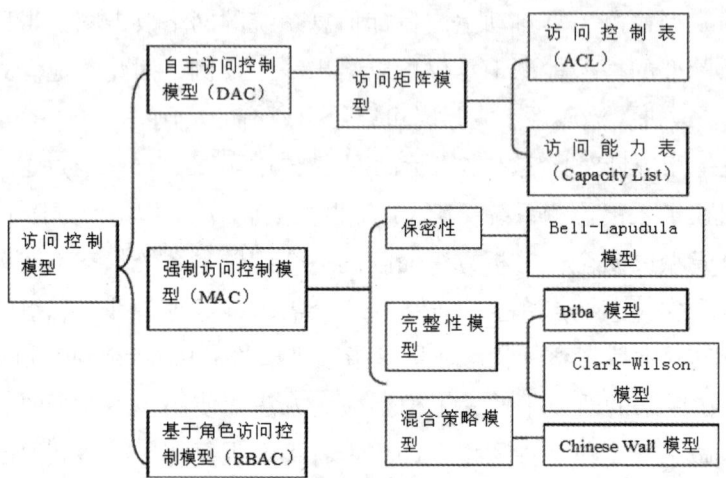

图 2-1　访问控制模型分类

1. 自主访问控制

自主访问控制（DAC），又称为任意访问控制，是根据自主访问控制策略建立的一种模型。允许合法用户以用户或用户组的身份访问策略规定的客体，同时阻止非授权用户访问客体。某些用户还可以自主地把自己拥有的客体的访问权限授予其他用户。在实现上，首先要对用户的身份进行鉴别，然后就可以根据访问控制列表所赋予用户的权限允许和限制用户使用客体的资源，主题控制权限通常由特权用户或特权用户（管理员）组实现。

（1）访问控制矩阵任何访问控制策略最终可以被模型化为矩阵形式，其中，行对应用户，列对应目标，矩阵中的每一个元素表示相应的用户对目标的访问许可。如表 2-1 所示访问矩阵。

表 2-1

	目标 X	目标 Y	目标 Z
用户 A	读、修改、管理		读、修改、管理
用户 B		读、修改、管理	
用户 C	读	读、修改	
用户 D	读	读、修改	

为了实现完备的自主访问控制系统，由访问控制矩阵提供的信息，必须将某种形式保存在系统中，访问矩阵中的每行表示一个主题，每一列则表示一个受保护的客体，而矩阵中的元素则表示主体可以对客体的访问模式。

（2）访问能力表和访问控制表

在系统中访问控制矩阵本身都不是完整地存储起来的，由于矩阵中的许多元素常常为空，空元素会造成存储空间的浪费，而查找某个元素会耗费更多的事件，实际中通常是基于矩阵的列或行来表达访问控制信息的。基于矩阵的行的访问控制信息表示的是访问能力控制表（Capacity List，CL），每个主体都附加一个该主体可访问的客体的明细表。基于矩阵的列的访问控制信息表示的是该访问控制表（Access Control List），每个客体附加一个可以访问它的主体的明细表。自主访问控制模型的实现机制是通过访问控制矩阵实施，具体的实现方法则是：通过访问能力表来限定哪些主体针对哪些客体可以执行什么样的操作。

表 2-2　访问能力表与访问控制表的对比表

	ACL	CL
保存位置	客体	主体
浏览访问权限	容易	困难
访问权限传递	困难	容易
访问权限收回	容易	困难
使用	集中 式系统	分布式系统

多数集中式操作系统中使用的访问控制表或者类似的方法实施访问控制。由于分布式系统中很难确定给客体的潜在主体集，因此，在现代 OS 中 CL 也得到了广泛应用。

（3）优缺点

①优点：根据主体的身份和访问权限进行决策；具有某种访问能力的主体能够自主地将访问权限的某个子集授予其他主体；灵活性高，被大量采用。

②缺点：信息在传递过程中其访问权限关系会被改变。

2．强制访问控制

强制访问控制（Mandatory Access Control，MAC）是强加给主体的，是系统强制主体服从访问控制策略，强制访问控制的主要特征是对所有主体及其所控制的客体（进程、文件、段、设备）实施强制访问控制。

（1）安全标签

强制访问控制对访问主体和受控对象标识两个安全标签，一个是具有偏序关系的安全等级标签，另一个是非等级的分类标签，它们是实施强制访问控制的依据。系统通过对比主体和客体的安全标签来决定一个主体是否能访问某个客体。用户的程序不能改变他自己及其他任何客体的安全标签，只有管理员才能确定用户和组的访问权限。访问控制标签列表（Access Control Security Labels List，ACSLL）限定了一个用户对一个客体目标访问的安全属性集合。

（2）强制访问策略

强制访问策略将每个主体与客体赋予一个访问级别，如，最高秘密级（Topsecert），秘密级（Secert），机密级（Confidential）及无级别（Unclassifed），定义其级别为T>S>C>U。用一个例子来说明强制访问控制规则的应用，比如，WES服务以秘密级的安全级别运行。假如WES服务器被攻击，攻击者在目标系统中以秘密级的安全级别进行操作，他将不能访问系统中安全级为最高秘密级的数据。强制访问控制系统根据主体和客体的敏感标记来决定访问模式，访问模式包括：第一，向下读（Read Down，RD）：主体安全级别高于客体信息资源的安全级别时允许的读操作；第二，向上读（Read Up，RU）：主体安全级别低于客体信息资源的安全级别时允许访问的读操作；第三，向下写（Write Down，WD）：主体安全级别高于客体信息资源的安全级别时允许执行的写操作；第四，向上写（Write Up，WU）：主体安全级别低于客体信息资源的安全级别时允许执行的写操作。由于MAC通过分级的安全标签实现了信息的单向流通，因此它一直被军方采用，其中最著名的是Bell-la Padula模型和Biba模型。Bell-la Padula模型具有只允许向下读、向上写的特点，可以有效地防止机密信息向下级泄露，Biba模型则具有不允许向下读、向上写的特点，从而可以有效地保护数据的安全性和完整性。

（3）Bell-la Padula模型

Bell-la Padula安全模型也称为BLP模型，它利用"不上读/不下写"的原则来保证数据密性。该模型以信息的敏感度作为安全等级的划分标准，主体和客体用户被划分为以下安全等级：公开（Unclassificed）、秘密（Confidential）、机密（Secert）和绝密（TopSecret），安全等级依次增高。BLP模型不允许低安全等级的用户读高敏感度的信息，也不允许高敏感度的信息写入低敏感度区域，禁止信息从高级别流向低级别。强制访问控制通过这种梯度安全标签实现信息的单向流通，这种方法一般应用于军事用途。

（4）biba模型

由于BLP模型存在不保护信息的完整性和可用性、不涉及访问控制等缺点，biba作为BLP模型的补充而提出。Biba和BLP模型相似，也使用了和BLP模型相似的安全等级划分方式。主客体用户被划分为以下完整性级别：重要（Important）、很重要（Very important）和极其重要（Crucial），完整性级别一次次增高。Biba模型利用"不下读/不上写"的原则来保证数据库的完整性，完整性保护主要是为了避免应用程序修改某些重要的系统程序和系统数据库。Biba安全模型如图所示，只用用户的安全级别高于资源的安全级别时可对资源进行读写操作；反之，只有用户的安全级别低于资源的安全级别时可读取该资料。

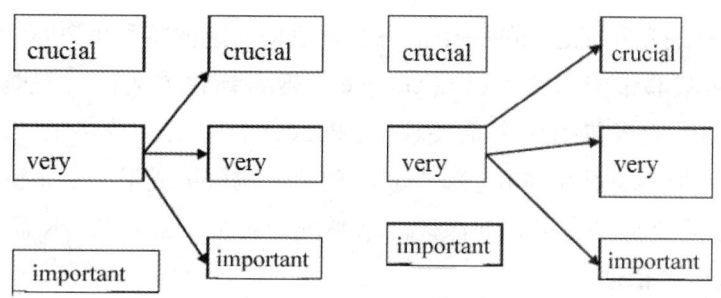

图 2-2　Biba 模型

（4）Chinese wall 模型

Chinese wall 模型是应用在多边安全系统中的安全模型，最初为投资银行设计。Chinese wall 安全策略的基础是客户访问的信息不会与他们目前可支配的信息发生冲突。Chinese wall 安全模型的两个主要属性：第一，用户必须选择一个它可以访问的区域；第二，用户必须自动拒绝来自其他与用户所选区域冲突的区域的访问。这个模型同时包括了 DAC 和 MAC 的属性。

3．基于角色的访问控制模型

（1）基本定义

基于角色的访问控制（Role-based Access，RBAC）模型的要素包括：用户、角色和许可等。用户是一个可以独立访问计算机中的数据或用数据表示其他资源的主体。角色是指一个组织或任务中的工作或者位置，它代表一种权利、资格和责任。许可是允许对一个或多个客体执行的操作。一个用户可经授权而拥有多个角色，一个角色可由多个用户组成，每个角色拥有多种许可，每个许可也可以授权给多个不同的角色，从而每个操作可施加于多个客体，每个客体可接受多个操作。

（2）基本思想

RBAC 模型的基本思想是将访问许可权分配给一定的角色，用户通过饰演不同的角色获得角色所拥有的访问许可权限，角色可以看成是一组操作的集合。一个角色可以拥有多个用户成员，因此，RBAC 提供了一种组织的职权和责任之间的多对多关系，这种关系具有反身性、传递性、非对称性特点。RABC 是实施面向企业安全策略的一种有效的访问控制方式，其具有灵活、方便和安全性的特点。目前，在大型数据库系统的权限管理中得到普遍应用。角色有系统管理员定义，角色的增减也只能有系统管理员来执行，用户与客体无直接联系，不能自主地将访问权限授权给其他用户，这也是 RBAC 与 DAC 的根本区别所在。多数集中式操作系统中使用的访问控制表或者类似的方法实施此访问控制。由于分布式系统中很难确定给客体的潜在主体集，在现代 OS 中 CL 也得到广泛应用。

二、P2DR 模型

P2DR 模型是最先发展起来的一个动态安全模型，这种模型在 2000 年安氏 ISONE 给华为进行安服时就非常流行，可以在 Google 中搜索到相关文档。根据 P2DR 模型，完整的网络安全体系应当包括四个重要环节：Policy（核心安全策略）、Protection（防护）、Detection（检测）和 Response（响应）。防护、检测和响应组成了一个完整的、动态的安全循环，并在核心安全策略的指导下保证网络系统的安全。根据 P2DR 模型理论，安全策略是整个网络安全的依据。

1. 策略思想

目前，随着网络规模扩大，网络中传感器的数量不断增多，配置的复杂度和费用也在不断增加，策略配置这种方式正逐步发展起来。

（1）策略框架

策略框架采用 IETF 的策略框架工作组制定的域内策略（Intr-darmin）管理的基本模型，它是与厂商和具体实现技术均无关的可扩展的通用模型。策略知识库用来存储策略信息和规则，原则上它可以采用任何一种技术，比如，数据库 DB 或目录，然而推荐使用目录的方策略决策点（PDP），作为策略服务器，具有三种功能：第一，响应策略事件，并锁定相应的策略规则；第二，完成状态和资源的有效性校验；第三，将存储在策略知识库中的策略规则转换成设备可执行的格式。策略执行点（PEP），作为策略系统的客户端，负责执行具体的策略操作。

（2）传输协议

PDP 与 PEP 之间可以有多种通信方式，比如，CLI，SNMP，COPS，DIAMETER 等，其中 COPS 被公认为是一种高效、优化的专用策略通信协议。作为专用的策略传输协议，COPS 在可靠传输、安全保证、同步机制等方面具有优良的性能。它的具体特点如下：

① C/S 模型：COPS 是一种简单的请求／响应协议，用于策略服务器 PDP 和客户端 PEP 之间的信息交互。

②可靠的传输机制：COPS 采用 TCP 作为传输协议，以保证 PEP 和 PDP 之间信息可靠传输。

③良好的扩展性：COPS 支持自说明对象。

④消息层的安全保证：COPS 支持安全密钥（key）及相关算法，在鉴权、重发保护、消息完整性方面提供消息层的安全保证。此机制可有效地用于 PEP、PDP 之间合法身份的校验，检验数据的完整性，从而防止消息重发。

⑤可靠的同步机制：在动态的网络环境中，保证客户端与服务器之间的同步尤为重要。COPS 是有状态的协议，可以有效地保证客户端 PEP 与服务器 PDP 之间的状态同步。

（3）通信方式策略

决策（PDP）和策略执行点（PEP）之间的通信方式有两种：Provisioning 方式和 Outsourcing 方式。Provisioning 方式中网络管理员可以定义各种策略，然后将这些策略分发到各个策略执行点去实施。在策略实施之前，策略已经确定。根据网络安全设备实时性强的特性，采用 Provisioning 方式进行通信。

2. **策略描述**

根据基于策略的管理框架，高级策略可以映射为低级策略，直至网元能够识别的设备相关的策略。高层策略语言较少，其中最具代表性的是策略研究领域最早也是最有影响力的研究组之一，Imperial College 的 Policy Research Group 提出的 Ponder 策略语言。Ponder 策略语言是该研究组近十年来最重要的研究成果。根据 IETF 的定义，策略是指一系列管理网络资源的规则集合。每条规则的定义采用 if/then 结构，当满足规则的条件时，执行规则定义的相应操作。基于策略的管理，就是指系统根据已经制定好的策略，对相应的事件，采取一系列规定动作。在目前的集成管理系统中，并不能根据业务提供商的商业规则和商业需要进行网络管理，业务提供商的商业规则、商业需要并不能被自动地翻译为网络中网元的配置。因此，策略的引入可以解决从商业策略到网元配置的断层问题。

（1）Ponder 策略语言

根据 Ponder，策略分为基本策略和符合策略，基本策略包括：授权策略、相应策略、报警策略、限制策略。复合策略包括：组、角色、关联和机构。

义务策略（Respond Policies）：指定了当某一个事件发生时策略主体必须在客体上执行的动作。义务策略总是由触发事件来触发。与授权策略不同的是，响应策略必须由主体来解释。报警策略（Alert Policies）：指定了当某一事件发生时策略主体必须向管理员（Managers）执行的动作，它也是由主体来解释的。

限制策略（Constrain Policies）：定义了禁止主体在客体上执行的动作。与义务策略一样，它们是由主体执行的。限制策略适用于下面的情况：第一，由于客体不被主体所信任；第二，主体被允许执行动作，然而，由于特定的限制条件发生时不允许执行。

复合策略（composite Policies）：为了简化策略的制定任务，需要在一定的语法构造范围内通过共享部分声明来组织一系列相关的策略。群（Groups）是通过语法规则指定一定的范围，用来声明组织在一起的一系列有语义上的联系且在一起初始化的基本策略和约束条件。

关联策略（Relation Policies）：定义角色之间的联系。许多大的企业都具有分支机构、部门等，这些分支和部门都具有相同的策略配置。

元策略（Meta Policies）：在一个域中的策略的有效性往往要依赖于同域中的其他策略。而这种关系不可能在每条策略中加以定义，常用的方法是在一组策略后加上附加描述，而这一附加描述就是元策略。

授权策略（Authorization Policies）：它是用来指定访问权限的，即 subject Domain 中的成员能在 Target Domain 中的对象上进行何种操作，操作指定方式是通过接口函数（Action 部分）实现的。

（2）策略的描述

利用 Ponder 语言，将高级商业策略描述出来，再通过编译器将 Ponder 转化为通用的设备操作和配置信息。XML 作为一种标准的、结构化的可扩展标记语言，XML 用作通用设备策略描述语言非常合适。其结构避免了二义性，并用 DTD（Document Type Defination）或 XML ScherIla 定义数据的组织和逻辑结构，完善的编程接口，为数据的定义、交换及程序自动处理提供了保证。XML 的自描述性和可扩展性，同时也使它足以描述各种类型的数据。对于通用设备操作和配置信息，根据 LETF 的描述和 NIDS 和防火墙系统的特点，对通用信息采取以下描述：

域（domain）：具有某些相同对象的集合，域的成员有两种，单个对象（object）和域。

用户（Users）：在所监控的网络中合法注册的用户，可以根据域来进行分组管理。

主机（Hosts）：在所监控的网络中合法注册的主机，可以根据域来进行分组管理。

服务（Service）：在所监控网络中给定的网络服务。

资源（Resources）：网络中给定的资源，一个资源是用户、主机和服务的三元组。

动作（Action）：网络中给定的执行动作。

策略（PLoicy）：策略主体施加给策略客体对资源访问规则的集合。

三、APPDRR 模型

网络安全的动态特性在 DR 模型中得到了一定程度的体现，其中主要是通过入侵的检测和响应完成网络安全的动态防护。然而，DR 模型不能描述网络安全的动态螺旋上升过程。为了使 DR 模型能够贴切地描述网络安全的本质规律，人们对 DR 模型进行了修正和补充，并在此基础上提出了 APPDRR 模型。APPDRR 模型认为，网络安全由风险评估（Assessment）、安全策略（Policy）、系统防护（Protection）、动态检测（Detection）、实时响应（Reaction）和灾难恢复（Restoration）六部分完成。根据 APPDRR 模型，网络安全的第一个重要环节是风险评估，通过风险评估，掌握网络安全面临的风险信息，进而采取必要的处置措施，促使信息组织的网络安全水平呈现动态螺旋上升的趋势。网络安全策略是 APPDRR 模型的第二个重要环节，起着承上启下的作用：一方面，安全策略应当随着风险评估的结果和安全需求的变化做相应的更新；另一方面，安全策略在整个网络安全工作中处于原则性的指导地位，其后的检测、响应诸环节都应在安全策略的基础上展开。系统防护是安全模型中的第三个环节，体现了网络安全的静态防护措施。接下来是动态检测、实时响应、灾难恢复三环节，体现了安全动态防护和安全入侵、安全威胁

"短兵相接"的对抗性特征。APPDRR 模型还隐含了网络安全的相对性和动态螺旋上升的过程，即不存在百分之百的静态的网络安全，网络安全表现为一个不断改进的过程。通过风险评估、安全策略、系统防护、动态检测、实时响应和灾难恢复六环节的循环流动，网络安全逐渐地得以完善和提高，从而实现保护网络资源的网络安全目标。

1. SAPPDRRC 网络安全模型

网络的安全是一个全局的、动态的概念。PDR 模型、P2DR 模型以及 APPDRR 模型虽然能最大限度地减少网络攻击带来的损失，然而，系统为防御与保护而付出的代价很大，系统的功能和速度也会因此受到影响。此外，若以某个局部的网络系统来考虑，这种模型基本起到了保护自己的作用。但是从整个互联网环境考虑，这种安全模型没有发挥它应有的作用。假设互联网上有 A、B、C、D 几个相互独立的安全系统，现在有来自网络 B 的某个攻击 X，X 攻击 A，被 A 检测到，A 可以保护自己不受损害；X 可以继续在网上攻击 B、C、D 甚至 A，因为 A 虽然发现有非法攻击 X，但是它不能杜绝 X 在网络中肆意骚扰其他的网络，A 只能被动防守。所以，PDR 模型、P2DR 模型以及 APPDRR 模型均是一种局部系统的被动动态防御性模型，基于网络环境整体考虑的主动防御能力还不够。

SAPPDRRC 动态网络安全模型能够提供给用户更完整、更合理的安全机制，能够根据具体的服务需求进行风险分析，制定相应的安全策略，启动与服务需求相适应的检测、防御、响应机制，把因安全防御对系统功能与速度的影响降到最低；同时，将发现的非法攻击情况通知发源地，请求其切断该攻击源，即将攻击消灭在攻击源所在的系统内。

SAPPDRRC 动态安全体系可以概括为：网络安全 ＝ 服务需求 ＋ 风险分析 ＋ 安全策略 ＋ 防御系统 ＋ 实时监测 ＋ 实时响应 ＋ 灾难恢复 ＋ 主动反击。即网络的安全是一个 SAPPDRRC 的动态安全模型。

动态安全体系的设计应充分考虑服务需求、风险评估、安全策略的制定、防御系统、监控与检测、响应、恢复与主动反击等各个方面，并且考虑到各个部分之间的动态关系与依赖性。

（1）服务需求

服务需求（Service）是整个网络安全的前提，它是动态变化的。只有针对特定的服务进行风险分析，制定相应的安全策略，从而才能把因安全防御对系统功能与速度的影响降至最低。

（2）风险分析

进行风险分析（Analysis）和提出安全需求是制定网络安全策略的依据。风险分析（又称风险评估、风险管理）是指确定网络资产面临的安全威胁和网络的脆弱性，并估计可能由此造成的损失。风险分析有两种基本方法：定性分析和定量分析。

（3）安全策略

安全策略（Policy）是模型的核心，负责制定一系列的控制策略、通信策略和整体安全策略。在制定网络安全策略时，要从全局考虑，基于风险分析的结果进行决策。

（4）系统防御

系统防御（Protection）通过采用传统的静态安全技术来实现，主要有：防火墙、加密、认证等。通过系统防御可以限制进出网络的数据包，防范由外对内的攻击以及切断由内对外的非法访问。

（5）实时监测

实时监测（Detection）是整个模型动态性的体现，能够保证模型随时间的递增，其防御能力也随之增强。

系统防御与实时监测主要包括：防火墙、漏洞扫描、入侵检测、防病毒、网管、网站保护、备份与恢复、VPN、数字证书与CA、加密、日志与审计以及一些增强型的安全技术（如动态口令、IPsec等）。此外，还要确立设施与环境保护要求、设备选型原则、安全配置原则和隔离原则等。

（6）响应

响应（Response）指发生安全事故后的紧急处理程序。响应组织一般要有以下基本成分：第一，安全管理中心；第二，入侵预警和跟踪小组；第三，病毒预警和防护小组；第四，漏洞扫描小组；第五，跟踪小组；第六，其他安全响应小组。响应是解决安全潜在性问题的最有效的方法。从某种意义上讲，安全问题就是要解决紧急响应和异常处理问题。

（7）灾难恢复

灾难恢复（Recovery）是指将受损失的系统复原到发生安全事故以前的状态，这是一个复杂和烦琐的过程。一般灾难恢复组织主要包括以下基本成分：第一，恢复领导小组；第二，网络恢复小组；第三，系统恢复小组；第四，数据库恢复小组；第五，应用恢复小组。灾难恢复是系统生存能力的重要体现。

（8）主动反击

主动反击（Counterattack）是指当破坏安全的网络行为发生时，网络安全系统能及时记录其行为的相关特征，作为追究责任的证据，并主动封杀该行为。如果是来自本地网络的攻击，则将其封杀在本地网络内；反之，如果是外部攻击，则将其攻击行为通知给发起该攻击的站点的网络安全系统，令其及时封杀，以避免类似的攻击在网上再次出现，从而有效地提高网络的安全性。

2. 网络的安全因素

从系统和应用的角度看，网络的安全因素可以划分为五个层次：物理层、系统层、网络层、应用层以及安全管理层。不同的层次包含不同的安全问题。

（1）物理层安全：主要包括：通信线路、物理设备的安全及机房的安全等。在物理层上主要通过制定物理层面的管理规范和措施来提供安全解决方案。

（2）系统层安全：该层的安全问题来自网络运行的操作系统（比如，Unix 系列、Linux 系列、WindowsNT 系列、Net Ware 以及专用操作系统等）。安全性问题表现在两个方面：①操作系统本身的不安全因素，主要包括：身份认证、访问控制、系统漏洞等。②操作系统的安全配置存在问题。

（3）网络层安全：网络层的安全防护是面向 IP 包的。该层的安全问题主要指网络信息的安全性，主要包括：网络层身份认证、网络资源的访问控制、数据传输的保密与完整性、远程接入、域名系统及路由系统的安全，入侵检测的手段等。

（4）应用层安全：该层的安全考虑网络对用户提供服务所采用的应用软件和数据的安全性，主要包括：数据库软件、Web 服务、电子邮件系统、域名系统、交换与路由系统、防火墙及应用网关系统、业务应用软件以及其他网络服务系统（如，Telnet、FTP）等。

（5）管理层安全：主要包括：安全技术和设备的管理、安全管理制度等。管理的制度化程度极大地影响着整个网络的安全。严格安全管理制度、明确部门安全职责划分及合理定义人员角色都可以在很大程度上减少安全漏洞。一个完整的解决方案必须从多方面入手，当网络发生变化或者出现新的安全技术和攻击手段时，动态安全体系必须能够包容新的情况，并及时作出反应，把安全风险维持在所允许的范围之内。

3．主动动态防御技术

目前常用的主动动态防御技术有陷阱网络和防火墙网络。陷阱网络是基于 Honeypot 理论，采用的是一种研究和分析黑客的思想。它由放置在网络中的若干陷阱机和一个远程管理平台组成。陷阱机是一种专门为让人"攻陷"而设计的网络或主机，一旦被入侵者攻破，入侵者的信息和工具等都有可能被记录，并被用来分析，还有可能作为证据来起诉入侵者。陷阱网络应用是指陷阱网络中常用到信息控制、信息捕获和入侵重定向技术。当入侵检测系统检测到攻击行为后，就立即报警，截获攻击者的数据包，并将结果通知入侵重定向系统，入侵重定向系统复制数据，并切断入侵者与实际网络的连接，从而将所有数据流向陷阱网络。

防火墙网络是借鉴实际生活中的公安系统模式，将互联网上的所有防火墙视为一个防火墙网络。当某个系统的防火墙（某地公安局）发现攻击行为（罪犯的犯罪行为）时，立即将该攻击行为通过互联网通知该攻击行为所在系统的防火墙（当地公安局）。该防火墙就记录并封杀该攻击行为（罪犯所在地的公安机关捉拿罪犯），使该攻击不能在互联网上传播（使该罪犯没有机会再犯罪），被消灭在局部范围内。

四、APPDRR 模型

P2DR 安全模型和 APPDRR 安全模型都是偏重于理论研究的描述型安全模型。在实际应用中，安全人员往往需要的是偏重于安全生命周期和工程实施的工程安全模型，从而能够给予网络安全工作以直接的指导。PADIMEE 模型是较为常用的一个工程安全模型，PADIMEE 模型主要包含以下几个部分：Policy（安全策略）、Assessment（安全评估）、Design（设计/方案）、Implementation（实施/实现）、Management/Monitor（管理/监控）、Emergency Response（紧急响应）和 Education（安全教育）。

1. 1PADIMEE 模型介绍

PADIMEE 模型是较为常用的一个工程安全模型，它是由安氏公司提出的并被业界广泛认同的信息安全生命周期方法论，为七个英文单词的头字符：Policy（策略）、Assessment（评估）、Design（设计）、Implementation（执行）、Management（管理）、Emergencyre-sponse（紧急响应）和 Education（教育）。

（1）策略制定阶段（Policy Phase）是确定网络信息安全策略和目标。

（2）评估分析阶段（Assessment Phase）是实现需求分析、风险分析、信息安全功能分析和评估准则设计等，明确表述现状和目标之间的差距。

（3）设计/方案阶段（Design Phase）是形成系统信息安全解决方案，为达到目标给出有效的方法和步骤。

（4）实施/实现阶段（Implementation Phase）根据方案设计的框架、建设、调试并将整个系统投入使用；信息系统信息安全加固，对系统中发现的漏洞进行信息安全加固，消除信息安全隐患。

（5）运行维护阶段（Management Phase）通过安全手段对信息系统进行有效的管理和运维。

（6）紧急响应阶段（Emergency Phase）尽快地恢复应用系统的运作和减少数据的丢失。

（7）教育培训阶段（Education Phase）是贯穿整个信息安全生命周期的工作，需要对决策层、技术管理层、分析设计层、工作执行人员等所有相关人员进行安全教育培训。PADIMEE 模型是以安全策略为中心，以安全教育为基础，通过评估、设计、实现、管理（以及异常状态下的管理——紧急响应），从而将安全实施变成一个不断改进的呈生命周期的循环过程。下面重点探讨了 PADIMEE 模型中评估和修改（加固）两个方面。

2. 基于 PADIMEE 模型的安全评估

在 PADIMEE 模型中的网络信息安全评估是从风险管理角度，运用科学的方法和手段，系统地分析网络与信息系统所面临的威胁及其存在的脆弱性，评估安全事件一旦发生可能造成的危害程度，提出有针对性的抵御威胁的防护对策和整改措施。通过制定评估计划、收集资料、评估分析和形成评估报告四个步骤，对单位所有节点中的重要信息资产从技术和管理两个层面进行评估分析。技术层面是针对网络和主机上存在的安全技术风险评估和分析，主要包括：网络设备、主机系统、操作系统、数据库、应用系统等软硬件设备。管理层面是从组织的人员、组织结构、管理制度、系统运行保障措施以及其他运行管理规范等角度，分析业务运作和管理方面存在的安全缺陷，具体有以下几个方面。

（1）资产调查评估。

它是整个信息安全防护的基础，其目的就是要对单位的各类资产做潜在价值分析，了解其资产利用、维护和管理现状，并结合信息安全需求分析报告对其进行有序的分类和分级，从而使单位能够更合理地利用和保护现有资产。资产调查类别主要包括：数据、服务、硬件和软件、通讯、文档、支持设施、人员和企业形象以及客户关系等有形资产和无形资产。

（2）信息安全策略评估。

它是用于分析单位已形成的信息安全策略是否能满足符合实际的需求，同时分析其策略的有效落实情况。

（3）脆弱性分析评估。

它目的是检测有可能被潜在威胁源利用的信息安全隐患或漏洞。检测分析手段主要包括：调查问卷、人员访谈、现场勘察、文档查看、工具扫描、主机审计、渗透测试、系统分析等手段。脆弱性分析强调系统化地衡量这些脆弱性部位，主要包括：通过审阅单位信息网络系统设计方案中的物理拓扑图结合现场勘查，以国际信息安全标准和框架为指导，从物理层、网络层到应用层对网络的结构、网络协议、网络流量、网络规范性等方面进行分析，指出网络现状不足，对网络中主机、网络设备、数据库等的配置以及相关机制进行检查，挖掘网络系统的脆弱性，对网络中主机、网络设备、数据库等使用漏洞扫描工具进行脆弱性评估，找出隐患和漏洞，采用渗透测试，模拟黑客可能使用的攻击技术和漏洞发现技术，对目标系统的信息安全做全面的探测，以此发现系统最脆弱的环节。

3. 基于 PADIMEE 模型的安全修复（加固）

PADIMEE 模型中的网络信息安全修复（加固）是根据网络信息安全策略和安全评估报告，基于网络信息安全的漏洞、修补库和管理、配置策略库，为各种操作系统、网络设备、数据库和应用系统、信息安全设备进行信息安全加固，从而在满足实用的基础上尽量增加其信息安全性。具体包含以下几个方面。

（1）网络架构调整。

从整体上优化网络架构，构建良好的信息安全区域划分，提高网络性能。

（2）信息安全策略加固。

根据前期评估的结果，对已有的策略中不适合当前实际工作状况的或没有有效落实的部门进行相应的调整，以期望在技术和管理两个层面上对用户的信息安全策略进行一次综合的调整。

（3）网络设备加固。

对已有的网络设备做加固措施，主要包括：访问控制加固、反入侵加固、防火墙等设备加固和灾难恢复及设计加固等。

（4）主机加固。

根据信息安全评估结果，制定相应的系统加固方案，针对不同目标系统，通过打补丁、修改信息安全配置、增加信息安全机制等方法，合理进行信息安全性加强。微软操作系统加固主要内容包括：补丁、文件系统、账号管理、网络及服务、注册表、共享、应用软件、审计／日志、其他（如紧急恢复、数字签名等）。

（5）数据库加固。

对已有的数据库做加固措施，主要内容包括：主流数据库系统（Oracle、SQL server、Sybase、MY SQL 等）的补丁、账号管理、口令强度和有效期检查、远程登陆和远程服务、存储过程、审核层次、备份过程、角色和权限审核、并发事件资源限制、访问时间限制、审核跟踪等。

（6）信息安全产品加固

对已有的信息安全产品做加固措施，主要内容包括：防火墙产品访问控制策略优化、入侵检测产品策略库优化、日志审计系统的优化、桌面终端产品的策略调整和优化。

随着网络的不断发展和变化，网络信息安全防护应树立动态防护的理念。PADIMEE 动态模型的每个环节都紧密相关，具有"生命周期"的特征。根据 PADIMEE 模型，网络安全需求主要在以下几个方面得以体现：第一，制订网络安全策略，反映了组织的总体网络安全需求；第二，通过网络安全评估，提出网络安全需求，从而更加合理、有效地组织网络安全工作；第三，在新系统、新项目的设计和实现中，应该充分分析可能引致的网络安全需求、并采取相应的措施，在这一阶段开始网络安全工作，往往能够收到"事半功倍"的效果；第四，管理／监控也是网络安全实现的重要环节。其中既包括了 P2DR 安全模型和 APPDRR 安全模型中的动态检测内容，同时也涵盖了安全管理的要素。通过管理／监控环节，并辅以必要的静态安全防护措施，可以充分满足特定的网络安全需求，从而使既定的网络安全目标得以实现；第五，紧急响应是网络安全的最后一道防线。由于网络安全的相对性，采取的所有安全措施实际上都是将安全工作的收益（以可能导致的损失来计量）和采取安全措施的成本相配比进行选择、决策的结果。基于这样的考虑，在网络安全工程实现模型中设置一道这样的最后防线有着极为重要的意义。通过合理地选择紧急响应措施，可以做到以最小的代价换取最大的收益，从而减弱乃至消除安全事件的不利影响，进而有助于实现信息组织的网络安全目标。

第三节　入侵容忍的软件体系结构

在当今计算机软硬件及互联网快速发展的形势下，网络病毒、网络攻击也在不断地变种、升级，更加严重地威胁着企业及个人信息的安全。依靠传统的以保障、防护为主的安全策略及方法已经远不能满足信息安全的要求。入侵容忍作为第三代信息安全技术，改变传统的以隔离、防御、检测、响应和恢复为主的思想，假定系统中存在一些受攻击点，在系统的可容忍的限度内，这些受攻击点并不会对系统的服务造成灾难性影响，系统本身仍能保证最低质量的服务。其必要性在于：在以第二代互联网为主要交互平台的网络环境中，入侵容忍能保证服务端在适当降低服务效率的情况下，不间断地为客户端服务，这也是对服务端信誉的有利保证。入侵容忍并不是取代以往的安全策略及方法，而是对他们的一个很好的补充，应用入侵容忍技术，不仅能够提高系统的存活性，同时可以将关键任务的服务维持在一个用户可接受的水平，最终成为网络安全的最后一道防线。入侵容忍技术是一门融合密码技术和容错技术的新网络安全技术。

一、入侵容忍的概念

1．基础概念

（1）入侵容忍概念

早在 1982 年，国外就提出了入侵容忍相关概念，1985 年 Fraga 和 Powell 提出入侵容忍是"假定系统中存在一定数量未知的或未缓和的弱点，从而使得即使存在入侵、感染病毒，系统仍然能最低限度地继续提供服务"。入侵容忍概念的提出主要是源于故障模型，该模型将一个计算机系统出现的故障归为两类：第一，故意故障（Intentional Faults），主要是由攻击、病毒、蠕虫等引起的；第二，非故意类故障（NonIntentional Faults），主要是由代码错误、开发环境错误和配置错误等原因引起的。

（2）入侵容忍系统

传统的安全工作主要包括：阻止攻击的发生，不断解决系统存在的安全漏洞。但由于不断产生的未知攻击和已知攻击的不断变种，完全杜绝新安全漏洞是不可能的，因此，入侵容忍系统（ITS：Intrusion Tolerance System）非常必要。入侵容忍系统是指系统能在遭受一定入侵的情况下，通过采取一些必要的措施手段，以保证关键应用或关键服务能连续正确地工作。入侵容忍系统的功能主要包括：自我诊断能力、故障隔离能力和还原重构能力。

2．基础理论

（1）现机制

入侵容忍系统的主要实现机制有：安全通信机制、入侵检测机制、入侵遏制机制、错误处理机制和数据转移机制。安全通信机制是通过加密、认证、消息过滤等方法实现；入侵检测是对网络中潜在的或正在进行的攻击进行实时监测、响应，主要有异常和滥用两种检测方法，目前已经发展到分布式入侵检测阶段，可用来检测大规模网络环境下的协同攻击；入侵遏制是通过结构重构和冗余等方式达到进一步阻止入侵的目的；错误处理机制主要通过错误屏蔽的方法检测和恢复系统发生失效后的错误。

（2）现策略

入侵容忍系统的策略是指导入侵容忍系统的设计、并决定其运行效果的关键。它与入侵容忍的程度和可配置性有关。

①入侵容忍的程度。在应用系统受到入侵时，入侵容忍系统需要将应用系统保护到的程度。

②可配置性。在入侵容忍能力和代价上进行权衡，对于一个已经实现的入侵容忍系统，要求在运行过程中，可根据管理员的意图，动态配置系统，调整入侵容忍的策略，以在入侵容忍收益与入侵容忍代价之间取得最佳的平衡。

（3）现方法

入侵容忍基本思想不是设法阻止错误，而是容忍错误、使系统维持生存。目前较广泛应用的两种入侵容忍途径包括攻击响应和攻击遮蔽。

①攻击响应。

当检测到系统局部失效或故障时，对系统当前危险状态进行估测，然后根据相应的策略调整系统结构，为系统重新分配资源（比如，重装系统），继而使系统能继续服务。只要保证在系统更新时间间隔内，系统的局部失效或故障的数量小于拜占庭法则所能容忍的最大故障数量，并能及时移出恶意攻击或错误，从而避免对系统造成的不良影响。

②攻击遮蔽。

利用容错技术原理，在系统设计之初，就应该设计足够充分的冗余、多表表决等，以保证各冗余部件之间具有复杂的关系和不同的结构。利用门限密码学、拜占庭法则等机制，通过定义每个部件之间的监控规则，遮蔽故障或攻击对系统的影响，进而再进行局部性的系统恢复，与前一种途径相比，这种途径增加了硬件开销和各部件之间的复杂度，同时能减少恢复系统的时间开销，并且时间效率较高。

3．技术分类

（1）基于被保护对象

一般按照被保护对象的不同，可将入侵容忍分为面向服务和面向数据。第一，面向服务。对服务的入侵容忍，在系统面临攻击的情况下，仍能为合法用户提供有效服务的问题；第二，面向数据。对数据的入侵容忍，在可面临攻击的情况下，保证数据的机密性和可用性。

（2）基于功能需求

按照功能需求，入侵容忍可分为预防与检测、恢复与重构。第一，预防与检测。包括 Firewall 和 IDS 在内的预防网络入侵的技术，还包括有防范意识的（IntrusionAwared）系统结构、精确的功能描述方法、安全的协议、受保护的数据结构和完善的管理规则等；第二，恢复与重构。强调系统受到一定程度的入侵后，如何发现入侵、排除干扰、继续提供服务和重构系统。

（3）基于实现技术

入侵容忍基于实现技术可分为三大类：第一，基于冗余与适应性的入侵容忍。研究冗余与适应性的入侵容忍算法和入侵容忍构建方法，如拜占庭法则系统；第二，基于门限密钥共享体制的入侵容忍。主要研究密钥管理（包括：共享秘密的产生、分配与更新）、门限秘密共享体制的设计、组件间交互的协议分析设计与验证、多方计算、重构过程、系统恢复与系统评估等工作。在入侵容忍中，假设各参与方是不安全的，不能独自恢复秘密，而传统系统则相反，认为参与各方是安全的；第三，基于系统重配的入侵容忍。主要研究当系统组件产生入侵触发信息后，对系统组件进行重新配置的策略和方法，进而建立起能对大规模、异步的分布式系统进行主动或反应性重新配置的安全、自动框架。

二、入侵容忍框架与机制

IT 的系统架构师就可以用这个框架来构建入侵容忍系统。可靠的错误容忍通讯；基于软件的入侵容忍；基于硬件的入侵容忍；审计和入侵检测。我们同时也将从入侵容忍的角度分析一下著名的安全框架。

1. 安全且容错的通讯

这是一个框架，它是关于确保入侵容忍通讯协议的主要部分。实质上，和这个框架相关的是安全通道，安全套装和传统错误容忍通讯。通常设置安全信道是为了在主要节点之间进行常规通讯或是那些对于会话或连接的概念来讲，持续时间够长的有意义通讯。例如，文件传输或者远程会话。它们处于适应性（resilience）/速度平衡之中，因为它们是在线操作，所以有可能同时结合使用物理或虚拟加密。安全信道对每一个会话采取安全保证，且通常使用对称通讯封装，签名或者基于加密效验和（MAC）的信道验证。安全套装主要用于偶发性的传输，例如，E-mail，它们对每个消息进行安全保证且可能综合使用对称和非对称加密（也叫混合加密）作为提高性能的形式，尤其是对于那些拥有大量消息的通讯。一些技术有助于错误容忍通讯协议的设计。如何选择有赖于以下问题的答案：通讯网络组件的故障类别是什么？对于架构师来讲，无疑是在安全和错误容忍之间建立一个基本联系。在传统的错误容忍通讯中，遗漏型的错误模型（崩溃，疏忽等）很常见。在 IT 中，故障模式假设应该以 AVI 错误模型为导向，另外，特殊组件的属性可能限制应该是初始假设的部分：任意故障（省略和断言行为的组合）。实际上，这就是表示恶意智能的最适当的基线模型。

2. 基于软件的入侵容忍

从 IT 角度我们分析一下可以做些什么。在设计或者配置错误的案例中，简单的复制并不能起到明显的作用：错误将会系统性地在所有的复制品中出现。从可攻击性的观点来看，这是千真万确的：它一定存在于所有的复件中。但是 AVI 模型下的通用模式症状涉及入侵，或者攻击—缺陷对而不是单一的缺陷。这就给了架构师一些机会。基于软件的错误容忍主要目的在于用软件的技术容忍硬件错误。另一个重要方面是软件错误容忍的目的在于通过设计多样性来容忍软件设计错误。最后，早就众所周知的是通过复制的基于软件的错误容忍在处理瞬时的和间断的软件错误是非常高效的。基于软件的错误容忍是 FT 的基本模块，这个基本模块是分布式错误容忍的主要范例。主要的参与者是软件模块，模块在系统的多个站点中的数量和位置有赖于要达到的可靠性的目标。考虑到通用模式缺陷的问题及通用模式攻击。例如，可以定向自动且同步地对所有（同样的）复件进行攻击的克隆。此时就应该应用设计的多样性，例如，通过使用不同的操作系统，不仅可以降低通用模式缺陷（传统方法）的概率，同时也可以降低通用模式攻击（通过迫使攻击者掌握对不只一种架构的攻击）的概率，进而降低通用模式入侵的概率。

这就可以采取进一步的措施：使用不同系统的体系架构，测试执行结果而不是对预期的结果进行断言。例如，特定部件的每一个复件都有不同的程序员团队设计和开发。软件设计多样性是相当昂贵的（即使只有一个团队进行开发，大多数软件产品的开发费用仍然很大），除非有充足的费用，要不然很少采用软件设计多样性这种方法。但是，即使同类的部件进行单纯复制可以产生重要的结果，那是如何产生的呢？当部件有足够高的可信任性时，进行攻击缺陷（例如，"攻破"它）的难度可以作出断言。在这种情况下，我们应该应用实现复件集的可靠性这样的传统原理，复件集的可靠性比单一复件的可靠性要高得多。例如，简单复制可以通过使攻击者成功地对所有复件发动同步攻击难度加大且时间延长来容忍攻击。

警告将用来得出精确的公式。循规蹈矩的公式假设的是独立故障模式。在 IT 中，我们的观点是位于两者之间的，它们既不是独立的，也不是通用模式。实际上到底是什么，仍然是一个研究课题。要跟上这个方法的思路，我们不能忘记前面章节中对于遵循恶意行为的错误模型的需要考虑之处。那就是复制管理（例如，选举）标准通常应该包含断定的（值域）行为及微小的类型（例如，拜占庭法则系统）。最后，既然同一部件的复件可以位于不同硬件或者不同操作系统体系架构中，并且在不同时刻、不同环境中执行，这种内在的"多样性"已经足够容忍很多错误了，特别是那些会导致间歇行为的错误。由此得出结论，短暂的间歇的错误，甚至是某些恶意错误，例如，低强度零星攻击也可以用此方式容忍。

作为入侵活动的第一步，对缺陷的介绍（被后续攻击所进一步利用）也可以从攻击者能力的观点出发进行讨论。但是，它可以以一种秘密的方式系统地介绍，不像那些需要同步的攻击，并且这致使这种攻击潜在地难以估计，因而，比原始的被独立分析出来的缺陷更具危险性。

3．基于硬件的入侵容忍

能容忍任意错误的分布式算法在资源及时间上都是耗费巨大的。为了更有效率，带有增强受控错误模式的硬件部件的使用通常是可取的，作为一种提供基础架构的方法是可以使用的，协议在这个基础架构中对于良性错误有恢复性，但这并不意味着系统对恶意错误的恢复性有所降级。基于软件和基于硬件的错误容忍并不是不相容的设计架构。

在模块化和分布式系统的环境中，今天的错误容忍硬件本应该被看作是一种构筑故障控制部件的一种方法，换句话说，部件可以防止产生这类故障。这有助于建立改良的可信任的级别，同时也有助于使用相应的改良的信任来实现更加有效的错误容忍系统。

4. 审计和入侵检测

记录系统活动和时间是一个良好的管理程序，在许多操作系统中都有日常的记录。通过分析日志，就可以对问题及原因有一个随后的诊断。审计追踪在安全领域中是一个至关重要的框架。不仅是技术原因，也是责任原因，在一个给定的时间段、主题、对象、服务，或资源内能够追踪事件和活动是十分重要的。此外，所有的行为，而不是仅仅少数的资源都可以被审计是至关重要的。最后，审计的力度应该和对系统可能攻击的粒度关联起来。既然入侵者可能为了删除他们的踪迹而窜改日志，那么日志就应该是防止篡改的，但在大多数操作系统中却没有做到。

入侵检测（ID）在安全领域是一个传统的架构，它包含了各种方法来检测入侵的出现或者可能性。ID 可以在运行时或者离线执行。所以，入侵检测系统（IDS）是一个可以监视记录系统活动的一个监管系统。它的目的在于检测，反抗（更适合在实时）任何或者所有：攻击（例如，端口扫描探测），缺陷（例如，扫描），以及入侵（例如，相关引擎）。

NSA 对 ID 的定义（1998）：指试图通过对行为，安全日志或者审计数据的观察来检测对计算机或者网络的入侵技术。对非法进入者或者企图的检测要么是通过手动，要么是通过软件专家系统，这种专家系统对日志或网上可获得的其他信息进行操作。

以 IT 的观点来说，一个需要提及的方面就是误差检测和错误诊断的二分法，通常隐藏在现在的 ID 系统中。为什么会发生，为什么如此重要？之所以会发生是因为 IDS 的根本目的在于完善预防以及触发手动恢复。之所以重要是因为如果期待自动恢复（错误容忍），那就没有必要明确的区分。按照安全方针说明什么是误差，按照系统错误模型说明什么是错误。错误（例如，攻击，缺陷，入侵）要被诊断，以至于可以对它们采取措施（例如，使之钝化，去除）。误差要被检测，以至于它们在实时（恢复，隐藏）可以被自动处理。

为了更好地理解问题，需要充分考虑一下下列的情况，在一个组织中有一个 Intranet 通过 Extranet 连入公共互联网，并且有一个 IDS：（a）.IDS 检测到一个来自互联网的针对 Extranet 主机的端口扫描；（b）.IDS 检测到一个来自互联网的针对内部主机的端口扫描；（c）.IDS 检测到一个来自 Intranet 的针对内部主机的端口扫描。（a）（b）（c）之间有什么区别？实际上，（a）现在必须考虑为"正常的"互联网行为，至多成为一次攻击，并不是入侵，如果包括了错误模型，例如，对外部行为给定一个阀值或模式。另一方面，如果安全方针（如预期）不允许来自互联网的针对内部端口的扫描，那么（b）暗示着一个误差（在保护机制的外部）。最后，（c）同样预示着一个误差，因为我们依然期待安全方针禁止来自内部的端口扫描。作为误差检测的 ID 在后文详述，它提出了对系统计算中源于恶意行为的错误状态的检测，例如，对文件或消息的修改，通过缓存溢出对系统突破。作为错误诊断的 ID 有其他目标，同样的，双方行为都应混合。忽略误差处理机制（恢复或隐藏），管理子系统有一个极为重要的行为 w.r.t. 错误诊断。作为传统的 ID 的一个方面，它适用于错误处理。它也可以用于发出早期可能发生误差（缺陷诊断，攻击预报）的警告，同时根据部件或子系统瘫痪（入侵诊断），用来评估入侵者的成功程度。在误差发生之前，可以预先给出诊断。例如，通过激活错误（例如，缺陷扫描）以及后处理（预测它们的影响），我们就可以得到适应力的量度（受方法覆盖影响的）。换句话说，通过分析外部行为，我们可以试图预测攻击（例如，外部端口扫描分析）。

5. IT 角度下的一些安全架构

属于安全领域著名的架构的一些机制（安全信道和封装，验证，保护，加密通信）可以从 IT 角度重新审视，因而，对于构筑 IT 系统形成了有用的概念上的工具。安全隧道（例如，那些在互联网上带有安全 IP-over-IP 信道的）是入侵阻止设备：尽管有入侵企图，它们在访问点之间加强了机密性，完整性（有时是真实性）。覆盖范围的给定是通过：隧道方法以及访问点网关的恢复性（弹性）。防火墙是入侵阻止设备：它们阻止对内部机器的攻击，这些攻击可能利用缺陷导致入侵。它们的覆盖范围：由防火墙功能语义上的能力，以及堡垒的恢复性（弹性）给定。为两个或多个实体之间提供身份验证的机制和协议 [签名，消息验证代码（MAC）] 同样也是入侵阻止设备：它们加强了可靠性，防止参与者或者数据来源被伪造。覆盖范围通过：签名 / 验证方法的恢复性给定。

最后，一些密码协议是十分重要的可递归使用的入侵容忍构造块。看起来像积木块，自我加强协议，例如，拜占庭协议或者原子多播，是入侵容忍设备：它们执行误差处理或者屏蔽（3f+1，2f+1，f+1，根据错误模型）并在实际入侵时保证消息投递。覆盖范围由协议功能的语义，本质模型假设所决定的。受信的第三方（TTP）协议也是入侵容忍设备，它们实现了误差处理 / 屏蔽，但是它们是有赖于 TTP 来实现正确的操作。覆盖范围由协议功能的语义，本质模型假设，TTP 的恢复力所决定。最后，阀值密码协议也是入侵容忍设备：它们在 n 个入侵中不超过 f+1 这样的阀值假设的前提下，执行误差处理 / 屏蔽。它们的覆盖范围是由加密功能的语义，密码的暴力破解恢复力，本质模型假设决定的。

6. 处理源于入侵的误差

本质上，我们讨论错误容忍所使用的典型误差处理机制。以 IT 的观点来看：误差检测、误差恢复和误差屏蔽。误差检测在入侵激活后参与误差的检测。它的主要目的是：约束它来避免蔓延；触发误差恢复机制；触发错误处理机制。典型误差的例子是：伪造或者矛盾的消息；改变文件或者内存变量；虚假 OS 帐号；运行中的嗅探、蠕虫、病毒。

一旦误差被检测到，误差恢复就参与从误差中进行恢复。它的目的是：即使出现错误时，也要提供正确的服务；从入侵的影响中恢复。逆向恢复的例子是：系统回退到前面的一个已知的正确状态，然后再继续运行；遭遇 DOS（拒绝服务）攻击的系统，重新执行受影响的操作；检测到被破坏文件的系统，暂停，重新安装这些文件，回退到最后一个正确点。正向恢复也被使用：系统进入一个保证提供正确服务的状态；系统检测入侵，考虑被破坏的操作，增加安全级别（增加阀值/定额；更新钥匙）；系统检测入侵，降级运行是更安全的操作模式。如同经常发生的那样，当误差并不可靠或者有很大的延迟，那么误差屏蔽将是首选的机制。系统性的使用冗余来提供正确的服务且感觉不到故障的存在。举个例子：系统的操作选举；拜占庭协定以及交互的连接；分裂—冗余—散射；传感相关（对不精确的值达成一致）。

7. 入侵检测机制

根据方法学，传统的 ID 系统属于两类中的一个（或一个混合）：基于行为（或者异常）的检测系统；基于知识（或者误用）的检测系统。

（1）基于行为（异常）的检测系统

基于行为（异常）的检测系统的特点是不需要对特殊的攻击有专门的知识。它们拥有关于受监视系统正常行为的知识。例如，这些知识是通过在正确的运行中系统的训练而获得的。作为它们的优点：它们不需要那种需及时更新的攻击特征的数据库。然而它们的缺点：很有可能误报。也就是如果使用不是可预言的，那么它们对入侵的类型不提供信息（诊断），仅仅在异常情况下发生这样的信号。

（2）基于知识（误用）系统

基于知识（误用）系统依赖于已知的攻击特征库。当一个行为和一个特征匹配时，就产生一个警告。优点是：警告对于起因有诊断信息。主要的缺点是：存在遗漏警告的可能性。例如，未知攻击（不完全的数据库）或者新的攻击（对旧的或新的缺陷）。

从 IT 的角度来看，每一类错误检测机制可以并且应该结合起来。将 ID 和自动恢复机制结合起来是在紧密进行中的研究课题。系统活动模式遵循并和参考模式进行比较：正常和异常。一旦和任何异常模式匹配，就会报告一个误差（这和误用类型检测类似）。同样的，一旦系统行为超出正常模式，也会报告一个误差（这就属于不规则类别）。注意到两种方法都是无缝连接的。现代入侵检测应该指出误差是否源于恶意行为。事实上，对恶意错误导致的误差的探测器，应该检测由非恶意错误导致的误差。这将重点放在结果上——些要提供正确服务的部件可观察的故障——而不是在起因上。当设计错误模型时（AVI——攻击，缺陷，入侵），可能的起因必须在之前已经被定义。例如，在分布式系统中的拜占庭故障检测器，检测到部件的一个异常行为，例如，给不同的参与者发送不一致的数据。无论它是否是由恶意实体引起的，都是不相关的。这种检测器的质量应该由参数测定：错误报警率；遗漏报警率；检测延迟。

三、入侵容忍策略与对恶意错误建模

1. 入侵容忍策略

入侵容忍策略由来于传统的错误容忍和安全策略的汇合。策略以若干因素为条件，例如，操作类型，故障类别（例如，入侵者能力）；故障的代价（例如，限于可接受的风险）；性能；代价；可用的技术。

（1）错误避免 VS 错误容忍

鉴于剩余部分和操作目的相关性，我们所考虑的第一个问题就是系统结构。这涉及错误避免（阻止或者去除）和错误容忍之间的平衡。

一方面，这涉及许多传统安全设计中的黄金目标"零缺陷"。当假设存在计算核子，它不受黑客的影响，受信任的计算基范例有赖于这种假设。几年后，"在普通的系统设计中遵循这样的策略是不可能的"这种观点已经是显而易见的：对于要掌握的整个设计和构造来说，系统实在太复杂；另一方面，这种平衡也涉及攻击预防。通过降低入侵的风险，降低威胁级别增强了系统的恢复性。但是，显而易见，这也是非常有限的解决方案。例如，防火墙一味地阻止对内部网的攻击同时也必然使得许多通道被关闭（为了外部的连通性）。不过，我们也应该避免落入范围相反的极端——对系统部件做最糟糕的假设且攻击严重——除非操作的威胁程度证明"最小假设"意见是正确的。这是因为随机故障协议在性能和复杂性方面通常花费巨大。使用一些受到信任的部件这样的策略选项。例如，在系统及其的运转关键部分可能产生性能更好的协议。如果以一个容忍（而不是阻止）的观点来选择的话，可以实现更高级别的可靠性。但是，情况是这些部件被制造成可信任的（等于对它们赋予信任，就像前面我们所讨论的那样），那就是说，它们的错误行为确实被限定在可能出现错误的子集中。我们可以将阻止或去除被预防的错误、缺陷、攻击、入侵或者其他错误（例如，遗漏、时限，等等），这样将技术应用于它们的结构中以实现这个目的。

当架构一个系统，错误容忍和错误预防／消除中递归（通过抽象的级别）和模块化（基于组件）的使用是一个基本的策略权衡，但是在 IT 系统中却十分有效。在以前建筑学的著作中采取了这种方法，给定相关错误的性质，这种方法对 IT 有着非常重要的作用。

（2）机密操作

当策略目标是机密性时，系统更适合构建成误差屏蔽，采取相应方案，这种方案尽管允许未经授权的读取数据片段，但不暴露任何有用信息。或者另一种方案，通过对于一个给定的允许访问信息的阀值需要一个定额来实现这种方案。因此，依赖于误差检测／恢复的方案也是很有可能的。但是，给定了机密性的特征（读取一次，永久读取），它们通常意味着一些正向恢复的形式，而不是逆向恢复，例如，提出在以后不正当地读取不相关数据。它们的检测等待时间也很少，这样就可以减少误差传播及系统故障（实际上，就是信息暴露的时间）的风险。

（3）理想式非停顿操作

当小故障也是不可接受时，系统就必须被构建成像传统的错误容忍中那样的误差屏障，给定故障假设的集合，就需要提供足够的空间来实现这个目标。一方面，也必须使用在期望错误模型下，实现系统性误差屏蔽的适当的协议（例如，拜占庭——恢复性，基于 TTP，等等）。但是，非停顿式可用性来抵御拒绝服务的攻击在开放系统中依然是一个不太正确的目标。

（4）可重配置的操作

非停顿式操作花费巨大，因此，许多服务采取比较便宜的冗余管理方案，基于误差恢复而不是误差屏蔽。这些可供选择的方法的特点是明显的小故障的存在。本质策略就是我们所说的可重配置操作，在面向可用性或者完整性的服务中提出，例如，事务数据库，web 服务器，等等。

这个策略式基于入侵检测。在这种情况下（更高的威胁级别），误差症状触发了一个重新配置的过程，这个过程自动将一个正确的部件替换成一个失败的部件，或者将一个适当的、正确的配置替代不适当的、不正确的配置。例如，如果一个数据库复件受到攻击并处于瘫痪状态，那么另一个备份将替代它。在重新配置的过程中，服务有可能会暂时停止或者性能降级，这个持续时间依赖于恢复机制。如果 AVI 序列可以重复（例如，当攻击持续时），服务有可能采取降级 QOS 的配置来获得恢复性，这有赖于采用的政策（例如，暂时终止一个包含不能被去除的缺陷的服务，或者切换成更具有恢复力但速度较慢的协议）。

（5）可恢复操作

中断避免并不总是强制性的，因此，可以有较便宜、较简单的系统。此外，在开放系统中（互联网）大多数拒绝服务的情形，一般都很难实现中断避免。

假设一个部件在攻击下崩溃。如果对部件有一组预处理，那么仍然可以获得一个入侵容忍设计：（a）失败需要花费一个下限时间 T_c；（b）花费上限时间 T_r 来恢复；（c）中断的持续时间对于程序的需要是足够短暂的。不像对于传统 FT 可恢复操作所发生的那样，传统 FT 可恢复操作中（c）仅依赖（b），这里系统的有效性以一个更详细的方式定义，根据攻击的严重性和持续时间，它和威胁级别成比例。首先，对于一个给定的攻击严重性，（a）决定了在攻击的情况下系统的可靠性。如果攻击持续时间小于 T_c，那么系统甚至不会崩溃。其次，（a）和（b）决定了服务恢复的时间。对于一个给定的攻击持续时间 T_a，系统要么在 T_r（$T_a<T_c+T_r$）后完全恢复，要么以 $T_c=$（T_c+T_r）为周期，循环的中断（较长时间的攻击）。此外，恶意引起的崩溃必须不能引起不正确的计算。可以通过若干技术实现它，在这些技术中我们提出安全检查点和日志记录。可恢复操作可用入侵容忍原子事务来实现。在分布式设置中，这些机制也许需要安全协定协议。这个涉及到以显而易见的、暂时的服务中断为代价的应用程序，使用最小量的冗余。这个策略同样也使用于

长期运行的程序，例如，数据挖掘或者科学计算，在这里面不像交互式程序那样需要有效性，但是完整性却是主要的考虑因素。

（6）故障安全

在特定的情况下，一旦系统不再能容忍错误的发生，那么为一个要执行的紧急行动做准备是必须的。例如，不能抵挡当前的威胁级别。就采取这种策略来防止系统发展到一个潜在的、不正确的情形，遭遇困难或者产生意外的损害。在这种情况下，最好立刻关掉系统，就是所谓的故障安全。这个策略，通常在安全和任务重的系统中，它在入侵容忍中也同样重要。它是对上面描述的其他策略的补充。

2. 对恶意错误建模

恶意错误是什么？这个问题的答案就在关于"足够"入侵错误模型的争论的要点之中。"恶意"这个术语本身就有很强的暗示性，意味着对造成破坏有特殊的企图。但是，我们如何对攻击者的思维和能力进行建模？实际上，很多工作都集中在"意图"上。然而从IT的观点来说，我们更应该把注意力集中在"结果"上。也就是说，对于应该从"恶意"这个概念中抽取出什么就是它的目标在技术上的一个定义：尝试在入侵者能力范围之内，用任何可能的方式对于一个给定的服务的若干或者全部属性的破坏。所有的错误容忍体系架构至关重要的一个方面就是错误模型，系统的体系架构就是根据错误模型来构思的，组件交互作用也是在错误模型上定义的。不论在值域或者时间域，错误模型都是以正确性分析为前提条件，并且支配着系统配置中至关重要的方面，例如，布局、部件选择、冗余级别、算法类型，等等。一个系统的错误模型是建立在对系统部件失败方式的假设基础之上。

传统上说，故障假设本质上分成两种类型：受约束的故障假设和任意故障假设。受约束的故障假设对于部件故障给出了定量及定性的边界。例如，假设可能指出部件仅仅有时限故障，在一个参考间隔内不会超过N个部件会发生故障。作为选择，它们可以允许值故障，但是不允许部件自发产生或者伪造消息，也不允许对其他部件模仿，共谋，或者发送矛盾的信息。因为它们对在大多数情况下以良性的方式出现故障时，通常系统如何工作描绘的非常好，故在意外错误面前，这种方法是现实的。然而，根据上面对恶意的定义，它几乎不能直接推断出恶意错误。

任意故障假设理想的指出非定性及定量的部件故障边界。在这种情况下，一个任意的故障意味着可以在任何时刻于系统的任何地方和任何语法及语义（形式和含义）产生交互作用。任意故障假设理想的适合恶意的概念，但是它们在性能和复杂性方面运用起来异常昂贵，因此，并不适应现今大多数在线应用程序的用户需求。显然，应该在部件相关操作模式"可能"出现故障的领域这样一个环境中进行理解。例如，分布式系统部件间交互作用可能的故障模式很可能限于时间轴、形式、含义及这些交互作用的对向（我们称之为消息）的组合。另一方面，基于任意故障假设的实际系统必须对于失败部件的数目给出定量及定性的边界，或者至少使解决方案的适应力和意外产生故障数目的权衡相等。

注意到问题在于我们的假设和现实中所发生的情况相比，到底有多大代表性。那就是我们假设的覆盖范围问题。因此，如何继续进行呢？

（1）任意故障假设

在实践中，我们现今所看见的许多逐步形成的应用程序，特别是互联网上的应用程序，都有交互性或者关键任务的需求。时间轴是所需特征的一部分，既是因为用户支配服务质量的需求（例如，网络事务处理服务器，多媒体绘制，同步群件，证券交易事务服务器），也是因为强制安全性（例如，空中交通管制）的需求。因此，我们应该寻找可供选择的错误模型框架以满足恶意错误下的需求。考虑到高昂价值或者关键的操作，例如，金融交易；合同签订；提供长期证书；国家机密。不应该招致由于对假设破坏而产生故障的风险。尽管性能有可能降低，但是考虑任意故障假设，根据任意故障适应力构造块（例如，拜占庭协定协议）构建系统被证明是正确的。

结果，对于受信任部件的存在并没有作出任何假设，例如，安全内核或者其他失败控制部件。同样地，必须遵循时间无关或者异步的方法，例如，对于时间轴不做任何假设，因为时限假设对于攻击很敏感。这就限制了在这些假设下可以被提出的应用程序的分类：异步模型不能解决同步问题。

（2）考虑为有用的混合故障假设

结合若干种错误模式的混合假设是我们所希望的。有一个研究的主体，以混合故障模型开始。这个混合故障模型对不同结点、假设不同故障类型分布。例如，一些节点被假设为行为任意而其他的被假设成只有通过崩溃才出现故障。这种分布的概率基础在出现恶意智能时就难以为继了，除非它们的行为限制在一些方式下。考虑一个部件或者子系统，对它们作出特定的受约束故障假设。给定攻击的不可预测性及弱点的隐蔽性，对于假设的行为，我们如何加强部件的可信任性，也就是说，这种假设的覆盖范围是什么？

具有混合故障假设的复合（AVI）错误模型就是一例，在其中，缺陷的出现及其程度的严重，攻击和入侵随部件变化而变化。系统的一些部分将无可非议的展示受约束的故障行为，同时系统的其他部分将仍旧允许任意的行为。在一些著作中，这可以最好的描述为体系架构的混合，在这种混合架构中，通过系统部件的体系架构和构建，故障假设确实被加强了，因此也进行了实例化。那就是部件被做成足够的可信任来和受约束的故障假设所隐含的信任相匹配。既然与恶意错误相对，一些部件受约束故障模式限定了部件可产生的系统错误，那么架构师的任务就变得更简单了。事实上，一种错误预防的形式在系统层次执行：一些系统错误类型甚至完全不出现。现在入侵容忍机制使用任意故障的混合体（受约束故障或者非信任）及受约束故障（或者受信）部件来设计。

混合故障假设也是安全定时操作的关键。关于时间轴和时限故障，混合结构产生局部同步的形式：①一些子系统展现了受约束的故障模式，因而可以以安全的方式提供时控服务；②后者辅助系统满足时间轴要求；③这些要求中的受约束故障的承认，时控故障检测可以在受信部件的协助下实现。

四、入侵容忍发展现状与前景展望

1. 发展现状

（1）研究现状

国外对入侵容忍的研究较国内要早约 20 年。90 年代初期，国外已经开发了具有容忍功能的分布式计算系统，主要研究计划包括：由美国国防部（Darpa）资助的 OAISI 计划、ITS（Intrusion Tolerant System Program）计划、OASISDem/Val（Demonstration and Validation）计划和由欧洲 IST 开启的 MATFIA（Malicious and Accidental Fault Tolerance for Internet Applications）计划。其中 OAISI 包括近 30 个研究项目，研究内容涉及在组件具有潜在安全漏洞的基础上建立 ITS、构造低成本的 IT 机制、开发评估和验证 IT 机制的方法等，其中几个著名的项目如下。

① ITUA（Intrusion Tolerance by Unpredictability and Adaptation）。

该项目的主要研究通过监视系统的状态，发现基于多阶段的协同故意攻击，并开发具有适应此类攻击的算法和软件工具，利用不可预言和适应性，开发一个中间软件协助应用程序对确定的攻击类型进行容忍。项目的创新点是开发了能容忍故意攻击和多阶段攻击系统（其中攻击类型可以是同一时间发生在不同地方的攻击），通过适应性解决攻击对系统资源造成的影响，在应用程序和基础程序资源之间采用中间件的形式进行控制，使用不可预见的适应性以达到识别故意攻击目的。

② SITAR（Scalable Intrusion Tolerant Architecture for Distributed Service）。

该项目主要研究开发了能容忍动态错误的通用模型（其中错误类型可以是在任意时间内发生的完全不可预测的错误），并在此基础上开发了一个可入侵容忍 Web 服务器系统。SITAR 创新点在于利用动态配置策略，重新配置入侵容忍模型，使用基于模型和基于测量的方法估测框架的安全性，并可进行成本效益的权衡性学习。

③ WRAITS（Workshop on Recent Advances on Intrusion Tolerant Systems）。从 2007 年开始，入侵容忍系统发展研讨会研究内容包括：入侵容忍、分布式信任、关键基础设施的安全、主动恢复、多样性、非独立性、生存系统、拜占庭错误容忍、安全控制和嵌入式系统，基于虚拟化的容错和入侵、分布式环境中虚拟化的使用安全、弹性虚拟化技术、基于虚拟技术的可信计算基的实施、基于 TV 的可靠系统的适应性、形式化虚拟验证和操作系统等。

2. 应用领域

目前，入侵容忍已深入到计算机所能涉及的各个领域，作为受保护系统的最后一道屏障，入侵容忍发挥着至关重要的作用。

（1）入侵检测系统

在复杂网络环境下，越来越多的入侵及攻击是通过跨越多个终端或工作站协同发生的，因此，在这种情况下，单一的入侵检测则往往显得束手无策。基于入侵容忍的入侵检测系统的提出，克服了以往的入侵检测系统对无法有效识别分布式协同攻击，以及在入侵后无法提供恢复系统线索的弊端，通过将入侵容忍及入侵检测的有效结合，能及时地预测、发现复杂攻击，并在容忍攻击的情况下，保证系统能最低限度地提供关键性服务，边服务边修复系统。DBSL（Distributed Bayesian Structure Learning）入侵容忍入侵检测系统是目前研究的热点，该系统框架是通过将机器学习、贝叶斯网络、入侵检测与入侵容忍的有机结合，建立一个全局的贝叶斯网络，利用删除概率较低路径的思想，从而达到提高入侵检测效率，降低误报率、漏报率，进而降低系统全面崩溃的概率。

（2）Web 服务器系统

在开放性网络中，由于没有绝对安全的办法能为 Web 服务器建立一个安全的屏障，因此，将入侵容忍应用于 Web 服务器系统中，可极大地提升服务器在开放性网络中的可靠性和可用性，其中著名的系统框架为 SITAR。

（3）CA（Certificate Authority）认证

CA 认证主要应用于电子政务、电子商务之间信任关系的建立，以及信息的安全传输。保证 CA 私钥安全是 CA 安全的核心，如果攻击者入侵了 CA，则很有可能获得 CA 私钥，因此，需要保证即使一台或多台 CA 设备遭到攻击或无法正常工作时，整体 PKI（Public Key Infrastructure）仍能正常工作，各电子政务、电子商务之间的信任关系不会被轻易破坏，所传输的重要敏感数据不会轻易被劫持、篡改等。在 CA 认证中主要运用 RSA 公钥算法和秘钥共享思想保护 CA 私钥的安全，目前已经提出了一种基于椭圆曲线可验证门限数字签名的在线 CA 安全增强方案，结合门限体制、可验证秘密共享体制以及主动秘密共享方案。

（4）网络取证系统

网络取证技术作为一个新兴的交叉学科，密切关系着人们在网络生活方式下的权益和利益。目前的大部分网络取证技术都是以取证系统的可靠性为前提，而当网络状态可信度无法保证时，人们所获得的各种证据可信度也随之大大降低。最早用于取证的是 IDS 技术，融合了入侵容忍技术的系统，能在很大程度上保证系统的可靠性。因为入侵容忍的设计思想就是假定在系统中存在一定数量的不可靠结点。

INFS（Network Forensic System Based on Intrusion Tolerance）是一种基于入侵容忍的网络取证系统，INFS 结合了入侵容忍系统 SITAR 框架和 Agent 技术，利用系统错误检测、冗余资源和投票算法等方法，在很大程度上提高了被取证系统的可用性、可靠性和可信任性；而且根据不同的系统状态，可获取不同程度的证据；根据这些不同的状态，可以定位犯罪的性质和严重程度。因此，将入侵容忍应用于网络取证技术中，对电子法庭的实现与发展都具有深远的意义。

（5）数据库

入侵容忍在数据库中的应用主要是针对事务级数据库。一般采用的方法是在控制阶段增加更新日志目录、采用过量控制，并将解控阶段分三个步骤完成：第一，系统解除控制那些实际没有受到破坏的对象；第二，取消恶意事务的操作；第三，修复受破坏对象。

（6）文件系统

利用客户端硬盘剩余空间重复存储网络中的文件，并通过加密技术将文件加密，分布地存储到网络其他客户端的硬盘中。用户在使用该文件时，系统便会自动地寻找该文件并进行组装。此方法可确保当系统中有少数客户端的硬盘数据受损时，通过相关的分布算法，能恢复局部结点的数据，不至于对系统数据的可用性造成严重威胁。

（7）卫星星载

卫星星载测试方面，已经完成了卫星星载计算机软件单粒子反转容错能力的测试仪及测试；卫星星载系统开发方面，开发了基于相应系统的星载的计算机实时、容错分布式系统软件。一方面能保证缩短卫星设计周期，进而降低卫星设计成本；另一方面保证了在不增加硬件的条件下，能实施恢复正常状态。随着入侵容忍研究的不断深入，国家科技部也正在进行高端容错计算机项目的研究，用于开发承担关键商用高端容错计算机系统（比如，银行的储蓄业务系统，汇兑结算系统，银联信用卡交易结算系统，证券的交易系统和报价系统，电信领域的通讯网网管系统等）。

3．存在的问题

虽然入侵容忍已经发展成为一个成熟的方向，得到了国内外网络安全业界人士的普遍的认可和关注，但在理论和技术方面仍然存在一些问题，尚未达到入侵容忍所期待的程度，主要从以下几个方面进行讨论。

（1）密码学

目前普遍采用状态机复制结合自适应更新的方法，该方法主要是通过检测系统正常状态是否发生改变以达到对系统进行感知的目的。但很多情况下，在系统状态尚未发生改变时，入侵或攻击已经发生了，这就很有可能导致某些关键性的子系统已经无法正常工作。而且目前的自适应入侵容忍系统仅限于门限密码、共享密码方案，对如何配置系统和参数的动态调整等问题，都有待于进一步的深入研究。

（2）策略模型

目前入侵容忍普遍采用拜占庭容忍模型来定位当前系统所能容忍的错误数量，但拜占庭容忍模型本身并没有考虑系统的保密性，并且在容错与容侵领域的度量标准是不同的。由于人为因素的存在，导致在容错上所满足的数学分布模型，在容侵领域是不能用简单的概率模型表示，即不满足随机性。

（3）可信检测器

作为一个群组，保证入侵容忍系统各组件之间的可靠通信非常必要。可信检测器能保证每个部件的可信任性，即该组件没有被入侵或出现故障。因此，使整个入侵检测系统对可信检测器的依赖程度非常高，如果触发可疑事件过早，可能将过多正常的组件误报为可疑组件；如果在确定了入侵后触发可疑事件，又会造成入侵的扩散。因此，对可信检测器的设计也是入侵容忍亟待解决的一个重要问题。

4. 入侵容忍的前景展望

经过短短十几年的发展，入侵容忍已取得了一些显著的成果。但随着黑客入侵手段，计算机软硬件，互联网络及安全技术的不断发展，人们对入侵容忍在各个领域的发展及应用也有了更高的要求。

（1）航天事业

在恶劣的空间环境中，卫星对系统的可靠性要求非常高。单纯采用冗余，会导致卫星体积、质量和功耗的增加。因此，找到一种既可缩短开发周期又节省开发成本的容错算法非常必要。

（2）电子商务

目前，电子商务在我国取得了巨大的发展，阿里巴巴、慧聪等一大批电子商务网站的运营模式成功地深入我国各大中小企业，并将继续引领经济危机下的中小型企业冲出国际环境下各种困境的重围。目前的网络攻击都致力于使特定的应用程序无法工作，大多数的系统都有一个主要的程序以保护系统软硬件、网络、操作系统等基础设施。将入侵容忍技术应用电子商务中，一改以往的通过访问控制保证系统信息安全的概念，致使在发生网络攻击、系统故障的情况下，应用程序仍然可以在有限时间内，最低限度地提供服务，增强系统的安全性和可用性。

（3）高端服务器

目前，国内高端容错服务器基本上都被国外垄断，在付出高昂成本及运营附加费用的同时，诸如，银行、汇兑结算系统、证券交易系统等涉及国家信息安全的领域。如果长期由国外垄断，一旦这些敏感信息泄漏，将对国家造成重大损失。因此，开发具有自主知识产权的容错高端服务器具有重大意义。

（4）高端电子取证

随着网络的不断发展，作为新兴的犯罪手段，网络犯罪已经不容忽视。电子取证就是在刑事诉讼中针对网络犯罪进行调查、收集、提取证据的过程。将电子取证技术与入侵容忍技术相结合，构建一个具有容忍入侵的取证系统，根据系统的不同状态进行取证，可大大减少证据的存储量。

（5）云计算

云计算与网格计算不同，网格强调的是连接，而云计算对计算资源中心的控制能力要比网格计算强得多，此外可以实现对资源的动态分配和动态切割功能。但今天的云计算还没有充分被用户认可，主要是因为现有的产品和服务仍然存在不稳定和不可信等问题以及对数据的一致性及容灾备份等，其都是亟待解决的问题。因此，将入侵容忍理念应用到云计算的未来发展中，完善云计算，提高系统的可靠性和安全性，势在必行。

入侵容忍技术虽然是一门新兴的安全领域技术，但已经成为网络安全整体机构框架中不可缺少的一个重要组成部分，作为信息安全领域的最后一道防线，可在系统发生错误、故障或受到攻击时，在有限的时间内保证系统最低限度地提供服务。将入侵容忍技术与多种安全技术相结合，可有效地预防或阻止入侵，进而降低系统瘫痪带来的损失，因此发展前景非常广阔。

第三章 网络安全态势感知体系框架和态势理解技术

态势感知（Situation Awareness）这一概念源于航天飞行的人因（Human Factors）研究，此后在军事战场、核反应控制、空中交通监管（Air Traffic Control，ATC）以及医疗应急调度等领域被广泛应用。态势感知之所以成为一项热门研究课题，是因为在动态复杂的环境中，决策者需要借助态势感知工具显示当前环境的连续变化状况，才能准确地作出决策。近年来，态势感知也被用于网络安全的研究领域，称为网络安全态势感知（Network Security Situation Awareness，NSSA）。

第一节 态势感知的概念模型

一、网络安全态势感知概述

美国 2006 年的国防部防务评审报告中指出将加强信息安全和网络安全的研究。美国国防高级规划署（DARPA）等军方机构也正投资开展安全态势感知的研究。在国内方面，关于网络安全态势感知的研究，还限于科研院校的研究阶段，目前的工作主要集中在组织架构和业务体系的建立，所以离实际的应用距离还有很大差距。

网络安全态势感知是应网络安全监控需求而出现的一种新技术，目前正处于起步阶段。态势感知源于航天飞行的相关研究，目前广泛应用于航天飞机、军事战场、空中交通监管等领域。随着网络的不断壮大和普及应用，网络病毒、Dos/DDos 攻击等构成的威胁和损失越来越大，很多研究人员和机构已经开始意识到仅仅依赖于现有的网络安全产品是无法实现对整个网络安全态势的实时监控，因此，迫切需要一项新方法来完成该项任务，于是提出了网络安全态势感知系统研究。1999 年，Bass 等人首次提出了网络态势感知概念，即网络安全态势感知，并将网络态势感知和空中交通监管（ATC）态势感知进行了类比，旨在把 ATC 态势感知的成熟理论和技术借鉴到网络态势感知中去，随后提出了基于多传感器数据融合的网络安全态势感知框架模型。很多研究者和研究机构也开始研究网络安全态势感知系统。Shifflet 采用本体论对网络安全态势感知相关概念进行了分析比较研究，并提出了基于模块化的技术无关框架结构。美国国家能源研究科学计算中心（NERSC）所领导的劳伦斯伯克利国家实验室于 2003 年开发了"Spinning Cube of Potential Doom"系统，该系统在三维空间中用点来表示网络流量信息，极大地提高了网络安全态势感知能力。

2005 年，CMU/SEI 领导的 CERT/NetSA 开发了 SILK，旨在对大规模网络安全态势感知状况进行实时监控，在潜在的、恶意的网络行为变得无法控制之前进行识别、防御、响应以及预警，给出相应的应付策略，该系统通过多种策略对大规模网络进行安全分析，并能在保持较高性能的前提下，提供整个网络的安全态势感知能力 NCSA/SIFT 欲通过开发一个安全事件融合工具的集成框架，为 Internet 提供安全可视化。目前该机构已开发的 Internet 安全态势感知系统有 NVisionIP，VisFlowConnect-IP 等。NVisionIP 通过系统状态可视化来获取 Internet 的安全态势；VisFlowConnect-IP 则通过连接分析可视化来获取 Internet 的安全态势。

二、网络安全态势的提取与预测

1. 网络安全姿态的提取

目前网络的安全态势要素主要包括：静态的配置信息、动态的运行信息以及网络的流量信息等。其中，静态的配置信息包括网络的拓扑信息、脆弱性信息和状态信息等基本的环境配置信息；动态的运行信息包括从各种防护措施的日志采集和分析技术获取的威胁信息等基本的运行信息。

准确、全面地提取网络中的安全态势要素是网络安全态势感知研究的基础。然而，由于网络已经发展成一个庞大的非线性复杂系统，具有很强的灵活性，所以使得网络安全态势要素的提取存在很大难度。

国外的学者一般通过提取某种角度的态势要素来评估网络的安全态势。例如，Jajodia 和 Wang 等采集网络的脆弱性信息来评估网络的脆弱性态势；Ning 等采集网络的警报信息来评估网络的威胁性态势；Barford 和 Dacier 等利用 honeynet 采集的数据信息，来评估网络的攻击态势。

国内的学者一般综合考虑网络各方面的信息，从多个角度分层次描述网络的安全态势。例如，王娟等提出了一种网络安全指标体系，根据不同层次、不同信息来源、不同需求提炼了四个表征宏观网络性质的二级综合性指标，并拟定了 20 多个一级指标构建网络安全指标体系，通过网络安全指标体系定义需要提取的所有网络安全态势要素。由此可以看出，网络安全态势要素的提取存在以下问题。

（1）缺乏指标体系有效性的验证，无法验证指标体系是否涵盖了网络安全的所有方面；

（2）国内的研究虽然力图获取全面的信息，但没有充分考虑指标体系中各因素之间的关联性，将会导致信息的融合处理存在很大难度；

（3）国外的研究从某种单一的角度采集信息，无法获取全面的信息。

2. 网络安全态势的预测

神经网络算法主要依靠经验风险最小化原则，容易导致泛化能力的下降且模型结构难以确定。在学习样本数量有限时，学习过程误差易收敛于局部极小点，学习精度难以保证；学习样本数量很多时，又陷入维数灾难，泛化性能不高。而时间序列预测法在处理具有非线性关系、非正态分布特性的宏观网络态势值所形成的时间序列数据时，效果并不是不理想。支持向量机有效避免了上述算法所面临的问题，预测绝对误差小，保证了预测的正确趋势率，能准确预测网络态势的发展趋势。因此，支持向量机是目前网络安全态势预测的研究热点。

网络安全态势的预测是指根据网络安全态势的历史信息和当前状态对网络未来一段时间的发展趋势进行预测。网络安全态势的预测是态势感知的一个基本目标。神经网络是目前最常用的网络态势预测方法，该算法首先以一些输入输出数据作为训练样本，通过网络的自学习能力调整权值，构建态势预测模型；然后运用模型，实现从输入状态到输出状态空间的非线性映射。例如，上海交通大学的任伟等和 Lai 等分别利用神经网络方法对态势进行了预测，并取得了一定的成果。

由于网络攻击的随机性和不确定性，使得以此为基础的安全态势变为一个复杂的非线性过程，限制了传统预测模型的使用。目前网络安全态势预测一般采用神经网络、时间序列预测法和支持向量机等方法。神经网络具有自学习、自适应性和非线性处理的优点。另外，神经网络内部神经元之间复杂的连接和可变的连接权值矩阵，使得模型运算中存在高度的冗余，因此，网络具有良好的容错性和稳健性。但是神经网络存在以下问题，比如，难以提供可信的解释，训练时间长，过度拟合或者训练不足等。

时间序列预测法是通过时间序列的历史数据揭示态势随时间变化的规律，将这种规律延伸到未来，从而对态势的未来作出预测。在网络安全态势预测中，将根据态势评估获取的网络安全态势值 x 抽象为时间序列 t 的函数，即：x=f(t)，此态势值具有非线性的特点。网络安全态势值可以看作一个时间序列，假定有网络安全态势值的时间序列 $x=\{x_i|x_i \in r, i=1, 2, \cdots, l\}$，预测过程就是通过序列的前 n 个时刻的态势值预测出后 m 个态势值。

时间序列预测法实际应用比较方便，可操作性较好。但是，要想建立精度相当高的时序模型不仅要求模型参数的最佳估计，而且模型阶数也要合适，建模过程是相当复杂的。支持向量机是一种基于统计学习理论的模式识别方法，基本原理是通过一个非线性映射将输入空间向量映射到一个高维特征空间，并在此空间上进行线性回归，从而将低维特征空间的非线性回归问题转换为高维特征空间的线性回归问题来解决。如张翔等根据最近一段时间内入侵检测系统提供的网络攻击数据，使用支持向量机完成对网络攻击态势的预测。

目前，对于网络安全态势感知的研究还处于初步阶段，许多问题有待进一步解决，未来的研究方向主要有以下三个方面：

第一，准确而高效的融合算法研究。基于网络攻击行为分布性的特点，而且不同的网络节点采用不同的安全设备，致使得采用单一的数据融合方法监控整个网络的安全态势存在很大的难度。一方面，应该结合网络态势感知多源数据融合的特点，对具体问题具体分析，有针对性地对目前已经存在的各种数据融合方法进行改进和优化。在保证准确性的前提下，提高算法的性能，尽量降低额外的网络负载，同时提高系统的容错能力；另一方面可以结合各种算法的利弊综合利用，提高态势评估的准确率。

第二，网络安全态势的形式化描述。网络安全态势的描述是态势感知的基础。网络是一个庞大的非线性的复杂系统，复杂系统描述本身就是难点。在未来的研究中，需要具体分析安全态势要素及其关联性，借鉴已有的成熟的系统表示方法，对网络安全态势建立形式化的描述。其中源于哲学概念的本体论方法是重要的研究方向。本体论强调领域中的本质概念，同时强调这些本质概念之间的关联，能够将领域中的各种概念及概念之间的关系显式化，形式化地表达出来，从而表达出概念中包含的语义，增强对复杂系统的表示能力。但其理论体系庞大，使用复杂，将其应用于网络安全态势的形式化描述需要进一步深入的研究。

第三，预测算法的研究。网络攻击的随机性和不确定性决定了安全态势的变化是一个复杂的非线性过程。利用简单的统计数据预测非线性过程随时间变化的趋势存在很大的误差。比如，时间序列分析法，根据系统对象随时间变化的历史信息对网络的发展趋势进行定量预测已不能满足网络安全态势预测的需求。未来的研究应建立在基于因果关系的分析之上。通过分析网络系统中各因素之间存在的某种前因后果关系，找出影响某种结果的几个因素，然后利用个因素的变化预测整个网络安全态势的变化。基于因果关系的数学模型的建立存在很大的难度，需要进一步深入的研究。此外，模式识别的研究已经比较广泛，它为态势预测算法奠定了理论基础，可以结合模式识别的理论，将其很好地应用于态势预测中。

三、网络安全态势的理解

网络安全态势评估摒弃了研究单一的安全事件，而是从宏观角度去考虑网络整体的安全状态，以期获得网络安全的综合评估，从而达到辅助决策的目的。网络安全态势的理解是指在获取海量网络安全数据信息的基础上，通过解析信息之间的关联性，对其进行融合，获取宏观的网络安全态势。本节将该过程称为态势评估，数据融合是网络安全态势评估的核心。目前应用于网络安全态势评估的数据融合算法，大致分为以下几类：基于逻辑关系的融合方法、基于数学模型的融合方法、基于概率统计的融合方法以及基于规则推理的融合方法。

1. 基于逻辑关系的融合方法

基于逻辑关系的融合方法依据信息之间的内在逻辑，对信息进行融和。警报关联是典型的基于逻辑关系的融合方法。警报关联是指基于警报信息之间的逻辑关系对其进行融合，从而获取宏观的攻击态势。警报之间的逻辑关系分为：警报属性特征的相似性，预定义攻击模型中的关联性，攻击的前提和后继条件之间的相关性。Ning 等实现了通过警报关联，从海量警报信息中分析网络的威胁性态势的方法。基于逻辑关系的融合方法，很容易理解，而且可以直观地反映网络的安全态势。但是该方法的局限性如下：

（1）融合的数据源为单源数据；

（2）逻辑关系的获取存在很大的难度，比如，攻击预定义模型的建立以及攻击的前提和后继条件的形式化描述都存在很大的难度；

（3）逻辑关系不能解释系统中存在的不确定性。

2. 基于数学模型的融合方法

加权平均法是最常用、最简单的基于数学模型的融合方法。加权平均法的融合函数通常由态势因素和其重要性权值共同确定。基于数学模型的融合方法，综合考虑影响态势的各项态势因素，构造评定函数，建立态势因素集合 r 到态势空间 θ 的映射关系 $\theta = f$（r_1，r_2，r_n），$ri \in r$（$1 \leq i \leq n$）为态势因素，其中最具代表性的评定函数为加权平均。比如，西安交通大学的陈秀真等提出的层次化网络安全威胁态势量化评估方法，对服务、主机本身的重要性因子进行加权，层次化计算服务、主机以及整个网络系统的威胁指数，进而分析网络的安全态势。加权平均法可以直观地融合各种态势因素，但是其最主要的问题是：权值的选择没有统一的标准，大都是依据领域知识或者经验而定，缺少客观的依据。基于逻辑关系的融合方法和基于数学模型的融合方法的前提是确定的数据源，但是当前网络安全设备提供的信息，在一定程度上是不完整的、不精确的，甚至存在着矛盾，包含大量的不确定性信息，而态势评估必须借助这些信息来进行推理，因此，直接基于数据源的融合方法具有一定的局限性对于不确定性信息，最好的解决办法是利用对象的统计特性和概率模型进行操作。

3. 基于概率统计的融合方法

以色列 IBM 实验室的 Etzion 等在不确定性数据融合方面做了大量的研究工作，Etzion 等和 Gal 提出利用贝叶斯网络进行态势感知。Oxenham、Holsopple 和 Sabata 等基于贝叶斯网络，通过融合多源数据信息评估网络的攻击态势。李伟生等根据网络安全态势和安全事件之间的不同的关联性建立态势评估的贝叶斯网络模型，并给出相应的信息传播算法，以安全事件的发生为触发点，根据相应的信息传播算法评估网络的安全态势。

基于概率统计的融合方法，充分利用先验知识的统计特性，结合信息的不确定性，建立态势评估的模型，然后通过模型评估网络的安全态势。贝叶斯网络、隐马尔可夫模型（Hidden Markov Model，HMM）是最常见的基于概率统计的融合方法。在网络态势评估中，贝叶斯网络是一个有向无环图 $g = \langle v, e \rangle$，节点 v 表示不同的态势和事件，每个节点对应一个条件概率分配表，节点间利用边 e 进行连接，反映态势和事件之间概率依赖关系，在某些节点获得证据信息后，贝叶斯网络在节点间传播和融合这些信息，从而获取新的态势信息。

HMM 相当于动态的贝叶斯网络，它是一种采用双重随机过程的统计模型。在网络态势评估中，将网络安全状态的转移过程定义为隐含状态序列，按照时序获取的态势因素定义为观察值序列，并利用观察值序列和隐含状态序列训练 HMM 模型，然后运用模型评估网络的安全态势。Arnes 和 Ourston 将网络安全状态的变化过程模型化为隐马尔可夫过程，并通过该模型获取网络的安全态势。

基于概率统计的融合方法能够融合最新的证据信息和先验知识，而且推理过程清晰，易于理解。但是该方法存在以下局限性：

（1）统计模型的建立需要依赖一个较大的数据源，然而，在实际工作中会占有很大的工作量，且模型需要的存储量和匹配计算的运算量相对较大，容易造成维数爆炸的问题，从而影响态势评估的实时性；

（2）特征提取、模型构建和先验知识的获取都存在一定的困难。

4. 基于规则推理的融合方法

基于规则推理的融合方法，不需要精确了解概率分布，当先验概率很难获得时，该方法更为有效。但是缺点是计算复杂度高，而且当证据出现冲突时，方法的准确性会受到严重的影响。

基于规则推理的融合方法，首先模糊量化多源多属性信息的不确定性；然后利用规则进行逻辑推理，从而实现网络安全态势的评估。目前 d 拟 s 证据组合方法和模糊逻辑是研究热点。

d 拟 s 证据组合方法对单源数据每一种可能决策的支持程度给出度量，即数据信息作为证据对决策的支持程度。然后寻找一种证据合成规则，通过合成能得出两种证据的联合对决策的支持程度，通过反复运用合成规则，最终得到全体数据信息的联合体对某种决策总的支持程度，最终完成证据融合的过程，其核心是证据合成规则。Sabata 等提出了一个多源证据融合的方法，完成对分布式实时攻击事件的融合，实现对网络态势的感知。徐晓辉等将 d 拟 s 理论引入网络态势评估，对其过程进行了详细描述。

在网络态势评估中，首先建立证据和命题之间的逻辑关系，即态势因素到态势状态的汇聚方式，确定基本概率分配；然后根据相关证据，即每一则事件发生的上报信息，使用证据合成规则进行证据合成，得到新的基本概率分配，并把合成后的结果送到决策逻辑进行判断，将具有最大置信度的命题作为备选命题。当不断有事件发生时，这个过程便得以继续，直到备选命题的置信度超过一定的阈值，证据达到要求时，即认为该命题成立，态势呈现某种状态。

模糊逻辑提供了一种处理人类认知不确定性的数学方法，对于模型未知或不能确定的描述系统，应用模糊集合和模糊规则进行推理，实行模糊综合判断。

在网络态势评估中，首先对单源数据进行局部评估，然后选取相应的模型参数，对局部评估结果建立隶属度函数，将其划分到相应的模糊集合，实现具体值的模糊化，将结果进行量化。量化后，如果某个状态属性值超过了预先设定的阈值，则将局部评估结果作为因果推理的输入，通过模糊规则推理对态势进行分类识别，从而完成对当前态势的评估。Rao 等利用模糊逻辑与贝叶斯网络相结合的方法，对多源数据信息进行处理，生成宏观态势图。李伟生等使用模糊逻辑的方法处理事件发生的不确定性，基于一定的知识产生对当前态势的假设，并使用 d 拟 s 方法对获得的信息进行合成，从而构造一个对战场态势进行分析、推理和预测的求解模型。

第二节　态势感知的体系框架

一、网络安全态势感知系统模型

网络态势感知系统通常是融合防火墙、防病毒软件、入侵监测系统（IDS）、安全审计系统等安全措施的数据信息，对整个网络的当前状况进行有效评估，对未来的变化趋势进行预测。深入分析国内外相关研究，建立网络安全态势感知概念模型。该模型将安全态势感知分为四层：特征提取、安全评估、态势感知、预警。特征提取是态势感知的前提，该层主要采用已有成熟技术从海量数据信息中提取网络安全态势信息。安全评估是态势感知的核心，通过漏洞扫描，安全审计等获得安全信息后，同时和已有的网络安全机制相结合，对已安装的入侵检测系统、防火墙、漏洞扫描等系统的日志数据库数据进行分析后提取数据，并采用合适的安全评估模型，对网络的威胁和脆弱性进行评估。安全评估将信息反应到态势感知层，态势感知层通过识别信息中的安全事件，确定它们之间的关联关系，并依据所受到的威胁程度生成相应的安全态势图，以反映整个网络的安全态势状况。

态势预警要求不但能对即将发生的安全事件提前告知，给出应急的处理措施，而且能够依据历史网络安全态势信息和当前网络安全态势信息预测未来网络安全趋势，促使决策者能够据此掌握更高层的网络安全状态趋势，为未来的安全管理制定合理的决策提供依据。通过对四层概念模型的分析，拟设计如图 3-1 所示的网络安全态势感知系统体系结构。网络安全态势感知系统由网络拓扑发现，安全拓扑生成、安全评估模型、漏洞扫描、威胁评估、事件关联、预警、结果可视化等模块构成。

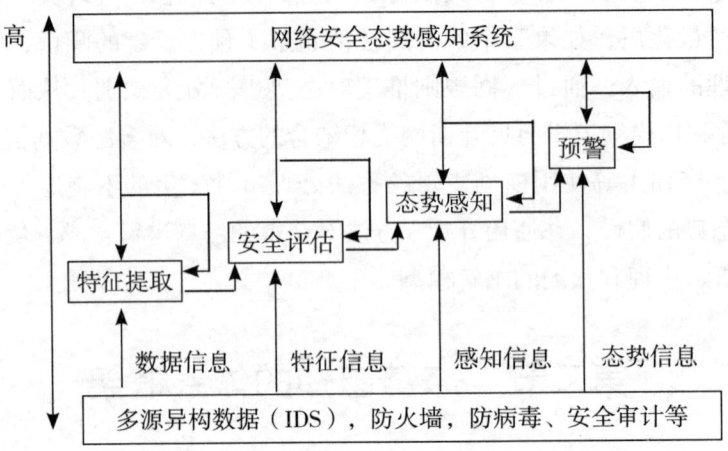

图 3-1　网络安全态势感知概念模型

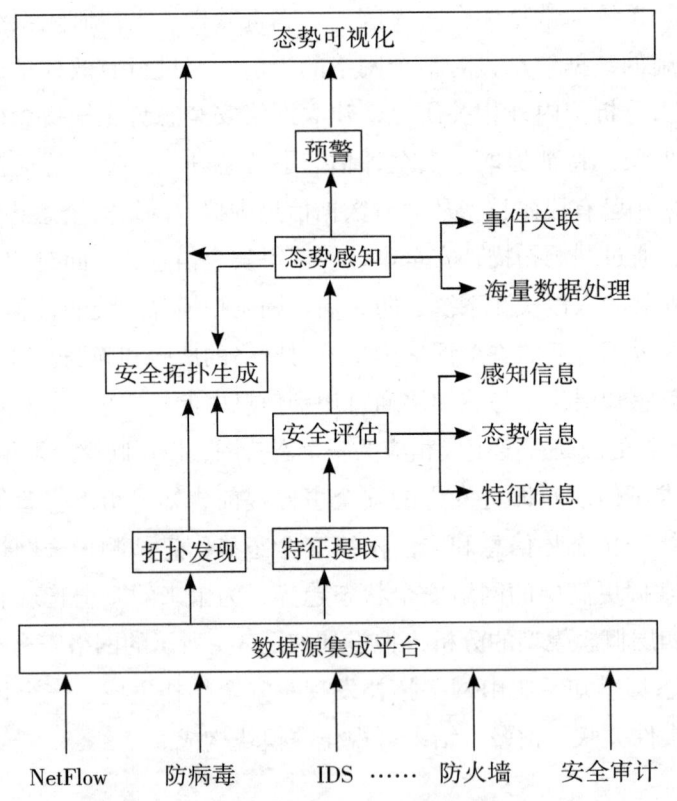

图 3-2　网络安全态势感知系统体系结构图

二、关键模块分析

在网络安全态势感知系统中，特征提取、安全估计、态势感知、安全预警是四个核心模块，分别代表四个不同的阶段。在这些模块中，数据挖掘、模式识别、人工神经网络、机器学习等人工技术被广泛运用。

1. 数据预处理和特征选择

网络安全态势感知系统首先从防火墙、安全审计、防病毒软件等中获取到大量的日志数据，由于这些数据中存在大量的冗余的信息，不能直接用于安全评估和预测。特征提取和预处理技术即从这些大量数据中提取最有用的信息并进行相应的预处理工作，从而为接下来的安全评估、态势感知、安全预警做好准备。数据预处理和特征选择处于网络安全态势感知系统的底层。

当系统从防火墙、安全审计、防病毒软件等中获取到大量日志数据后，首先需对数据格式进行统一，并依靠专家系统对数据进行约减，合并，同时直观地从大量数据中排除与安全态势感知无关的噪声数据，将重复的属性数据进行合并。

特征选择能够为特定的应用在不失去数据原有价值的基础上选择最小的属性子集，去除不相关的和冗余的属性，在网络态势感知系统表现为选取与网络安全联系最紧密的属性；特征选择还将提高数据的质量，加快安全评估的速度，处于最低层的数据预处理和数据特征提取是网络态势感知系统高效运行的前提。特征选择是模式识别和数据挖掘的重要环节，网络态势感知系统的很多模块中均采用模式识别和数据挖掘进行数据处理，一些用于模式识别和数据挖掘的特征提取算法也可应用在网络态势感知中。特征选择算法可从搜索方向、搜索策略、评价方法和停止标准四个方面全面考察，使用四个方面的不同组合可以得到不同的特征选择算法。特征选择方法可以分为 Filter 和 Wrapper 两种，有代表性的算法有 ABB 算法、Relief 算法和 LVW 算法。近年来，遗传算法、模拟退火算法也被运用在特征选择算法中。

2. 态势感知模块

态势可视化是本模块的一个重要组成部分。由于目前网络规模巨大，结构复杂，网络数据还存在实时可变的特征，所以，网络态势的可视化是实现网络态势感知系统的难点。基于主机的数据显示和基于网络的数据显示是态势可视化的两大方面，可视化的结果既要反映区域内主机网络安全威胁等级，也要从宏观上对整个网络的安全态势进行描绘。可视化还需考虑人机交互的可操作性。基于多数据源、多视图的可视化系统才能满足态势可视化要求。C.P.Lee 等人提出的 Visual Firewall 系统，使用 Java 语言实现，借助于 JOGL 和 JFreechart 实现图形的可视化，分别显示了 networktraffic、packetflow、through-put、可疑行为的视图显示，为网络的整体态势提供了一个全面的显示。在获得网络区域各层次的评估结果后，在态势感知模块将这些结果进行关联综合，综合考虑整个网络攻击危害程度、区域安全防护能力，并将结果以图形可视化形式直观地提供给用户。态势感知模块从各安全评估模块中获取的数据很多，这些数据特征属性大致相同，在进行事件关联前，需要采用特征提取等海量数据的处理技术对数据特征进行优化。海量数据的处理技术必须充分考虑实时处理能力，从而提高态势感知计算的效率和态势可视化的实时性。主成份分析方法（PCA）、粗糙集理论等可用于数据的特征提取。

事件关联是该模块的核心。当网络分为 LAN、主机、服务和攻击 / 漏洞四个层次对网络系统的安全状况进行评估时，各安全评估系统之间是孤立的，无联系的。由于来自不同地域、不同来源的网络攻击、网络技术数据具有不确定性、不完整性、模糊性、模糊性和多变性的特点，通过采用事件聚类和融合，减少区域安全评估系统提交给态势感知系统的安全数据，有利于网络态势感知状况的分析。模糊神经网络的方法引入到态势感知模块，进行有关规则的推理，以得到合理的判断。事件关联技术还可以采用决策树，贝叶斯网络等。

3. 安全预警技术

预警技术也是网络安全态势感知系统的重要组成部分。预警及在安全事件发生前提前通知网络管理者，并给出安全事件发生时的应急处理方案。系统中的应急方案主要依靠专家系统给出。网络安全解决方案要求除了能够检测已知的安全威胁以外，而且还要能对未知和将来可预测的威胁进行有效的管理，即拥有主动防护的能力，为网络管理员制定决策和防御措施提供依据，做到防患于未然。现有的大多数网络安全解决方案在威胁预测上还存在缺陷，只能对已发生过的威胁进行预测，网络态势感知系统应提供对网络威胁进行预测的功能，找出时间序列观测值中的变化规律与趋势，然后通过对这些规律或趋势的外推来确定未来的预测值。

HMM（隐马尔科夫模型）是一种采用双重随机过程的统计模型，可用于事件序列预测上。HMM 内含一个不可见的（隐藏的）从属随机过程，此不可见的从属随机过程只能通过另一套产生观察序列的随机过程观察得到。预警的结果最终也要以图形可视化的形式提供给网络管理人员。随着时间的变化，预警结果在网络态势图上进行显示。因此，为了保障网络信息安全，开展大规模网络态势感知是十分必要的。网络态势感知对于提高我国网络系统的应急响应能力、缓解网络攻击所造成的危害、发现潜在恶意的入侵行为、提高系统的反击能力等具有十分重要的意义，对于未来的军事信息战意义更为重大。国内目前对态势感知系统的研究才刚刚起步，相关理论和技术还很不成熟。本节在深入分析国内外相关研究的基础上，建立了网络安全态势感知概念模型和体系结构，分析研究构成网络安全态势感知系统的数据的特征提取、网络安全评估、网络应急响应、网络安全预警等重要组成部分。在网络态势感知中，诸如海量网络数据的实时处理、数据融合、态势评估、威胁评估、态势可视化等方面均有许多问题需要研究。

4. 安全评估算法

在威胁评估中，拟将网络分为 LAN、主机、服务和攻击 / 漏洞三个层次，从服务、主机、系统 LAN 的三个角度对网络系统的安全状况进行综合评估。每个层次的安全状况，都可以分解为其下层各个节点的安全状况的"和"，从而将下层的各个孤立点结合起来，形成对其上层节点的安全状况的综合评估结果。与威胁有关的信息可以通过 IDS 取样、模拟入侵测试、人工评估、策略及文档分析和安全审计等获得。这些信息记录了过去一段时间内的网络系统的安全状况。选定一个时间段内的与威胁有关的信息为原始数据，结合攻击效果，发现各个主机系统所提供服务存在的漏洞情况，评估各项服务的安全状况。各层次的安全性评价均采用风险指数描述，指数越高，风险越大。由于获取数据量大，必须借助一个人工智能神经网络的方法对数据进行综合分析处理，并以图形方式显示分析结果，提升给出评估报告。

网络安全评估系统根据已知的安全漏洞集合，对本辖区网络系统进行全面测试，并对测试结果进行分析，从而对该系统给出总体评价，最后对该系统存在的漏洞提出应急方案。网络安全评估可分为以下三个部分：漏洞扫描、评估模型、威胁评估。漏洞扫描子模块包括：漏洞信息的收集，漏洞的扫描以及漏洞结果评估。通过对网络所提供服务进行漏洞扫描得到结果，分析出此服务的风险状况，得到不同服务的风险值。安全漏洞的存在是导致安全风险的内部因素，应从不同角度进行安全漏洞的确定和赋值。

人工神经网络也有助于提高网络态势感知系统的自学习和自适应能力。决策树、模糊 Petri 网等方法也可用于网络的安全性能评估。国内外现有的风险评估方法很多，大部分学者认为，其可以分为四大类：定量的风险评估方法、定性的风险评估方法、定性与定量相结合的集成评估方法以及基于模型的评估方法价。基于模型的评估方法虽然能对整个计算机网络进行有效的安全性评估，但在基于模型的评估方法中，规则的抽取过于复杂，因此，这种评估方法不能从不同层次对网络安全状态进行评估。单纯的采用定性评估方法或者单纯的采用定量评估方法都不能完整地描述整个评估过程，定性和定量相结合的风险评估方法克服了两者的缺陷，是一种较好的方法。贝叶斯网络作为一种描述不确定信息的专家系统，在构造风险评估模型时，模型能够综合最新的证据信息和先验信息，从而评估结果不仅反映了当前的信息，而且综合了历史和先验知识，是一种较好的办法。人工神经网络也能有效地运用于风险评估中。采用神经网络中的 LVQ 和 SOM 网络对各个指标形成的高维向量进行有效的监督和学习，先通过对专家的知识进行学习和训练，当模型稳定时，就可以对当前的评价指标向量进行分类处理，输出结果为对当前的安全等级的描述。

第三节　核心概念的形式化描述

一、网络安全态势的核心概念

网络态势感知源于空中交通监管（Air Traffic Control，ATC）态势感知，是一个比较新的概念，并且在这方面开展研究的个人和机构也相对较少。1999 年，Bass 首次提出了网络态势感知（Cyber space Situation Awareness）这个概念，并对网络态势感知与 ATC 态势感知进行了类比，旨在把 ATC 态势感知的成熟理论和技术借鉴到网络态势感知中去。目前，对网络态势感知还未能给出统一的、全面的定义。所谓网络态势，是指由各种网络设备运行状况、网络行为以及用户行为等因素所构成的整个网络当前状态和变化趋势。值得注意的是，态势是一种状态，一种趋势，是一个整体和全局的概念，任何单一的情况或状态都不能称之为态势感知。网络态势感知是指在大规模网络环境中，对能够引起网络态势发生变化的安全要素进行获取、理解、显示以及预测未来的发展趋势。结合已有知识以及网络安全的研究现状，我们对网络安全态势进行了如下的描述性定义。

1. 网络安全态势感知的概念

（1）网络安全态势感知（Network Security Situation Awareness，NSSA）

定义为应用数据融合的方法，将来自不同安全检测工具的报警信息进行融合，分析当前网络所遭受的攻击状态，并根据当前的状态预测下一步网络将遭受到的攻击行为，从而提早进行响应，阻止进一步攻击行为的发生。NSSA 与现有的 IDS 之间有区别也有联系，两者的区别主要体现在：第一，系统功能不同。IDS 可以检测出网络中存在的攻击行为，保障网络和主机的信息安全。而 NSSA 的功能是给网络管理员显示当前网络念势状况以及提交统计分析数据，为保障网络服务的正常运行提供决策依据。这其中既包括对攻击行为的检测，同时也包括为提高网络性能而进行的维护；第二，数据来源不同。IDS 通过预先安装在网络中的 Agent 获取分析数据，然后进行融合分析，发现网络中的攻击行为。NSSA 采用了数据融合的思想，融合现有 IDS、VDS（Virus Detection System）、FireWall、Netflow（内嵌在交换机和路由器中的流量采集器）等工具提供的数据信息，进行态势分析与显示；第三，处理能力不同。网络带宽的增长速度已经超过了计算能力提高的速度，尤其对于 IDS 而言，高速网络中的攻击行为检测仍然是有待解决的难点问题。NSSA 充分利用多种数据采集设备，提高了数据源的完备性，同时通过多维视图显示，融入人的视觉处理能力，简化了系统的计算复杂度，提高了计算处理能力；第四，检测效率不同。IDS 不仅误报率和漏报率高，而且无法检测出未知攻击和潜在的恶意网络行为。NSSA 通过对多源异构数据的融合处理，提供动态的网络安全态势状况显示，为管理员分析网络攻击行为提供了有效依据。同时，NSSA 与 IDS 也存在一定的联系，其中 IDS 便可作为 NSSA 的数据源之一，为其提供所需数据信息。

（2）相关研究进展

自 Bass 提出了网络态势感知概念后，随即在文中提出了基于多传感器数据融合的入侵检测框架，并把该框架用于下一代入侵检测系统和 NSSA。采用该框架能够实现入侵行为检测、入侵率计算、入侵者身份和入侵者行为识别、态势评估以及威胁评估等功能。同时，Batse、Shifflet 等人也提出了类似的模型。现有的 Internet 级网络态势感知工具主要有：美国劳伦斯伯克利国家实验室（Lawrence Berkeley National Labs）的 Stephen Lau 于 2003 年开发的"The Spinning Cube of Potential Doom"系统。该系统在三维空间中用点来表示网络流量信息（在笛卡儿坐标系中，即 X 轴代表网络地址，Y 轴代表所有可能的源 IP，Z 轴代表端口号极大地提高了网络态势感知能力。卡内基梅隆大学 SEI

（Software Engineering Institute）所领导的 CERT / NetSA 开发出 SILKl261（System for Internet Level Knowledge），该系统采用集成化思想，即把现有的 Netflow 工具集成在一起，提供整个网络的态势感知，便于大规模网络的安全分析。美国国家高级安全系统研究中心（National Center for Advanced Secure Systems Research，NCASSR）正在进行的 SIFT（Security Incident Fusion Transform）项目，欲通过开发一个安全事件融合工具的集成框架，为 Internet 提供安全的可视化表示。目前该机构已开发的 Internet 安全态势感知软件有：NVisionIP，VisFlowConnect-IP，UCLog+ 等。NVisionlP 通过系统状态可视化来获取 Internet 的安全态势感知；VisFlowConnect-IP 通过连接分析可视化来获取 Internet 的安全态势感知；UCLog 是安全态势感知数据库系统，主要用于事件存储、事件查询以及事件关联。

国内对网络态势感知的研究才刚刚起步。冯毅从我军信息与网络安全的角度出发，阐述了我军积极开展网络态势感知研究的必要性和重要性，指出了两项关键技术——多源传感器数据融合和数据挖掘。国内其他相关研究主要是围绕网络安全态势评估、大规模网络预警等来开展的。在网络安全态势评估方面，西安交通大学实现了基于 IDS 和防火墙的集成化网络安全监控平台，该系统实现了态势评估；并提出了一个基于统计分析的层次化安全态势量化评估模型，该模型从上到下分为系统、主机、服务和攻击／漏洞四个层次，并且采用了自下而上、先局部后整体的评估策略及相应计算方法。北京理工大学信息安全与对抗技术研究中心研制了一套基于局域网络的网络安全态势评估系统，由网络安全风险状态评估和网络威胁发展趋势预测两部分组成，用于评估网络设备及结构的脆弱性、安全威胁水平等。

在大规模网络预警方面，国防科技大学的胡华平等人提出了面向大规模网络的入侵检测与预警系统的基本框架及其关键技术与难点问题。上海交通大学的 Hu 等人提出了基于漏洞分析的安全态势感知方法。由此，不难发现国内在网络安全态势评估和大规模网络预警所开展的研究，还存在实时性不强、数据源单一等问题。

（3）多源信息融合多源信息融合（multisource information fusion）

多源信息融合多源信息融合（multisource information fusion）又称为多传感信息融合（multisense information fusion），是 20 世纪 70 年代提出来的，军事应用是该技术诞生的源泉。事实上，人类和自然界中其他动物对客观事物的认知过程，就是对多源信息的融合过程。人们希望用机器来模仿这种由感知到认知的过程。于是产生了新的边缘学科——多源信息融合。由于早期的融合方法研究是针对数据处理的，所以有时也把信息融合称为数据融合（data fusion）。这里所讲的传感器也是广义的，不仅包括物理意义上的各种传感器系统，同时也包括与观测环境匹配的各种信息获取系统，甚至还包括人和动物的感知系统。目前被大多数研究者接受的有关信息融合的定义，是由美国三军组织实验室理事联合会 JDL（Joint Directors of Laboratories）提出来的，JDL 从军事应用的角度给出信息融合的定义。在这个认知过程中，人或动物首先通过视觉、听觉、触觉、嗅觉和味觉等多种感官对客观事物实施多种类、多方位的感知，从而获得大量互补和冗余的信息；然后由大脑对这些感知信息依据某种未知的规则进行组合和处理，从而得到对客观对象统一与和谐的理解和认识。

2. 信息融合

信息融合，就是一种多层次、多方面的处理过程，包括对多源数据进行检测、相关、组合和估计，从而提高状态和身份估计的精度，以及对战场态势和威胁的重要程度进行适时完整的评价。从该定义可以看出，信息融合是在几个层次上完成对多源信息处理的过程，其中每一个层次都反映了对原始观测数据不同级别的抽象。

（1）信息融合系统的模型与级别

关于数据融合的功能模型历史上曾出现过不同的观点，正为越来越多的实际系统所采用。构建 JDL 数据融合模型的目的是促进系统管理人员、理论研究者、设计人员、评估人员相互之间更好地沟通和理解，从而使得整个系统的设计、开发和实践过程得以高效顺利地进行。第一级处理是目标评估（object assessment），主要功能包括：数据配准、数据关联、目标位置和运动学参数估计以及属性参数估计、身份估计等，其结果为更高级别的融合过程提供辅助决策信息。第二级处理是态势评估（situation assessment）问题，是对整个态势的抽象和评定。其中，态势抽象就是根据不完整的数据集构造一个综合的态势表示，从而产生实体之间相互联系的解释。而态势评定则关系到对产生观测数据和事件态势的表示和理解。态势评定的输入包括事件检测、状态估计以及态势评定所生成的一组假设等。态势评定的输出在理论上是所考虑的各种假设的条件概率。第三级处理的是影响评估（impact assessment）问题，它将当前态势映射到未来，对参与者设想或预测行为的影响进行评估。第四级处理是过程评估（process assessment）问题，它是一个更高级的处理阶段。通过一定的优化指标，对整个融合过程进行实时监控与评价，从而实现多传感器自适应信息获取和处理以及资源的最优分配，并以支持特定的任务目标，进而最终提高整个实时系统的性能。按照融合系统中数据抽象的层次，融合可分为三个级别：数据级融合、特征级融合以及决策级融合。

①特征级融合

特征级融合属于中间层次的融合，先由每个传感器抽象出自己的特征向量（可以是目标的边缘、方向和速度等信息），融合中心完成的是特征向量的融合处理。一般来说，提取的特征信息应是数据信息的充分表示量或充分统计量，其优点在于实现可观的数据压缩，降低对通信带宽的要求，从而有利于实时处理，但由于损失了一部分有用信息，使得融合性能有所降低。

②数据集融合

数据级融合是最低层次的融合，直接对传感器的观测数据进行融合处理，然后基于融合的结果进行特征提取和判断决策。这种融合处理方法的主要优点是：只要存在较少数据量的损失，并能提供其他融合层次所不能提供的其他细微信息，所以精度较高。但是它所要处理的传感器数据量巨大，故处理代价高，处理时间长；传感器信息的不确定性、不完全性和不稳定性要求融合时有较高的纠错处理能力；要求传感器是同类的，即提供对同一观测对象的同类观测数据。这一级别的数据融合多用于多源图像复合、图像分析和理解以及同类雷达波形的直接合成等。

③决策级融合

常见的算法有：Bayes 推断、专家系统、D．S 证据理论、模糊集理论等。决策级融合必须从具体决策问题的需求出发，充分利用数据级融合和特征级融合所获取的各类观测对象的各种信息及所处的状态，采用适当的融合技术来实现上述决策融合，特别是态势分析和威胁评估。决策级融合是一种高层次的融合，先由每个传感器基于自己的数据作出决策，然后在融合中心完成的是局部决策的融合处理。决策级融合是三级融合的最终结果，是直接针对具体决策目标的，因此融合结果直接影响决策水平。这种处理方法数据损失量大，因而相对来说精度最低，但其具有通信量小，抗干扰能力强，对传感器依赖小，不要求是同质传感器，融合中心处理代价低等优点。一般而言，决策级信息融合主要包括态势评估、威胁估计和决策制定三个过程。其中，态势评估既是决策级融合的第一步，又是决策制定的关键一步。决策者绝大多时候基于态势评估作出决策。进而得到准确、及时的态势评估结果，即态势报告，对最后的决策制定具有重要意义。

二、网络可生存性

目前广泛认可的描述性定义是 CMU 提出的：可生存性是指系统在面临攻击、故障或意外时能够及时完成任务的能力。决策级融合过程信息系统被广泛地应用于军用和民用的重要基础设施，比如，银行、金融、空中交通管制、战场等。在许多情况下，这些基础设施所提供的服务依赖于这些系统的正确操作，而对这些系统地损坏将会导致某些服务的不可用。信息系统的生存性作为一个新兴的研究方向，它是建立在一些相关的研究领域，比如，安全、容错、可靠性、重用、性能、验证、测试等的基础之上，又加入新的内容和方法发展而来的，主要研究在发生意外、攻击和故障时，能及时恢复到预先定义的服务水平的能力。

1．可生存性的定义

Knight 提出了重要信息系统中可生存的严格定义，可生存性规范是一个六元组（S，E，D，VE，P）。分别表示系统服务的规范集、服务集所对应的服务价值因素、可达环境的状态、服务规范所对应的可达环境状态的相关服务值、有效的服务变迁集和服务的概率。航行器战役中的可生存性是指航行器具有避免和抵挡人为敌对环境的能力，它可由在敌对环境中航行器生存的概率来度量。在通信系统中的可生存性是指一个系统、子系统、设备、步骤或程序提供一个定义好的称为实体的等级，在人为的干扰发生中或发生之后继续运行。在软件工程中可生存性定义为即使系统的某些部分失去作用，基本的功能仍然可用的度。信息系统的可生存性定义为一个网络计算系统在攻击和故障发生时提供基本服务，并及时恢复整个服务的能力。可生存性的定义越来越准确，但对一个设计者来说却不能确定一个详细的设计是否能满足用户的需求，而且不能提供一个准确的标准。综上所述，我们认为，系统是可生存的，如果在灾难发生之后可以在可接受的时间内恢复到正常服务的状态。至于采取什么样的机制，这些机制怎么实现并不是可生存性需要考虑的内容。比如，获得可生存性的一个可能机制就是故障容忍。对于网络的可生存性主要强调故障检测、防御攻击、从灾难中恢复，并及时提供服务。

2. 可生存性与相关概念的联系与区别

可生存性概念的提出与网络中的其他术语可信赖性、故障容忍、可用性、可靠性、安全性既有联系又有区别。起初，可信赖性是在大规模复杂系统中出现的，故障容忍出现在计算机软件系统中，可靠性在硬件以及系统设计中使用，安全性用来描述敏感信息，而可生存性主要是在军事系统中使用。

（1）可信赖性（Dependability）与可生存性系统

可信赖性（dependability）是在一定的条件下，系统在一定的时间区间内完成一定功能的能力，它不是由单一的属性来测量的，而是包括一些主要指标可靠性（Reliability）、可用性（Availability）、可运行性（Perform ability）、可维护性（Maintain ability）和可生存性（Survivability）等，甚至在某些情况下，可信赖性与可生存性等价。

（2）故障容忍（Faulttolerance）与可生存性可生存性与故障容忍不同：比故障容忍的范围更广，必须最低限度地处理意外失效与恶意攻击，允许在系统中发生任意的故障，当然也考虑对每一个故障分配不同的权重（如发生的概率，修复的费用等）；事件之间是有联系的，尤其是故障可以组成一个攻击场景，在故障容忍中假设异常事件之间是独立的；可生存性是针对特殊的服务。

（1）安全性（Security）与可生存性。安全性是检测并组织信息的泄漏、丢失、非法使用和系统资源的破坏。它要保护的是数据的机密性（confidentiality）、完整性（integrity）和可用性（availability）。

（2）风险评估（Riskassessment）与生存性。分析风险评估是指确定在计算机系统和网络中每一种资源缺失或遭到破坏对整个系统造成的预计损失数量。生存性分析是对系统在遭受攻击、软硬件故障等突发事件时，对系统的基本服务的存活能力进行分析。

（3）性能（performance）与可生存性。分析性能所描述的是系统在多大程度上完成无瑕疵的服务，并不评估计算机的失效与恢复，它通常由系统的吞吐量、响应时间、资源的负载来评估。可生存性是由服务来计算的，如果系统提供的服务不改变，S=I；如服务不可用，S=O；其余为 S ∈（0，1）。

（4）可用性（Availability）与可生存性。可用性是可以提供正确服务的能力，它是为可修复系统提出的，是可靠性和可维护性的综合描述。对于不可修复系统可用性与可靠性相等。根据可用性与时间的关系，可用性可分为：瞬时可用性、稳态可用性、固有可用性。

（5）可靠性（Reliability）与可生存性。可靠性可看成是广义上的可靠性，生存性强调的是系统在不同环境下能提供不同形式的服务，每个服务在不同条件下都有其自身的可靠性需求，而可靠性将整个系统作为单一服务来考虑，缺乏生存性的灵活性。此外，可靠性假设各个故障是相互独立的，而且它强调的是阻止这些故障的发生，而生存性允许故障的关联，强调故障发生后的恢复，研究即使面对故障，系统仍能保持继续服务的能力。

3．可生存性的建模技术

根据可生存性的定义，我们无法判断一个系统是否具有可生存的能力，因此，在许多文献中出现了对可生存性的量化评估方法。对可生存性的属性进行量化评估是困难的并且具有挑战性，而这些属性要作为设计参数的话就必须对其进行量化。就如一个谚语所说："You can't control what you can't measure"。对系统可生存性进行定量分析，首先要从实际系统中抽取出有用信息，建立模型，然后对模型进行分析。

（1）基于系统结构的建模

对网络的物理结构进行建模是可生存性分析最早的建模技术。在模型中用节点表示实际网络中的服务器、客户机、路由器等，节点之间的连线表示实际网络中的物理链路。把实际网络中的各个物理部件全部映射到模型中就得到一个网络物理结构的抽象图。同时，还需把模型分析中需要用到的一些信息如通信流量、节点容量等标注到模型中。Louca 将原始网络拓扑转化为一个 Trellis 图，利用图论通过在网格图上查找 k-best 和最短路径来表述网络生存性问题。这种建模方法直接和网络的物理结构相关，模型直观性强。但由于网络物理拓扑结构直接依赖于网络的路由技术、通信量管理等策略，因此，分析技术比较复杂，需要对网络整个体系结构的设计有详细的了解。这种建模方法是一种静态的、具体的建模方法，它直接来源于实际网络。

（2）基于状态的建模

网络中的每个节点和链路都可能受到入侵和发生故障，不同的入侵和故障对节点和链路造成的影响是不同的，这就使得系统可能处于多种不同的状态，比如，某个节点在受到攻击后只能实现原来的部分功能，那么现在的节点和原来可以实现全部功能时相比显然是处于两个不同的状态。基于状态的建模方法可以把系统中要研究的每个组件都建立一个状态转换图，然后把所有单个的状态图整合在一起对系统的全局行为进行分析；或者直接描述出系统的整体状态变换。Jha 对网络中的每个节点及链路用状态机建模把整个系统描述为一系列并发执行的有限状态机，然后用形式化分析工具对系统特性进行分析。在可生存性分析中，入侵和故障的发生之间可能存在依赖关系，各个节点的不同状态之间可能存在联系。为了能够表示状态之间的相互关联信息，Jha 用受限制的马尔可夫决策进程对系统进行建模。Dong 用基于半马尔可夫进程的随机进程对系统进行建模。McDermotti 定义了一个故障（fault）过程模型，根据该模型中故障的各个状态之间的转化概率来分析系统的生存性。这些模型都能很好地表示出系统的状态转移关系，从而有利于对系统的动态行为进行分析。

（3）基于服务组件的建模

服务的观点是生存性分析的基本观点。在面向服务的体系结构的生存性分析中，系统被看作是由实现特定服务的组件构成，这就需要确定出系统提供的服务。这种建模形式从信息系统提供的服务出发，再将服务涉及到的系统组件组织在一起，从而达到简化系统结构的目的，在数学上通常表现为一个类似树的结构。从用户的角度来讲，系统的生存性主要从系统提供给用户服务的连续性、正确性等来衡量；从设计者的角度来看，主要看系统能否在受到攻击、出现故障或是意外事件发生时为用户提供基本服务；从攻击者的角度来看，破坏系统的生存性就是使系统不能够正常提供某些基本服务，这就需要破坏系统相应的服务组件。从攻击者的角度对生存性进行分析，可以实现对系统组件的脆弱性分析。攻击树和攻击图是目前描述攻击最常用的方法。用攻击图的方法对系统的生存性进行分析。林雪纲定义系统为一种以服务为中心的层次结构，生存性测试是基于事件的分类分级来实现的，通过逐层计算系统的可抵抗性（resistance）、可识别性（recognition）和可恢复性（recovery）来表示系统的生存性。这种分析模型将系统的生存性分析逐层分解，最终归结为对事件，而非对系统组件的分析，从而避免对复杂系统甚至无界网络系统组件的定义和分析。

4．可生存性的分析方法建立好系统的模型

接下来就需要对系统的可生存性进行度量与分析，对可生性的量化分析主要从以下几个方面进行。

（1）函数分析方法

生存性研究而临的威胁主要包括故障、攻击和意外事件。故障和意外事件的发生一般具有随机性，而人为的攻击事件的发生则是有预谋的。一般的系统，可能会发生故障，同时也可能受到一般的攻击，这样的系统适合于用概率统计的方法计算生存性。有些系统虽然很重要，但不能掌握其具体受攻击的信息，因此也要用概率的方法进行分析。而有些系统如关系到人的生命安危、国家安全等，具有很强的容错及容侵能力，一般是不会发生故障或被普通的攻击者攻击成功的，只有设计十分严密的攻击计划才可能成功。概率分析方法就可能不太适合于这样的系统，应该根据具体的情况采用相应的生存性分析策略。Zolfaghari 根据随机故障模型和已知故障模型的不同特点，分别给出了相应的生存性度量。

（2）图论分析方法

针对网络物理拓扑结构模型，人们把可生存性的计算转化到图论问题空间进行讨论。基本思想是要找出图中那些使网络变得不连通需要去除的节点或链路。图论分析方法面临着计算复杂性大的问题，可处理的网络规模相对较小。现在随着通信技术的发展和计算能力的提高，网络规模也越来越大，这种方法在大规模复杂的网络系统结构的评估中相对较少使用。

（3）模型检测的分析方法

模型检验是形式化方法中的一种，用模型检验对系统的状态模型进行分析是可生存性研究的一种较新方法，它可以实现模型的自动验证，因此得到了人们的普遍重视。模型检验分析的前提需要建立系统的验证模型。模型检验工具可以验证出系统模型是否符合性质需求，并且能够给出所有反例。数学上表现为利用有限状态机、马尔可夫链等来描述分析模型。Jha 将网络中的节点和链路都用一个有限状态机来表示，通过故障注入（fault injection）来分析其生存性。此外，Jha 还提出了一个基于约束的马尔可夫决策过程（CMDP，Constrained Markov Decision Processes）作为生存性分析的形式化模型。Cloth 用连续随机逻辑（CSL）对系统的生存性进行规范，CSL 可以直接对定义描述，并加入量化分析信息，这种方法对系统的可生存性进行更直接、更精确的分析。

第四节　网络安全态势理解技术

安全防护技术的发展已经历了三代，第一代安全防护技术（信息保护与隔离）主要目的是防止入侵；第二代安全技术（信息保障技术）主要目的是检测入侵，限制损伤；第三代安全技术（生存性技术）强调系统在恶意环境下的生存性，即系统在遭受攻击、出现故障或发生意外事故时，依然能够及时完成其任务的能力。代表性的技术主要有攻击视图、安全态势感知、缓慢降级等容侵技术，同时安全态势感知又是第三代安全技术代表之一。

一、网络安全态势感知技术

1. 安全态势感知技术的来源及研究进展

当前网络空间成为了主要的作战空间之一，为支持信息化战争，维护网络空间安全，同样对网络安全态势感知提出了新的要求。安全态势感知成为网络战指挥控制的重要研究内容。其中对态势感知的要求包括：形成公共网络空间作战视图、攻击状态显示以及脆弱性状态显示等。近年来，国外针对网络安全及网络对抗中指挥控制的需求，结合安全技术的发展，设立许多安全态势感知相关的研究项目。20 世纪 80 年代末，由于现代飞行座舱中可获得大量的传感器信息，关于飞行员如何对飞行中同时发生的复杂、动态事件形成认识，以及这些信息如何用来指导将来的行动的问题引起了研究人员的兴趣，"态势感知"一词用来描述飞行员对当前态势形成头脑模型的注意、感知、决策过程，并在人因学（Human Factors）领域得到广泛的研究。目前在该领域主要研究形成态势感知的认知模型，相关的研究可以借鉴参考。在指控控制领域，多年以来，信息被看作是指挥控制的"倍增器"，在所有和信息优势相关的讨论中都将态势感知作为其中重要的元素。这里的态势感知采取的形式包括：统一的作战视图（COP）、一致的战术图（CTP）、单一的集成化空间图（SIAP）以及其他战场态势的表示。

可以这样形象地描述 Cyber Panel：它就像一个巨大的整个 GIG 系统的仪表控制面板，管理者既可以从面板上得到整个系统的态势信息，又可以通过控制面板来操作系统的中任何组件。该计划下资助了多个课题，其中研究内容涉及态势感知的包括：传感器的开发、告警关联和减少、态势评估以及专门的可视化工具。目前该计划已取得多项研究成果。2005 年，Cyber Panel 计划下的部分研究成果进行了集成和演示。美国希望在未来获得信息优势、决策优势和全面优势，开展了全球信息栅格（GIG）和网络中心战（NCW）环境建设。其中，美军认为信息安全保障（IA）贯穿于 GIG 各层面，具有支撑性的作用。在 GIG ／ IA 计划中提出了有保证的信息共享、高可用的企业设施、Cyber 态势感知与网络防御、有保证的企业设施管理与控制四种 GIG 信息保证能力。其中，强调了 Cyber 态势感知，并且相关实施计划正在研究制定当中。美军提出了 NetOps，NetOps 是为了操作和保护 GIG 以支持网络中心战而提出的作战概念，目的是实现保证的系统及网络可用性、保证的信息发送和保证的信息保护，从而支持 DoD 所有的作战、情报和企业军事行动。而共享的态势感知是其五个关键属性之一。Cyber Panel 是 DARPA 和空军研究实验室（AFRL）支持的计划（即 DARPA 的 ISO 的 CYBELC 2），其目的是保护关键使命信息系统免受战略协同攻击。该项目是将深度防御思想贯穿于可生存性的一个技术框架，综合威胁感知、分析、响应执行等功能于一身，从而提供对当前网络安全状态感知和管理控制功能。

2. 安全态势感知关键技术实现

NetOps 是为了操作和保护 GIG 以支持网络中心战而提出的作战概念，目的是实现保证的系统及网络可用性、保证的信息发送和保证的信息保护，从而支持 DOD 所有的作战、情报和企业军事行动，而共享的态势感知是其五个关键属性之一。网络安全态势感知的思路是在广域网环境内部署大量、多种安全传感器，这些传感器收集、监测目标的安全状态，通过采集这些传感器提供的信息，并加以分析、处理，明确所受攻击的形势，主要包括：攻击的来源、规模、速度、危害性，等等，明确目前网络的安全状态，并通过可视化等手段显示给安全管理人员，从而支持安全管理人员对安全态势的了解和掌握，作出正确的响应。

安全态势感知过程可以抽象为一个针对目标对象进行数据处理的过程：建立安全态势数据模型是研究的基础，然后在此之上开展安全态势感知技术研究，解决安全态势传感器网络、安全态势分析与生成、安全态势的表示与可视化等关键问题。

（1）公共的安全态势信息模型

一种初步考虑是通过不同安全状态下网络资源的变化建立使命任务与安全状态的关系。因此，安全态势信息模型的高层元素将包括网络使命任务、网络资源的描述，以及网络资源与使命任务之间的依赖关系等。建立的安全态势感知信息模型可采用扩展标记语言（XML）进行结构化描述。

综合目前来看，关于信息系统安全状态究竟由哪些元素来反映，各元素的具体含义是什么，并没有标准定义。从各种不同的安全设备采集的安全数据、各种安全事件信息，到对安全事件信息进行处理后产生的对所识别攻击的描述以及安全状态评估的结果等，这些不同层次的信息共同构成了安全态势信息，是安全态势感知系统各部分处理、交换的公共基础，同样也是安全态势感知系统和其他安全相关系统（如应急响应系统）进行数据交换的基础。其中从下向上看，正确获得多种传感器数据的关键是规范的安全事件格式和语义。解决这一问题的一种思路是在研究入侵检测消息交换格式（IDMEF）和事件对象描述和转换格式（IODEF）等标准的基础上，定义规范的安全事件格式；参考公共信息模型（CIM），结合当前安全研究中对安全事件、攻击描述的研究成果，对安全事件信息的语义进行定义，从而实现多源安全数据的规范化处理。从上向下看，安全管理员关心的是在当前的网络安全状态下如何实现使命任务，信息模型必须描述安全状态对使命任务的影响。

（2）安全态势分析与生成

安全态势的分析与生成是一个多层次的处理过程，包括：对网络中多源、多类型的安全数据进行正误判断、冗余消除；对相互关联的安全事件进行归并处理；对标准化安全事件进行数学计算和逻辑推理；对安全数据中的攻击特征进行提取和识别；对安全数据进行统计和规律发现；对安全态势进行评估和预测。网络安全态势感知系统的数据源经历了从数据到信息再到知识三个逻辑抽象层次，从而形成了认知域的安全态势。

（3）安全传感器网络

安全传感器检测、收集安全相关的原始信息是态势感知的信息来源。安全传感器包括：部署的各种安全设备或软件，防火墙、入侵检测设备、扫描器、日志监控器、蜜网等。对大规模网络尤其国家级网络，需要部署多种、大量传感器，这些传感器构成了传感器网络，形成态势感知中网络安全数据采集平台。在布局位置上，传感器需要部署在网络访问点、骨干、区域边界、主机、应用等，在未来面向服务（SOA）的信息系统中，需要部署在各种服务中，以获取全面的安全数据信息。在优先级策略方面，将考虑作战的优先级需求、使命任务的关键性过程和基础设施的优先级要求、高价值或特殊威胁环境的要求、关键设施、关键网络服务、投资回报等因素。各传感器将提供符合规范的安全事件信息或者通过转换得到符合规范的安全事件信息。通过主动上报、查询等方法实现安全事件信息的快速采集。

（4）安全态势的表示与可视化

经过态势分析与生成阶段，获得的态势以抽象的数据形式存在。如何经过恰当的表示，促使安全管理员能够直观、正确地理解安全态势，辅助安全态势头脑模型的形成，需要对安全态势进行有效的表示。对此，可考虑利用人的视觉处理能力，采取可视化手段，减少人们在认识全局或局部结构时所面临的认知上的负担，从而使安全管理员能够从众多数据中迅速、准确地作出分析和判断。在已有安全的研究中，可视化表示主要集中在统计图上。例如，发现了多少漏洞，各级别漏洞所占的比例，出现了多少告警信息等，采用曲线、饼图等方式，但这对于全网安全状态的表示还不够。我们从全网安全的表示入手，考虑如下可视化方式：态势评估曲线图——安全态势作为安全的全局视图，首先应向安全管理员提供安全的整体状态概念，即目前我们的网络是否安全。

因此，需要一个总体态势评估的数据表示，通过该表示，安全管理员能够对全网的安全状态得出整体的判断。基于网络逻辑图的安全状态分布图：作为全网的安全态势，安全管理员需要了解全网各部分的安全状态。节点链路图是表现网络逻辑拓扑最常见的方式，同时应在网络拓扑图的基础上表现网络各部分的安全状态。基于网络地理图的安全状态分布图：在实际作战中，网络对抗是整个作战行动的一部分，因而，把网络对抗各要素点和实际物理分布结合起来，在实际的指挥控制中具有十分重要的意义。

因此，要充分考虑在网络物理分布图的基础上表现网络各部分的安全状态。详细的安全属性图：上述三种表现的是全局安全状态，安全管理员在形成准确的指控决策时，还需要特定设备上具体的安全属性信息。因此，要提供各种安全属性的曲线图，根据安全管理员的选择、查询等要求给予表现，并支持多角度、多尺度、可定制的显示。安全态势报告：除了图形化的表示方式外，各种安全属性信息、安全态势评估、安全预警信息还应以报告形式提供。在安全态势的表示和可视化问题中，应重点解决安全属性和时间关系的表现，以及安全状态和使命任务关系的表现。时间和地点是安全态势中的两个重要因素，目前已有的研究中在时间关系的表现上还比较弱，网络态势感知系统应充分考虑实现如下能力：用户可选择的时间粒度、时间范围、特定的时间点；将特定的安全事件类型、安全事件的属性、特定的目标、攻击源与时间关联表现；表现特定类型事件的频率、事件的持续时间、事件的顺序；不同时间段安全事件的比较等等。同时，还应考虑表现安全对任务的影响，主要包括：显示网络资源与使命关键任务之间的依赖关系，指示所有使命关键任务依赖的特定网络资源，显示资源和任务依赖的强度，显示使命关键任务所依赖的资源的需求顺序，等等，其中资源的粒度可选。

安全态势感知涉及从传感器收集安全数据，到对安全数据进行分析处理生成总体安全视图的全过程，同时和应急响应恢复系统存在着较紧密的接口。我们对实现网络安全态势感知的各项关键技术进行了研究，针对公共的安全态势信息模型、安全传感器网络、安全态势分析与生成以及安全态势的表示与可视化提出了技术实现途径。目前正在设计安全态势感知系统体系结构，进行安全态势感知系统的开发，对各项关键技术进行实现和验证。

二、网络安全态势感知技术现状

目前，大规模网络的出现及其快速增长，加之网络环境的日益复杂化，来自网络中的威胁不断增长，使得网络安全遭受重大挑战，尽管入侵检测系统、防火墙等网络安全产品已得到了广泛的使用，但这些传统的安全方法仍不能满足用户的需求。网络安全态势感知技术能够从整体上动态反映网络安全况，并对网络安全状态的发展趋势进行预测和预警。在这种情况下，很多机构组织提出开展网络安全态势感知研究是非常及时也是非常必要的。

1. 网络安全态势研究现状

1999 年，Tim Bass 分析了入侵检测系统的现况与不足，借鉴空中交通监管（Air Traffic Control，ATC）态势感知的概念，将 ATC 态势感知的成熟理论和技术与网络安全技术相结合，首先提出了网络空间态势感知（CSA）Ⅲ，并描述了一个基于数据融合的入侵检测系统模型，实现对网络态势的实时监控。以提高网络管理员对网络安全状况的感知能力，然而，Tim Bass 只给出了该模型，并没有阐述具体的实现。美国国家高级安全系统研究中心正在进行的（SIFT，Security Incident Fusion T001）项目，目的就是为 Imemet 提供安全态势感知，在已开发的安全事件融合工具软件集中包含：NVIsionIP，VisFlowConnect—IP 等安全态势感知软件。其数据都主要来源于 Nettlow，并利用可视化技术来获取 Internet 的安全态势感知。

卡内基梅隆大学 SEI，该系统采用集成化思想，即把现有的 Nettlow 工具集成在一起，提供整个网络的态势感知，以便于大规模网络的安全分析。西安交通大学的陈秀真等人实现了基于 IDS 和防火墙的集成化网络安全监控平台，利用 IDS 报警信息和网络性能指标进行网络安全的定量威胁评估，提出一种层次化网络安全威胁态势评估模型及相应的量化计算方法，该模型从下到上分为服务、主机及网络系统三个层次评估安全威胁态势田。北京理工大学信息安全与对抗技术研究中心研制了一套基于局域网络的网络安全态势评估系统。该系统由网络安全风险状态评估和网络威胁发展趋势预测两部分组成。其中，网络安全风险状态评估对网络的脆弱性、网络的威胁情况进行评估。网络威胁发展趋势预测主要通过入侵检测系统得到的近期网络攻击数据，利用多种预测方法对系统未来可能发生的攻击概率进行预测。而其他技术层面上，林肯实验室的 Braun 和 Jeswani 以及 Lu 等人利用支持向量机（Support Vector Machine，SVM）作为融合技术，对多源、多属性信息进行融合，从而产生对态势的感知。姚淑萍给出了一种计算量化的安全态势值的方法，它结合各种攻击所对应的漏洞，基于攻击分类，得出各种攻击的态势值，最后累加得到总的态势值。王娟等人提出了分层指标模型，有机组织了 25 个候选指标并进行了进一步抽象，建立了态势感知的指标体系。梁颖等将处理多源异构数据的数据融合技术引入到网络安全态势感知中来，更加注重从多源的安全设备中提取信息，也取得了一定进展。

在证据理论的应用方面，Siaterlis 和 Maglaris 针对传统入侵检测领域提出了一个基于证据理论的多传感器融合方法，目的是提高对 DDOS 攻击的检测能力。Sabata 和 0mes 提出了一个多源证据融合的方法实现了对网络态势的感知，主要还是对分布式实时攻击事件进行融合。Sudit 等利用 D—S 证据理论的方法，实现决策层融合，并支持对网络态势感知的评测；Oxenham 等利用贝叶斯推理和 D—S 证据理论相结合的方法，以异质传感器的证据融合为基础，从而实现以网络为中心的态势感知；任伟等人利用 D—S 证据理论进行态势感知与态势理解，将多种安全设备获得的信息准确地合成为对环境的一致描述，很好地解决了各种网络安全设备提供信息的不确定性及模糊性问题；刘炜等利用模糊识别和 D—S 证据理论，较好地解决多样本识别的不一致问题，有效地对识别结果进行融合。此外，通过上述有关多源融合的研究，大大提高了融合算法的融合精度，能够为 NSSA 提供坚实和准确的数据基础。

在态势预测方面，国内外主要是通过神经网络和模糊推理进行态势预测。上海交通大学的任伟等人利用 RBF 神经网络方法对网络安全态势进行了预测，哈尔滨工程大学的赖积宝和胡明明分别利用 WNN 和 GA—BPNN 神经网络方法实现态势的预测，上海交通大学的萧海东提出的基于模糊推理驱动的预测模型，都取得了一定的成果。

2. 研究中存在的问题

网络安全态势预测是利用历史资料进行外推式预测。根据一般预测的方法，如果网络安全态势过去和现在的发展规律直接延伸到未来，没有什么重大的干扰和突发情况，网络安全态势预测则可以加以模型化。而实际上，网络安全态势预测往往受很多不确定因素的影响，那么要使得安全态势预测模型具有实际可操作性，就要充分消除或淡化这些不确定因素，充分分析网络安全态势变化规律与这些不确定性因素之间关系。

通过对现有文献的研究，发现要准确预测网络安全态势并非易事。研究人员在这方面做了大量的工作，但安全态势预测的结果并不是十分令人满意，还有许多需要进一步研究的问题。具体体现在：第一，建立的数据模型比较单一。大多数态势预测都只使用了单一预测方法进行建模，还有的通过对单一预测模型进行优化来提高预测精度，虽然取得了一定的成果，但很难摆脱单一预测模型的局限性；第二，不同预测模型的预测结果差距较大。不同预测模型对同一安全态势进行预测会得到不同的态势预测结果。而且同一预测模型随着时间的不同，预测精度也在不停变化，有时高，有时低，很难确定哪一种模型的效率更好；第三，组合预测还处在起步阶段。对网络安全态势进行组合预测的研究相对较少，组合预测方法通过建立多种不同的预测模型进行预测，然后通过对各种模型的预测结果进行一定的加权求和得到最终的预测结果，优点是可以通过不同的模型来考虑不同的影响因素，从不同的角度进行建模预测，从而能够充分利用信息。

目前，网络安全态势感知依然缺乏统一的标准，不同研究机构对安全态势的理解不同，这使得网络态势感知的实现方式趋于多样化。当前网络安全态势感知研究主要围绕结构设计、态势察觉、态势理解、态势预测、态势可视化等领域开展。值得一提的是，在物理战场态势评估方面已取得的丰硕成果，对开展网络安全态势感知系统研究具有一定的借鉴与启发意义。总体而言，国内外对网络安全态势的研究还是主要集中在态势察觉和态势理解阶段，而对态势预测阶段的研究相对较少。

第四章　认证Agent的实现及防护

尽管随着安全技术的发展，已有集成包过滤和入侵检测等功能强大的防火墙产品，但仍不能百分之百阻断入侵，比如，木马及穿透能力强的病毒等。而且，据相关数据统计，有70%的网络安全问题出自内部网络，比如，内部人员对敏感数据，机密文件等存储位置，重要性等非常了解，使内部攻击更易凑效。因此，强化防火墙以内的网络安全策略和措施，具有毋庸置疑的重要性和现实的必要性。又因为内部泄密及发动攻击者和具备积极防范意识而掌握减免灾害技术者都是"人"。因此，内部网络的安全策略和技术选择是面向"人"的。在以"人"为本的重要思想指导下，将安全防线设置到每一位合法用户的主机上。采用先进的多Agent（智能体）技术，将内网安全保障系统实现为综合的单位内部网络安全系统。

第一节　引言

一、网络与信息安全释义

随着Internet推动的全球信息化迅速扩展，计算机网络成为现代社会发展所依赖的重要基础设施。虚拟空间Cyberspace的安全保障也成为世界各国继国力和主权行使所及的领土、领空、领海之外的又一个国防领域。如何在复杂性不断增长的网络环境中，建立强大有效的信息安全保障体系，是当今全球瞩目的重大课题。网络与信息安全保障体系的有效性，又取决于其整体的应变能力。随着网络技术的高速发展，计算机和互联网的广泛应用，单位内部网络规模日益庞大，网络拓扑结构愈趋复杂，网络安全保障实现的难度与日俱增，这无疑向人类社会提出了严峻的挑战。基于Agent的综合内网安全系统的研究，是笔者面向这种挑战所做的努力，网络与信息安全是合二为一的。概括地讲，网络是信息的载体与流通渠道，信息是网络生存的理由和服务的对象。两者的安全性也是相辅相成的。如电力网与其运送的电力间的关系一样。网络与信息安全管理从管理网络线路和设备实体到维护信息主权保障安全存储和传输，再到信息资源使用效益的极大化和网络运作成本的极小化，有其特殊的发展规律，并具有空间分布、时变、异构同存等系统复杂性。因此，网络与信息安全保障与防御系统的设计与实现属于复杂系统工程。

一、内网的网络与信息安全

虽然网络按其敷设空间大小分为广域网（WAN）和局域网（LAN）等，但网络与信息安全系统的设计与实现却只按信息主权归属和本网合法享用信息的用户计算机所在空间范围而定，可以辐射全球，比如，微软公司的全球业务网络，也可以局限于一座楼宇，如某政府机构。本节所研究的网络与信息安全系统属于这类主权归专门机构所有的计算机专用网络，称此专用网络为内网。内网之外的互联网络为外网。通常用防火墙划分内外网的界限。本节所论安全问题属内网的安全系统设计。

1. 内网安全重要性

尽管随着安全技术的发展，已有集成包过滤和入侵检测等功能强大的防火墙产品，但仍不能百分百阻断入侵，如木马及穿透能力强的病毒等。而且，据相关数据统计，有70%的网络安全问题出自内部网络，如，内部人员对敏感数据，机密文件等存储位置，重要性等非常了解，使内部攻击更易凑效。防火墙实质上是一种隔离控制技术，其核心思想是在不安全的网络环境下构造一种相对安全的内部网络环境。从逻辑上讲，它既是一个分析器又是一个限制器，它要求所有进出网络的数据流都必须有安全策略和计划的确认和授权，并将内外网络在逻辑上分离。因此，强化防火墙以内的网络安全策略和措施，具有毋庸置疑的重要性和现实的必要性。又因为内部泄密及发动攻击者和具备积极防范意识而掌握减免灾害技术者都是"人"。故而，内部网络的安全策略和技术选择是面向"人"的。

在以"人"为本的重要思想指导下，将安全防线设置到每一位合法用户的主机上。采用先进的多 Agent（智能体）技术，将内网安全保障系统实现为综合的单位内部网络安全系统（Comprehensive Internal Network Security System，CINSS）。

2. 内网安全需求

（1）信息资源保护服务

对内网信息资源常见的攻击如下：

①窃听（Interception），最常见的方法是 Sniffing，即利用网络的介质共享特性，监听网络上传输的信息；

②篡改（Modification）：非法用户替代，插入，删除和重排序网络传送的消息；

③重放（Replay）：非法用户监听并记录下通讯过程的消息或消息序列，在事后重放，模拟此通讯过程，试图获取系统的信息或者得到某种权限；

④身份假冒（Masquerade）：非法用户或系统的合法用户假冒别的用户，试图获取系统的信息或得到更多的权限。为了防止以上的各种攻击，一个安全的信息系统应当提供以下安全服务。

a.身份认证

身份认证是信息安全的第一道防线，用户若希望访问网络服务资源，首先必须证实自己的合法身份，才能得到相应的授权。身份认证在安全系统中的地位极其重要，也是最基本的安全服务。在实际应用中，受黑客攻击最多，而且被黑客得手最多的就是身份认证。所以，身份认证技术的研究至关重要。一般而言，有两种场合需要使用到身份认证：第一种，用户需要访问涉及到敏感的、秘密的信息交互的服务，而这种服务只允许授权的用户才能享受；第二种，交互的信息需要数字签名，以实现不可否认性。根据被认证方赖以证明身份秘密的不同，身份认证方法可以分为三大类：第一，基于秘密信息的身份认证技术，一般是根据用户所知道的某个信息，比如，口令、密码；第二，基于信物的身份认证技术，一般是根据用户所拥有的某个东西，用户必须持有的合法的物理介质，比如，智能卡、身份证、密钥盘；第三，基于生物特征的身份认证技术，一般是根据用户所具有的某种生物特征，比如，指纹、声音、视网膜扫描等。

b. 访问控制

访问控制的基本目标是防止对任何资源（比如，计算资源、通信资源或信息资源）进行未授权的访问，从而使系统在合法范围内使用：决定用户能做什么，也决定代表一定用户利益的程序能做什么。这里，未授权的访问指未经授权的使用、泄露、修改、销毁信息以及颁发指令等。它包括非法用户进入系统和合法用户对系统资源的非法使用。访问控制分为两个步骤：首先对访问系统的用户进行身份认证，然后决定该用户对系统资源采用何种权限的访问（读，写，执行等）。访问权限涉及到资源的密级分类和用户的权限管理。系统的资源应当按敏感和保密程度分为不同的级别，保密级别越高，进而访问资源的用户权限就越高。

c. 安全审计

审计是防止内部犯罪和事故事后调查取证的基础。通过对一些重要的事件进行记录，从而在系统发现错误或受到攻击时能定位错误和找到攻击成功的原因。审计信息应具有防止非法删除和修改的措施。安全审计一直是经典安全模型最重要的组成部分，是识别、防止和追查取证网络入侵及泄密事件的重要技术措施。被防护系统实施的安全策略是否正确或切合实际，只有通过积极的审计系统才能作出判断。

d. 信息的完整性

信息的完整性指信息的完整性保护，防止未经授权的数据篡改，这里特指保证信息内容在传输过程中没有被修改。消息认证码（Message Authentication Code，MAC）是保证消息内容完整性的方法。MAC 可以使用任意分组长度的分组密码算法对消息原文进行加密计算，也可以使用带密钥的 hash 函数（杂凑函数）对消息进行摘要计算实现。

e. 信息的保密性

防止未经授权的数据泄露。本节特指保证在网上传输的信息无法被未经授权的非法用户破解。这一服务通常使用加密技术实现。

f. 信息传输的不可否认性

信息传输的不可否认性就是为了保护事务的参与者，以防止不诚实者否认参与了某项事务，从而拒绝承担相应的责任。否认存在两种可能：发送者否认和接收者否认。发送者否认是指发送者否认自己发送过某一消息。接收者否认是指接收者否认自己接收过某一消息。借助于数字签名，可以解决发送者否认问题。然而，解决接收者否认问题却要复杂得多。在设计反否认协议时，必须要保证发送者和接收者所处地位是公平的，也就是说，反否认协议运行的每一个阶段，发送者和接收者都不比对方更占优势。当协议运行完毕，每一方都拥有对方的反否认证据。

这几种内网信息资源保护服务的实现都与密码学有关。信息传输实质上属于信息通信与交互，为了保障安全通信，实现信息传输的保密性、完整性与不可否认性，还必须设计安全协议。协议是指两个或者两个以上的参与者为完成某项特定的任务而采取的一系列步骤。这个定义包含三层含义：第一，协议自始至终是有序的过程，每一个步骤必须执行，在前一步没有执行完之前，后面的步骤不可能执行；第二，协议至少需要两个参与者；第三，通过协议必须能够完成某项任务。同样，安全协议是由参与通信的各方按确定的步骤作出一定的通信动作完成的。这些通信动作实现了通信本身，而动作的内容则隐含了一些密码学变换算法的实施，这些密码学变换算法，从数学上提供了达到一定程度的通信安全的基本机制。因此，使用密码学技术的网络安全协议又称为密码协议，在通信中至少有一条消息是被加密的。

（2）事前预防保障业务

网络病毒和黑客入侵对内网系统构成了很大的威胁，因此，如何联防和共享抗病毒资源、防黑客入侵的技术研究是一个重要的研究课题，防病毒软件和入侵检测系统就是此方面的安全保障技术。防病毒软件和入侵检测系统主要防范的是正在进行的威胁。系统存在安全漏洞是导致病毒感染和网络入侵的根本原因，如何预先检测系统，找出系统存在的安全隐患，及时修补存在的安全漏洞，最大限度地降低系统安全的风险程度，同样十分重要。

二、国内外研究概况

在20世纪80年代Simmons提出系统的认证理论之前，身份认证技术就已经在计算机网络诞生之时开始应用了。最初的技术采用基于口令的方式，通过验证用户输入的口令与网络服务保存的用户口令是否一致来确定该用户是否具有访问获取服务资源的资格。该方案简单易行，至今仍然得到了广泛的应用，例如，Kerberos认证方案在用户登录的初始阶段采用口令认证方案。CINSS面向内网信息系统的安全保障业务，其内容涉及身份认证、访问控制、安全审计和漏洞检测等。但是，该方案无法抵抗侦听、重放、冒充、猜测等攻击手段。为了防止口令被侦听，人们开始利用加密技术和Hash函数对基于口令的认证方案加以改进。将密码学引入身份认证技术后，口令认证方案就逐渐演变成基于密钥的认证方案。R.M.Needham和M.D.Schroder于1978年首次利用密码学技术设计了适用于大规模计算机通信网络的N-S认证方案，以一次性随机数作为"挑战"证明相互通信用户的身份。在 N-S 方案中，认证和密钥分配均基于可信赖的第三方认证服务器。1981 年，D.E.Denning 和 G.M.Sacco 分析了 N-S 方案，并指出由于认证服务器传给用户的消息中没有包含任何证明消息新鲜性的信息，导致该方案容易遭受重放攻击的威胁。随后两人采用时间戳技术对 N-S 方案进行了改进，提出了 Denning-Sacco 方案。基于这两种方案，MIT 开发了 Kerberos 认证方案。这些方案都是基于对称密钥密码体制的。对称密钥密码技术发展的时间较长，而且也较为成熟，算法简单，所以，基于该密码机制的身份认证方案计算复杂度低，易于实现，但不足之处也很明显，对称密钥密码技术要求通信双方必须共享同一个密钥，密钥的安全管理十分复杂。

WDiffie 和 M.E.Hellman 提出了非对称密钥的新思想，并且给出了基于离散对数的密钥交换方案。Difie-Hellman 方案揭开了密码学研究的新篇章。1978 年，MIT 的 R.Rivest, A.Shamir 和 L.Adleman 提出了 RSA 密码体制，该体制是现在使用最为广泛的非对称密钥密码体制。非对称密钥密码体制的计算复杂度较高，但是由于不要求保密通信的双方事先共享任何秘密信息，可以有效地简化网络结构，因而更适合于大型计算机通信网络。但是，Difie-Hellman 密钥交换方案本身不具有认证功能，因而容易遭受中间人攻击，因此，利用具有签名功能的公钥算法或直接利用已有的签名算法，可以增加 Difie-Hellman 方案的安全性。

此外，通过设立一个公正机构来对每个合法用户的公开密钥进行审核，并签发公钥证书。由于每一个用户都知道公证机构的公开密钥，而且信赖它的公证性，这样每个用户都可以检查其他用户公开密钥的合法性。CCITT 的 X.509 给出了公钥证书的定义。公钥证书的发展时间并不长，像用户密钥对产生及证书的颁发等实现方案仍然有待改进。身份认证的目标是解决"我是谁"的问题，用户若希望访问网络服务资源，首先必须证实自己的合法身份，才能得到相应的授权。授权由访问控制决定。访问控制的基本目标是防止对网络服务资源进行未授权的访问，从而使系统在合法范围内使用：决定用户能做什么，也决定代表一定用户利益的程序能做什么。

访问控制模型的研究开始于 20 世纪 60 年代末和 70 年代初，以强制（mandatory）和自主（discretionary）访问控制模型的出现为标志。强制访问控制模型（MAC）主要来自军事和国家安全领域，而自主访问控制模型（DAC）是从学术和商业研究实验室成长起来的，这两个模型在 70 ~ 80 年代占有统治地位，主要用于操作系统和数据库系统中，几乎排挤了其他的访问控制模型，但实际上到了 90 年代初才有了面向应用系统的转机。在 90 年代占有优势地位的是基于角色的访问控制模型（Role-Based Access Control，简称 RBAC），RBAC 模型将在未来若干年内仍然占比较重要的地位。安全审计是一个安全网络系统必须支持的功能特性，审计是记录用户使用计算网络系统进行所有活动的过程，它是提高安全性的重要工具。它不仅能够识别谁访问了系统，而且还能指出系统正被怎样地使用，也就是说，审计对于确定是否有网络攻击很重要，并且，审计的数据是后面阶段事故处理的重要依据。

另外，通过对安全事件的不断收集与积累并且加以分析，有选择性地对其中的某些用户进行审计跟踪，以便对发现或可能产生的破坏性行为提供强有力的证据。审计包括两方面的技术：一是审计追踪技术；二是入侵检测技术。审计追踪技术自动记录系统中与安全相关的事件，形成审计记录。审计追踪系统设计的关键是首先要确定必须审计的事件，然后记录和存储。审计记录是检测安全性事件的一个基本工具。入侵检测技术检测和识别系统中未授权或异常的现象，并识别出任何不希望有的活动，这就要求对不希望有的活动加以限定，一旦它们出现就能自动地检测。

漏洞检测系统也称为漏洞扫描系统（Vulnerability Scanner，VS），能对 Internet/Intranet 中所有部件如网络服务（Web 站点等）、防火墙、路由器等进行攻击性扫描和分析，发现并评估系统存在的弱点和漏洞，据以估计安全风险，建议补救措施。目前漏洞检测常用的有以下述三种技术：第一，基于主机的安全漏洞扫描。通过查看系统内部的主要配置文件的完整性和正确性，查看重要文件和程序的权限等，对主机的内部安全状态进行分析。这一类安全技术的代表主要有 COPSS（Computer Oracle and Password Security System）等；第二，基于网络的安全漏洞扫描。这一类功能是从系统外部模仿黑客的行为，使用端口扫描工具或其他针对具体安全漏洞的测试功能，对系统的外部安全状态进行分析。这一类安全技术的代表有 SATAN（Security Administrator Tool for Analyzing Networks）、ISS 等；第三，基于目标的安全漏洞扫描。它主要利用 hash 函数的特性，检查系统属性和文件属性的变化，如数据库和注册号等。文件和数据流的细微变化都会被感知。Agent 系统在解决实际应用问题时具有很强的鲁棒性和较高的问题求解效率，利用 Agent 技术研究网络安全系统正越来越受到人们的关注。目前的主要研究工作通过引入 Agent 技术，以期提高网络安全与信息系统的自适应性和组织性。

目前，国内外侧重于利用 Agent 技术研究某专项安全业务，典型应用如构建分布式入侵检测、安全扫描以及网络管理系统。对于分布式的入侵检测系统，其基本组成部件包括：数据获取部件、数据分析部件、管理控制与响应部件等。在分布式环境里，可能需要多个此类部件以一定的方式组合在一起，构成一个完整的分布式入侵检测系统，而这些部件都可用移动 Agent 的方式来实现，从而充分发挥移动 Agent 在分布计算方面的优势，使得分布式入侵检测系统在智能性、自适应性、动态配置与可维护性、容错能力等方面得到提高。基于 Agent 的入侵检测系统的典型案例为 Purdue 大学开发的 AAFID 系统（Autonomous Agent For Intrusion Detection）。该系统采用树形分层构造的 Agent 群体，在树叶部分的 Agent 专门用来收集信息；处在中间层的 Agent 被称为收发器，这些收发器一方面实现了对底层 Agent 的控制，另一方面可以完成信息的预处理过程，把精练的信息反馈给上层的监视器。根部是监视器 Agent，提供全局的控制、管理，并分析由下一层节点提供的信息。这种结构采用了本地 Agent 处理本地事件，中央 Agent 负责整体分析的模式。与集中式不同，它强调通过全体智能 Agent 的协同工作来分析入侵策略。通过定期对网络系统进行安全性分析，及时发现并修正存在的弱点和漏洞，可以增强系统的安全。人工分析和发现系统的漏洞是不实际的也是不全面的。因此，移动扫描 Agent 系统通过派遣移动 Agent 到若干网络节点，扫描、分析该节点所在的子网段各主机弱点和漏洞，建议补救措施和应实施的安全策略，最终达到增强网络安全性的目的。

此外，移动 Agent 技术在网络管理（Network Management，NM）领域的应用得到了更为深入的研究。移动 Agent 所具备的特性尤其适合于分布式和自适应网络管理，能够克服传统的基于简单网络管理协议（Simple Network Management Protocol，SNMP）的网络管理系统（Network Management System，NMS）高度集中性、可扩展性差、带宽耗费大等缺陷。Cisco 和 Sygate 等公司也逐步研究基于 Agent 的综合内网安全体系和产品。Cisco 公司的自防御网络体系（Self-Defending Network）是由其领导的、多方厂商参与的，核心是网络准入控制（Cisco Network Admission Control，CNAC）。该体系的宗旨是实现主机终端的安全（End to End Security，EES），防止病毒的蔓延。它的主要思想是在主机被准许访问内网前，CNAC 确保主机没有感染病毒，并且负责自动安装最新的防病毒补丁。如果主机被病毒侵害，CNAC 将主机从内网中隔离出来，直到免疫。但是，Cisco 的这套产品涉及多家厂商，实施起来非常费时费力。更关键的是，①CNAC 更多的是概念，其补丁更新和主机漏洞检测并未实现；②必须使用 Cisco 专用的昂贵的高端交换机，因此性价比不高。

Sygate 推出了安全企业解决方案（Sygate Secure Enterprise），可以实现主机重要信息的备份与恢复，分布式入侵检测，分布式防火墙和分布式防病毒等。其缺陷是：第一，不能实施整体安全；第二，客户端的安装非自动；第三，不能抵御拒绝服务攻击，当主机间发送广播包时影响网络的整体性能；第四，产品组件的通信保密性不够，不能抵御重放攻击。同时，Sygate 的产品没有身份认证与访问控制的实现。其他的产品还有 StillSecure 公司的分层安全模型（The Layered-Security Model），Microsoft 的网络访问控制（Network Access Control），等等。但这些产品都处于研发的初级阶段，并没有真正的市场化。以上的体系或产品要么功能比较单一，不能满足综合安全业务的需要，要么还存在各自内在的缺陷。此外，它们不能满足如下刚性的安全性和灵活性兼顾的功能目标：第一，能充分利用现有设备，软件实施便宜；第二，基于角色的网络访问控制；第三，快速隔离异常客户终端和用户；第四，防止用户逃避监控；第五，灵活、方便的 Agent 管理机制，并且可以集成第三方软件；第六，系统对恶意主机及用户的自防御功能；第七，客户端的轻便性。因此，为保障信息系统安全，满足以上七点要求，必须研究、设计和实现综合安全系统 CINSS。

第二节　基于Hooking技术的软件防火墙

随着网络的飞速发展，越来越多的个人电脑加入到网络中。普通用户的电脑水平一般不怎么高，因此使得他们的电脑很容易被入侵。轻则被盗取密码，重则被删除重要文件，导致很大的损失。如何简单、有效地预防这种损失，是大家共同关心的问题，而个人防火墙是目前最流行的方法。APIHOOK 技术以它特有的优势在防火墙中应用得越来越广泛。

一、APIHOOK 简介

要了解 APIHOOK，首先必须知道 Windows 操作系统的基本结构，下面以 Windows 2000 为例来加以说明，如图 4-1 所示。

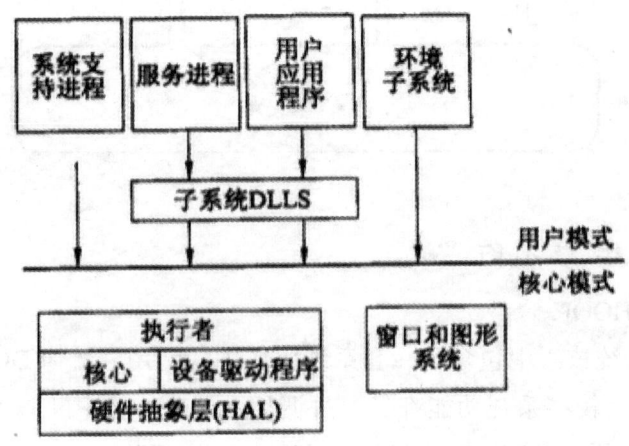

图 4-1　Windows2000 基本结构图

由图 4-1 可以看出，应用程序都是通过调用系统 DLL 中的 API 函数来完成它们的功能的，而系统 DLL 又是通过调用系统驱动程序来完成功能，APIHOOK 技术就是用作者编写的 API 函数来替换系统 DLL 中的 API 函数，使得应用程序在调用 API 函数时，就会调用作者的 API 函数。这样就可以根据需要替换系统的某些 API 函数来监视和控制应用程序的行为，从而判断应用程序中是否有木马。而通过替换网卡驱动程序中的某些 API 函数，不仅可以监视和控制整个系统的网络数据包，而且可以根据规则来允许或禁止数据包的通过，从而防止网络攻击。根据替换 API 函数作用的范围来划分，可以分为全局 APIHOOK 和单个应用程序的 APIHOOK。全局 APIHOOK 使得所有的程序调用被替换的系统 API 函数时都会调用作者的 API 函数，而单个应用程序的 APIHOOK 只有当被 HOOK 的应用程序调用系统 API 函数时才会调用作者的 API 函数。根据被替换 API 函数的位置可以分为用户态 APIHOOK 和核心态 APIHOOK。用户态 APIHOOK 是指被替换的 API 函数处于用户态 DLL 或者非核心驱动程序中。而核心态 APIHOOK 是替换系统内核中的 API 函数，它一般通过写驱动程序来实现。缺点是实现比较困难，优点是效果比用户态的好。应用 APIHOOK 技术后的系统结构见图 4-2。

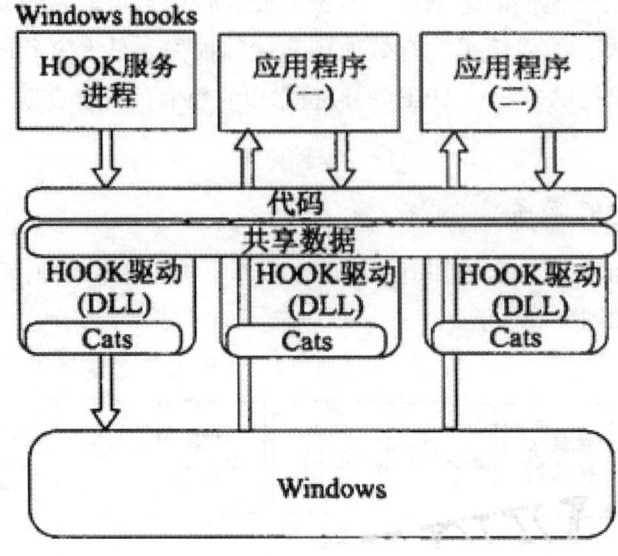

图 4-2

二、APIHOOK 技术的实现

1. 核心态 APIHOOK

Windows NT 系统核心中包含了一套系统服务中断调用，就像 DOS 的 int21h 中断一样，NT 中是 int2eh。较多系统功能都是通过调用 int2eh 系统中断服务来完成的，例如，注册表的访问等。应用程序调用系统服务的过程如图 4-3 所示。

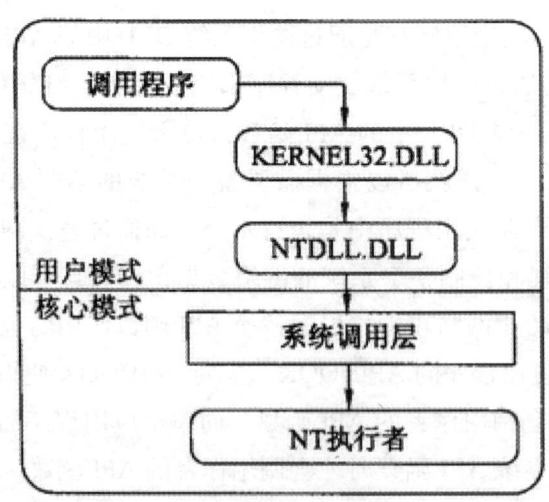

图 4-3　应用程序调用服务的过程图

系统通过服务号到系统服务分配表中查找对应的中断服务过程的地址，同时到系统服务参数表中得到调用的参数，然后执行中断服务过程。图 4-4 是系统服务分配表和系统服务参数表的结构。由此可见，通过替换中断服务分配表中对应某些服务号的中断服务过程的地址，就可以达到我们的预期目的。这可以通过写驱动程序来实现。这个方法属于全局 APIHOOK。

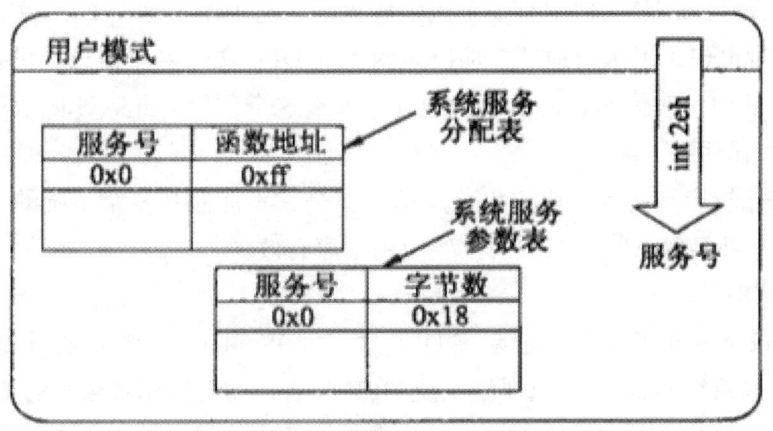

图 4-4　分配表和参数表

2．用户态 APIHOOK

（1）修改函数输出表

这是一种最常用的全局 APIHOOK 方法，它适用于各种 Windows 操作系统。首先来介绍一下 Windows 操作系统可执行文件的结构（PE 结构），如图 4-5 所示。其中函数输出表（Export table）指定这个 DLL 文件输出哪些 API 函数，它包含函数名和函数的地址。当 Windows 系统启动后，它会自动加载系统 DLL 到系统内存地址空间中，为了替换系统 DLL 中的 API 函数，只需要修改内存中 DLL 文件的函数输出表，把要替换的函数的地址改成作者的 API 函数的地址就可以了。这种方法一般也要通过写驱动程序来完成。

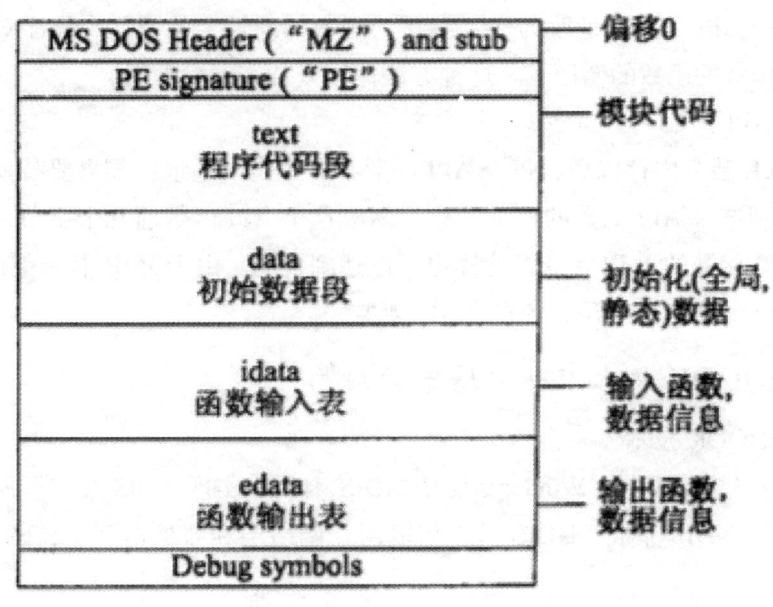

图 4-5　PE 结构图

（2）修改函数输入表

如图 4-5 所示，EXE 文件中有一个函数输入表，它记录了这个 EXE 文件调用了哪些 API 函数，同时也包含了函数地址，输出该函数的 DLL 文件名等信息。只要把输入表中某个 API 函数的地址改为作者的函数的地址，那么这个程序对此 API 函数的调用就会变成对作者函数的调用。

这种方法比较容易实现，应用也很广泛，但是它不能监视整个系统的 API 调用，因此，用这种方法替换的 API 函数只对某些应用程序有效。

（3）代理 DLL

由于 WindowsAPI 函数存在于系统 DLL 中，而 Windows 系统是通过 DLL 文件名和文件位置来加载系统 DLL 的，只要把系统 DLL 改名，而后用作者编写的 DLL 文件替换系统 DLL，那么所有程序调用系统 DLL 中的 API 函数时就会调用作者的 DLL 中的 API 函数。在作者的 DLL 中并不需要实现全部的 API 函数，对于不需要改变的 API 函数，就可以利用函数前传把它转到改名后的系统 DLL 中。通过这些可以看出，DLL 的作用就像一个代理，对于不需要替换的系统 API 函数的调用，就把它转到真正的系统 DLL 中，而要替换的系统 API 函数，就由作者编写的 DLL 处理。这种方法非常容易实现，但是由于替换了系统的 DLL，当操作系统更新时（比如，打补丁），作者编写的 DLL 文件也要随之进行更新。

（4）修改 Call 指令

程序对 API 的调用都是通过 Call+API 函数地址来实现的，这种方法是当程序装入内存后，通过搜索程序的地址空间来找出它对要替换 API 函数调用的 Call 指令，然后把 Call 指令后跟的 API 函数地址改为作者编写的函数的地址，就把这个程序对系统 API 的调用改成了对作者的函数的调用了。这种方法比较复杂，不大常用。

（5）修改 API 函数

当系统 DLL 装入内存以后，每个 API 函数都有固定的地址，如果要替换某个 API 函数，就可以找到这个 API 函数的地址，然后修改这个 API 函数前几个字节，把它改为跳转到作者的 API 函数的 JMP 指令，这样也可以达到目的。由于 JMP 指令有五个字节，这种方法不适用于函数体小于五个字节的 API 函数。

三、APIHOOK 技术在防火墙中的应用

1. NDIS2HOOK 技术

NDIS 是网络接口规范，Windows 使用 NDIS 函数库实现 NDIS 接口。所有的网络通信最终必须通过 NDIS 完成。NDIS 横跨传输层、网络层和数据链路层，NDIS 的结构如图 4-6 所示。

微软提供了以下几种标准接口编程方式：

（1)TDI 传输层过滤驱动程序（TDI Filter，比如，常见的 Tcp Filter Driver）

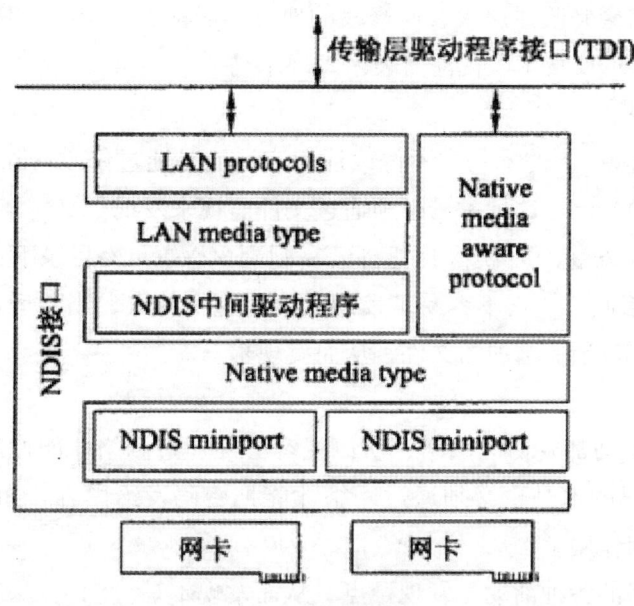

图 4-6　NDIS 结构图

（2）协议驱动程序（Protocol Driver）（c）中间驱动程序（IM Driver）

（3）小端口驱动程序（Miniport Driver）

其中 TDI Filter Driver 和 IM Driver 通常用作封包过滤，同时也是防火墙和 VPN 软件常用的技术。但是它们都有一些缺陷：

如 TDI Filter Driver 属于上层驱动，位于 TcpIp.sys 之上，这就意味着由 TcpIp.sys 接收并直接处理的数据包就不会传送到上面，从而无法过滤某些接收的数据包。典型的就是 ICMP，ICMP 的应答包直接由 TcpIp.sys 生成并回应，上面的过滤驱动程序全然不知；IM Driver 功能比较强大，但编程接口复杂，自动化安装太困难。NDIS HOOK 克服了上面的缺陷。NDIS HOOK 的工作原理是直接替换 NDIS 的函数库中的函数地址，这样只要向 NDIS 的请求就会先经过作者自己函数的处理，这样就非常简单，处理完转发给系统函数就完成了。这里替换 NDIS 函数库中的函数是通过修改函数输出表来完成的。NDIS HOOK 技术有以下特点：第一，编程方便、接口简单、思路明确、性能稳定；第二，更灵活，可以仅仅截获自己需求的，不需要多余的代码；第三，功能强大，可以截获所有 NDIS 和 TDI 函数完成的功能。当然比标准方式功能强大许多，同时还可以用这项技术延伸到 HOOK 所有系统函数；第四，安全性高，可以截获底层的封包，不容易被穿透；第五，安装简单。

2. 防木马技术

为了发现这些木马，一般来说有三种方法，注册表监视、文件监视和网络监视。

（1）注册表监视

木马一个重要的特点就是当每次系统启动时，木马也会自动运行。为了达到这个目的，大部分木马都会修改注册表，而修改的地方一般都是固定的，利用木马的这个特性，就可以使用 APIHOOK 技术监视注册表来发现木马。

（2）文件监视

有些 Windows 9x 下的木马并不修改注册表，而是通过修改 win.ini 和 system.ini 这两个系统文件来启动自己。这种木马必须通过文件监视来发现。

大多数木马在安装的时候都会把自己复制到 %system% 目录下，并且把文件名改成和系统文件非常相似，使它不容易被发现。根据这个特点，当要运行可疑程序时，就可以监视 %system% 目录下增加的文件，从而发现木马。

（3）网络监视

几乎所有的木马都要访问网络，所以黑客必须通过网络才能控制中远程控制型木马的机器。而盗密码的木马也必须通过网络才能把密码发给黑客。如果你的机器不上网，那木马就没有任何作用了。

通过监视网络的各种活动，发现疑点，从而发现木马。

常用的方法如下：

①监视所有向外的连接请求，判断请求的程序是否合法，这可以对付反向连接的木马；

②由于木马一般会通过 E-mail 把记录的密码发给黑客，因此，必须监视发送 E-mail；

③一般远程控制型木马会开端口，通过监视本机开的端口就可以发现一些可疑端口，从而发现木马。

第三节　网络访问控制的实现

CINSS 兼有多 / 移动 Agent 功能，基于 Agent 的系统，具有很强的自主性、智能性和组织结构上的机动灵活性，可实现复杂网络环境中的分散决策和集中控制，是复杂多变敌情条件下安全保障体系理想的技术选择。

一、体系结构

CINSS 采用由 Agent 平台控制中心与多个 Agent 平台构成的 C/S 体系结构，由一台高性能服务器承担多 / 移动 Agent(平台) 控制中心，同时它也是认证中心、Agent 执行环境检测中心、漏洞检测服务中心以及审计中心，以后简称控制中心。在各用户机上安装 Agent 平台，即 Agent 操作运行环境，以支持用户身份认证和网络访问控制 Agent、漏洞检测 Agent 和主机网络流量审计 Agent 的工作进程。控制中心集成了认证中心、Agent 执行环境检测中心、漏洞检测服务中心和审计中心的功能，统一对各 Agent 实施其全生命周期的管理和控制。

在系统的具体实施中，用户可以采用任意的交换机、甚至 Hub 接入 CIN 网络。整个网络的拓扑结构可以是多层次、多网段、覆盖多部门。只要主机接入网络，控制中心就可以对其进行监控。

CINSS 创建的身份认证和网络访问控制 Agent、漏洞检测 Agent 和主机网络流量审计 Agent 分别提供用户身份认证与网络访问控制、主机节点的安全评估与控制、主机网络流量审计等功能。实际上本系统的开放式结构可以支持大规模网络下的拓展并具有很强的技术弹性和用户友好性。Agent 作为软件，必须实现对自身的保护。安装在用户主机的 Agent 操作运行环境，可以有效地保障 Agent 及其衍生数据的不可删除性和不可篡改性。这就是软件自保护，属于操作系统内核加固技术。除非重新安装操作系统，Agent 操作运行环境一旦安装，用户将无法对该运行环境和相关 Agent 进行破坏。Agent 操作运行环境的有效性依赖于操作系统。如果操作系统被重装或用户从未安装该运行环境，则软件自保护功能便无从谈论。为防止内部用户采取这些办法逃避监控，CINSS 利用控制中心的 Agent 执行环境检测服务（自保护检测服务）会对这些现象进行实时检测，并采取进一步措施制止它们的发生。根据上述的内网安全需求及服务，CINSS 需要实现如下子系统或模块。

1. 身份认证与访问控制子系统

（1）通过对接入和访问 CIN 网络的各用户和终端主机的身份认证，进而对它们进行授权与限制，将网络防范和信息监控的重点由网络边界转移到终端，并确保它们的安全性；

（2）在内网中，动态设计用户待处理的工作流程和权限，制定用户的安全等级，对各种等级用户所拥有的权限进行限制。该模块位于安全操作系统的底层，通过对用户端网络访问请求消息的分析，从而实现源端的网络访问控制。

2. 安全审计子系统

（1）对流入/流出主机的数据包进行监控。

通过日志记录主体和对象的标识、访问权限请求、日期和时间、访问请求结果（拒绝或接收）等；

（2）日志可按需要上传至 CINSS 控制中心亦即审计中心。在审计中心，由系统管理员实施安全审计的中央化管理。

3. 漏洞检测子系统

周期性地以移动扫描 Agent 的方式对网络各主机进行安全性分析，及时发现并修正存在的弱点和漏洞，建议补救措施和应实施的安全策略，或对高风险的主机直接封网，进而保证系统的安全。

4. 软件自保护模块

对 Agent 及其衍生数据和依赖对象的保护，防止其被删除、修改甚至查看。例如，审计日志不能被用户删除、修改和查看；Agent 程序执行后产生的进程不能被关闭；网络访问控制模块所依赖的注册表选项不能被删除和修改。因此，软件自保护模块作为安全操作系统加固技术的一种，必须实现对文件、进程和注册表的防护。

5．Agent 执行环境的防护

及时发现逃避监控的用户主机，并采取有效措施进行制裁。

二、CINSS 技术路线及关键点

CINSS 首先建立一个具有自主知识版权的，功能完备的移动 Agent 研究与开发技术平台，此平台支持多 Agent 或和移动 Agent 应用系统的控制、管理和运行，主要包括：Agent 的创建、包装、管理和控制；移动 Agent 安全服务；静态 Agent 通信的安全服务；可重用与互操作支持技术。然后针对各安全服务的要求，定制相应的子系统。其关键点包括：身份认证和网络访问控制的方案和技术路线；软件自保护模块的设计与实现；Agent 执行环境的安全检测；漏洞检测系统与 CINSS 的集成和基于移动 Agent 的主机安全审计。

1．身份认证和访问控制技术方案的选择

PKI（Public Key Infrastructure，公钥基础设施）是利用公钥理论和技术建立的提供信息安全服务的基础设施。它采用证书管理公钥，通过第三方的可信机构 CA，把用户的公钥和用户的其他标识信息（如，名称、E-Mail、身份证号等）捆绑在一起，在 Internet/Intranet 网上构建一个安全的信息基础设施平台，为各种安全业务提供良好的应用环境。

采用软件方法实现的分布式认证 Agent，从而可以有效集成网络访问控制模块，将两功能合二为一，提高系统的工作效率。总之，自行开发"基于硬件特征属性密钥＋姓名＋密码"的身份认证系统。该系统保证用户身份的唯一可识别性和安全可用性。系统具有身份标志生成、签发、发布、废除、自动更新、查询等同类产品的常规管理功能，并有自己的安全管理和审计功能。PKI 可以实现高安全强度的身份认证。但是，PKI 出现的时间并不长，PKI 理论还不够完善且仍处于不断的改进过程中，且对于中小单位而言，PKI 性价比低，不适合作为通用的认证系统。基于 802.1x 协议的交换机端口接入认证技术，起源于标准的无线局域网协议 802.11 协议。其原理如下：主机终端通过网线接入固定位置物理端口，实现局域网接入，这些固定位置的物理端口构成有线局域网的封闭物理空间。但是，由于网络空间具有开放性和终端可移动性的特点，因此，很难通过网络物理空间来界定终端是否属于该网络。如何通过端口认证来防止非法接入 CIN 网络就成为一项非常现实的问题，802.1x 正是基于这一需求而出现的一种认证技术。但是，只有高端交换机，如 CISCO3550，才支持 802.1x 协议，对于其他大多数交换机，如 CISCO3524，是不支持的。为了利用现有网络接入设备，实现主机信息与用户信息绑定的多因素认证，将管理的对象落实到"人"与设备，考虑软件 Agent 的方法。其中，多因素认证将"人"的信息与主机 IP 地址、MAC 地址、主机名等绑定在一起，若任一元组不匹配，将不能认证成功。根据管理的灵活性，也可仅仅对用户信息进行认证，或将用户信息与主机 CPU 序列号、硬盘序列号绑定。

2．软件自保护模块的设计与实现

Windows 操作系统自身具有的是自主访问控制，当用户以管理员的身份进入系统后，可以对系统中的普通文件和其他内核对象进行操作。因此，通过文件过滤驱动程序等内核模式的保护模块，从而实现对 Agent 运行环境的静态防护。

3．Agent 执行环境的安全检测

考虑到灵活的管理策略，即用户可以随意改变主机 IP 地址。因此，判断某主机的 Agent 执行环境是否正常的方案如下：首先获取在内网中被占用的 IP 地址（活动 IP 节点），然后判断占用该 IP 地址的主机的 Agent 是否正常运行。

4．漏洞检测系统与CINSS 的集成

传统的漏洞检测系统只能采集、报告和分析主机漏洞，而不能主动、及时地采取措施以防止漏洞被 hacker 或病毒利用。通过漏洞检测 Agent 与控制中心、认证 Agent 的交互和联动，对高风险的主机及时封网，可以解决该问题。

5．基于移动 Agent 的主机安全审计

审计中心（控制中心）在审计数据库支持下，可查询辖区内任一主机在任一时段的全部访问记录。并可按各种统计规则对安全事件进行相关分析，支持安全取证。简而言之，审计系统通过审计中心，对纳入内网管理的用户（机和人）全部活动具有按时间、空间、事件描述的记录和实时监听功能，并可按业务需求对日志进行分析和采取适当措施。黑客或病毒是通过漏洞感染主机的，因此，整合漏洞检测系统，通过检测主机漏洞，评估其安全风险级别，将高风险的主机与网络隔离起来，从而实现事前对主机和网络的防御。将安全审计或其他安全软件封装成移动 Agent，在需要时派遣至网络各节点中完成相应的安全任务，从而实现可定制的安全策略。各种 Agent 之间是通过协作来完成安全任务的，因此，通信的安全性问题十分重要。可以简便地利用相关用户登录口令的 hash 值作为密钥，基于对称加密算法的安全通信机制实现之。总之，CINSS 的技术解决思路如下：利用软件防火墙的主机数据包过滤技术实现身份认证和基于角色的网络访问控制，将以上功能封装成认证 Agent。因此，系统的正常运行依赖于网络的各主机都必须安装认证 Agent。认证 Agent 作为一种软件，可被用户有意无意的损坏，因此，CINSS 必须对其进行防护，这属于软件自保护技术。同时，内部用户仍旧可以通过携带新机器，或重新安装操作系统等方式逃避认证而非法访问网络，故而，对认证 Agent 的执行环境必须进行监测，主动发现并防范该类安全性问题。

第四节　认证Agent的动态防护措施

在计算机网络规模日益扩大及社会对网络的依赖性逐步增强的同时，网络安全的重要性与严峻性也日益突出，增强网络动态防护能力与保障能力成为网络安全研究的当务

之急。网络安全实质上是计算机空间的"攻击与防护"对抗问题，传统的网络安全静态防护技术难以从根本上适应网络攻防的动态性、对抗性、主动性等本质特性。只有针对网络特点，提出合理的安全策略，并从系统层次上构建安全体系结构，实现动态预警、实时响应和一定的反攻击能力，进而才能掌握网络安全的主动权。虽然入侵检测技术（IDS）具有一定的智能性和动态防护能力，但其信息获取与处理多采用集中方式，在资源占用、监测范围以及可靠性等方面均存在较大缺陷，难以满足大型分布式网络的安全防护需求。因此，分布式动态防护成为网络安全技术的重要发展趋势。

一、系统层次与安全策略

网络安全不能依靠某种单项技术来完全解决，而需用动态防护的观点从系统层次来考虑。分布式动态防护体系（DDDA）本质是一个以行为探测与系统控制为核心的复杂动态大系统。其安全策略主要体现为：攻击检测、威胁估计及体系对抗等多方面的深层融合（见图 4-7）。网络安全单项技术对应着不同的应用层次，只能解决对应层次的特定问题。不同的安全层次则对应着不同的安全策略。脱离具体应用层次和网络环境去谈"安全策略"便无任何意义，但所有的安全策略都离不开保护网络信息的"可用性""完整性""保密性"与"抗抵赖性"等基本安全特性。攻击检测就是对入侵或恶意行为进行动、静态检测，特别是要对未知攻击具有一定的检测能力；威胁估计是指对网络安全威胁态势做全局评估；体系对抗是指系统的阻断、欺骗以及电子取证等反攻击措施。分布、智能与动态等系统级的安全策略原则在动态防护体系诸层次中都有体现，系统管理负责模块协同与综合管理，体现系统层次功能。

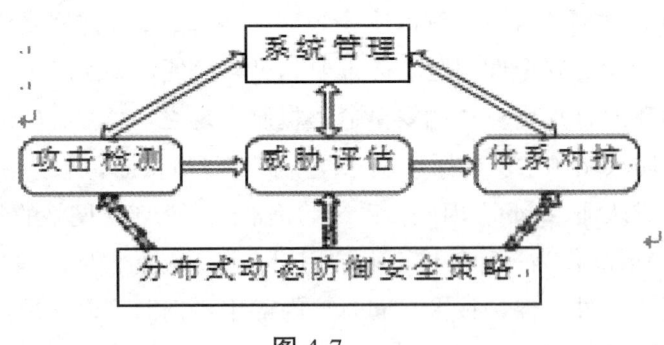

图 4-7

二、DDDA 的设计方法

1. 安全体系的系统工程设计法

网络安全是一项复杂的系统工程。系统工程的方法追求的是 DDDA 的功能或总体效果最优，但并不要求其所有组成元素都孤立地达到最优，其中的关键就在于整个系统的合理组织、协调与管理。在系统设计时，应有明确的预定功能和目标，并使得各个元素之间以及各元素与系统整体之间有机联系，配合协调，从而使整体能够达到最佳的目标。DDDA的设计属于系统工程范畴，是系统科学与系统工程的方法在网络安全领域的具体运用。从系统的观点来进行DDDA的分析和设计，必须将自上而下和自下而上设计法以及实体系统和概念系统等有机地结合起来。

2. **预定功能与设计目标**

针对系统时变的入侵与恶意行为等安全威胁，分布动态防护体系对网络系统及用户行为信息进行分布式采集、分析和过滤、应用攻击检测、综合安全审计、多源数据融合等技术进行网络安全智能监视和管理，从而形成大规模网络运行安全监控、实时检测、战略预警以及安全综合管理等防护能力。这些都体现了分布智能动态防护安全策略的要求。

DDDA功能需求集中体现在动态性、分布性、智能性、协同性等方面。动态性包括：检测模型、参数以及功能配置的动态自适应等特性。各功能模块不仅能够实现动态更新，也可以根据安全态势实现动态配置；体系的分布性有以下两层含义：

（1）指监测对象——"计算机网络"本身的分布性；

（2）指安全防护系统的分布性。

大型分布式网络一般由不同的子网和网络组件等组成。同一主机不同防护层次的数据采集和处理也具有分布性；由于攻击方法与用户水平等诸多原因给网络与攻击信息带来了极大的不确定性，网络攻击检测过程也由此成为信息综合处理与智能识别过程。数据挖掘、统计学习与模式识别等技术在该体系中都可以得到不同层次的应用。此处也就集中体现了智能性的要求；协同性对于分布式防护体系来说至关重要。在分布检测、决策与响应过程中，需要不同层次信息的协同处理与不同模块之间的协作。大到安全体系之间、小至功能模块之间均可协同。同时，开放性、自身安全性与可靠性也是DDDA必须具备的重要性能。

3. **面向Agent的系统设计**

OAP继承了面向对象和面向模块方法的优点，具有通用性、模块性、扩展性、移植性的特点，可以提高软件系统的智能性、互操作性、可靠度、重用度和可维护性，这对于DDDA来说具有特殊且重要的意义。作为一项系统工程，DDDA应按照标准化、系列化、模块化的要求来进行总体分析与设计。各安全功能模块可依被监测网络的拓扑结构进行动态配置和自由裁剪，这对于具有不同安全需求的分布式网络具有较强的适应性。模块间的功能耦合应尽量减少，这样一个模块或节点失效不至于影响整体性能。这里的模块可以视为Agent是具有拟人智能特性的驻留与活动于分布式网络环境中的实体。Agent和对象都是客观世界中的某种实体（见图4-8），它们都具有结构和属性且都可相互通信。因此，Agent可以视为具有自主性、主动性的智能化对象。

图 4-8

DDDA 中的实体既有静态属性，又有动态行为，故面向 Agent 程序设计（OAP）中的 Agent 是由其属性数据及可实施于该数据上的所有操作封装在一起的智能性统一体。Agent 模型包含三个要素：静态结构（对象模型）、交互次序（动态模型）和数据交换（功能模型）。对象模型表示静态的结构化系统的数据性质，它是对模拟 DDDA 的对象及对象间关系的映射，为建立动态模型和功能模型提供了实质性的框架。动态模型表示瞬时的、行为化的系统的控制性质，它规定了对象中的合法变化序列。功能模型表示系统的"功能性质"，更直接地反映了对目标系统的需求。这三个模型分别指明了：系统应该"做什么"，在何种状态下接受了什么事件的触发以及做事情的"实体"。

三、系设计与系统实现

根据功能需求和设计准则，图 4-9 基于分布式 Agent 的动态防护安全体系。此处的 Agent 是指能交互地或自主地完成某些功能的软件实体，是 DDDA 的最小功能单元。本体系中的 Agent 可抽象为三个主要逻辑层次：数据获取层，信息处理层与决策融合层，同时还包括辅助 Agent。

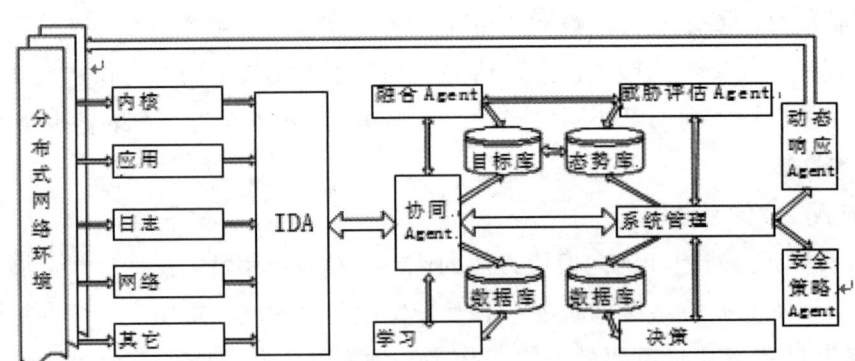

图 4-9　式 Agent 的网络动态防护体系

数据获取 Agent 负责原始信息获取，主要包括：内核、日志、应用和网络等 Agent。它是整个动态防护体系的运行基础，对系统的功能起着决定性作用。分布式网络较为复杂，应采用不同的数据获取 Agent。内核 Agent 可在操作系统内核获取入侵信息（如Linux）；日志 Agent 是通过读取日志文件来获取数据（如 Windows）；应用 Agent 从应用层次提取信息（如 Free BSD）；有些可以通过安全模块 Agent 获取数据（如 Solaris 的BSM）；网络 Agent 则是通过网络数据流获取数据。DDDA 可在操作系统内核、系统调用、应用程序以及网络等不同层次进行多级数据获取，对分布式网络具有极强的适用性。

信息处理 Agent 负责原始信息处理、机器学习与融合，主要包括：检测、协同、融合及学习等 Agent。检测 Agent 处理前级获取的的原始数据并作出局部判断。检测 Agent（IDA）可由异常检测 Agent、滥用检测 Agent 或两者的结合组成，并能及时发现滥用或异常行为。协同 Agent 负责协调各 Agent 间的互操作关系，包括对检测 Agent 的检测结果进行协同，同时负责分解决策层传来的任务规划。协同处理是整个体系的核心机制，集中体现了分布、智能的安全策略。信息层融合 Agent 处理协同 Agent 传来的多源攻击信息，对其进行初级融合，可显著降低系统的不确定性。学习 Agent 进行数据挖掘，既可用于异常检测的用户轮廓学习，又可为滥用检测挖掘新的攻击规则，体现了主动防护的思想。

决策融合层 Agent 位于该体系逻辑结构的顶层，负责网络安全监控与态势评估并作出战略预警和攻击决策。主要包括：系统管理、决策、威胁评估、动态响应与安全策略等 Agent。

系统管理 Agent 承担系统宏观统筹管理，主要包括：各类 Agent 的装卸、启闭与更新等。

威胁评估 Agent 则根据网络安全态势感知结果，推测或判断威胁程度以及可能的行动方案。

决策 Agent 根据目标库、态势库与威胁估计结论，作出全局融合决策。

动态响应 Agent 根据全局决策与对抗策略，实施断开连接、欺骗或警告等对抗措施。

安全策略 Agent 则承担对抗策略人机交互、策略知识表达与更新等功能。

辅助 Agent 包括：通信、人机交互等 Agent，支撑系统的核心功能。

Agent 间通信可分为同一主机内 Agent 间通信与不同主机间的 Agent 通信。人机交互 Agent 提供了安全管理员与防护系统的会话机制，是系统管理与维护的有力工具。

对于大规模分布式网络数据层 Agent 产生的大量数据，本体系采用分布式智能检测 Agent 进行本地化处理，并把分析结果作为高度抽象的检测信息进行高级别融合，有效地避免了在数据层直接进行关联分析，从而较好地维护了原网络的负载均衡。这大大减轻了系统负担与传输压力，提高了系统的实时性与可靠性。DDDA 将主机基 IDS 和网络基 IDS 通过信息融合机制进行更高层次的智能决策融合，同时引入数据挖掘技术，提高了对用户异常行为和对未知模式攻击的检测和识别能力。根据本体系构建的安全防护系统对多种主流操作系统和应用服务有较强的安全检测与防护能力。该系统能有效地阻断碎片攻击、缓冲器溢出与分布式拒绝服务（DDoS）等已知攻击，同时对可疑攻击或入侵也有较强的预警和动态响应能力，对原网络和系统内存占用率、CPU 占用率与网络传输带宽等性能均无较大影响。

基于分布式 Agent 的防护体系作为网络安全的系统解决方案，必须应用系统工程的方法来分析和设计。DDDA 较好地体现了智能性、分布性与动态性，同时应用多级信息融合易于实现分布式网络的全局安全态势的动态感知与实时响应。该体系不依赖于具体的网络拓扑结构，可方便地进行动态配置和裁剪以适应各种分布式环境的安全需求。本节下一步的工作就是完善 DDDA 系统设计，改进系统性能，并借此初步建立 DDDA 设计方法学理论。

第五节　CONSS的测试

到目前为止，无论是国外还是国内的研究，都侧重于某一专有安全业务的描述和研究，比如，病毒抵御、分布式防火墙和入侵检测等，没有形成一个保障内网信息安全业务的整体模型和实现。因此，CINSS 在吸收免疫检测思想和 Agent 协作原理的基础上，力图建立一个面向单位内部网络，主要包括：身份认证、访问控制、主机审计、信息采集与漏洞检测的综合内网安全系统。

一、CINSS 的免疫检测

1. 基本思想

免疫检测通过监控系统行为，区分自我（self）和非我（nonself）。国外学者 Bentley 等人曾就入侵检测系统 IDS 进行研究，比较了生物免疫系统与 IDS 的相似性，证明了自然免疫机理能够满足 IDS 的要求，特别是在分布式、自组织和轻量级特征方面。CINSS 吸收免疫检测的思想，构造一个多方位、多层次的智能化网络安全体系结构。它涉及模拟免疫检测，可以区分"自我""非我"；剔除或抑制"非我"；调节自身的反应强度。其中，"自我"是符合安全策略的行为模式，"非我"是不符合安全策略的行为模式。例如，用户主机无安全漏洞，并安装有认证 Agent，是一种"自我"；而主机系统具有安全漏洞，或已被 hacker 攻击，或认证 Agent 未安装，都属于"非我"。

2. 免疫检测的数学描述

设定 CINSS 系统定义于一个全集 U 上，（U|Ui，i ∈ N）是一个有限符号表上的字符串集合，其中有限符号表中符号表达方式为 m 种。U 被划分为"自我"和"非我"集合两部分。"自我"集合为 S 代表符合安全策略的行为模式，"非我"集合为 N 代表不满足安全策略的行为模式。

3. CINSS 中免疫检测的基本定义和假设

依据主机是否安装认证 Agent 可以区分可控、非控节点；依据主机是否感染病毒或具有安全漏洞可以区分正常、异常节点。免疫检测的目标是要检测出非控节点和异常节点。下面先给出相关定义。

定义 2.1：节点（Node）特指 CIN 网络内的普通用户主机。为了保证节点的安全，CINSS 要求在每个节点中安装一个认证 Agent。该 Agent 以认证为基础，实现网络访问控制，并与控制中心和其他 Agent 协作，进而共同实现整个网络的安全防御。

定义 2.2：可控节点（Good Node，GN）是指安装有认证 Agent 的普通用户主机。

定义 2.3：非控节点（Bad Node，BN）是指没有安装认证 Agent、或者认证 Agent 因为用户有意、无意的行为导致其无法与控制中心通信并受其指挥的普通用户主机。

定义 2.4：正常节点（Normal Node，NN）正常节点一定是可控节点，并且没有被病毒或 hacker 入侵，也没有潜在的安全漏洞的主机。

定义 2.5：异常节点（Morbid Cell，MC）是指主机已经被病毒或 hacker 入侵，或尚未入侵，但具有潜在的安全漏洞。

定义 2.6：死点（Dead Node，DN）可控节点所在的主机刚刚启动时，与整个网络是隔离的，或者某个 IP 地址所在的节点未被主机占用，均称为死点。

假设 2.1：如果内网系统内的每个节点均正常，我们则认为该系统也是安全的。这个假设不考虑因为访问控制机制中信任（Trust）传递性而导致的安全性问题。例如，Alice 信任 Bob，Bob 信任 Cathy，按照信任的传递性机制（Trust Transitivity），Alice 信任 Cathy，如果制定的安全策略不允许 Alice 相信 Cathy，这就和传递性矛盾。即使三个节点本身是安全的，但由于信任传递性仍会导致非安全问题。CINSS 侧重于 CIN 网络中各节点自身的安全性问题，主要包括监测、反馈和控制等，不考虑因为授权的信任传递性而导致的非安全。

4. CINSS 的免疫检测

CINSS 中，有三处地方体现了免疫检测的基本思想，一是身份认证与网络访问控制实时检测并过滤进出主机的数据包，对不符合权限的数据包丢弃；二是实时对认证 Agent 执行环境的检测，即实时检测非控节点并对其惩罚；三是对具有高安全风险的主机实施封网，体现事前免疫的思想。以认证 Agent 执行环境的检测为例，说明免疫检测的过程。因为某种原因，控制中心自身不亲自检测 CIN 内网中的所有节点，而必须委托一个代理代其执行检测任务。控制中心将检测任务参数发送给代理 Spy，由后者逐一检测其他主机节点的认证 Agent 执行情况，检测结束后，将结果返回给控制中心。

代理根据检测参数决定是否需要对非控节点进行攻击，目的是要求所有主机安装认证 Agent。其他的免疫检测过程与此类似，都体现了信息感知、检测、决策和执行的过程。控制中心担负着总体的管理、通信和协调的任务，管理员可人工干预，各 Agent 自主能动地执行各自的功能。通过免疫检测，辨识"自我"与"非我"，并能够对"非我"采取特定的惩罚措施，比如，封网或攻击等。CINSS 的各部件及 Agent 必须通过协作才能完成免疫检测任务，因此，对 Agent 协作机制的研究尤显必要。下面在论述 CINSS 这一特定系统的体系结构基础上，抽象出 Agent 协作过程的一般性形式化描述。

二、CINSS 的体系结构与模型

CINSS 采用 C/S 体系结构，静态（常驻）Agent 与移动 Agent 相结合的方式，解决分布式身份认证与访问控制、漏洞检测、敏感信息获取、主机审计等问题。其中，客户端主机运行认证 Agent，更新 Agent，安全审计 Agent 三类 Agent；控制中心包括：Agent 认证、监测服务，Agent 派遣、更新服务，用户保密信息数据库及 Agent 管理中心。客户端的各 Agent 组件和控制中心的各服务组件的协作和交互可实现如下四种安全业务。其中，客户主机的认证 Agent 与控制中心的认证、授权服务共同实现分布式身份认证与网络访问控制业务。更新 Agent、安全（审计）Agent 与智能体派发、更新、查询服务共同完成基于移动 Agent 的安全相关任务，具体到本文，实现的是安全审计。认证 Agent 与 Agent 执行环境自检测保护服务、以及认证 Agent 之间的协作实现对认证 Agent 安装和实施环境的检测。最后，由漏洞检测 Agent 与漏洞检测服务、以及漏洞检测 Agent 与认证 Agent 的协作，共同实现对具有高风险级别主机的封网，从而实现主机安全的事前防御。

1. 客户端（可控节点）组件

（1）认证

Agent 需执行如下基本功能：第一，代理普通用户登录网络的身份认证，并对用户实行网络访问控制；第二，对用户主机实施封网、解网等操作。由漏洞检测 Agent 向控制中心上传漏洞检测报告，并进行风险评估，对高风险的主机实施封网。

（2）更新

Agent 负责如下基本功能：第一，和控制中心交互，对认证 Agent 实行版本更新；第二，接受控制中心的移动安全 Agent。

（3）安全（审计）

Agent 安全 Agent 是根据需要由控制中心派遣到用户主机，实行可定制安全任务的移动 Agent。本节主要论述的是信息采集和安全审计 Agent，收集用户主机中敏感的、需要备份的资源，比如，注册表的服务子键，在主机因为异常崩溃后，可利用这些信息进行恢复；也可以审计主机的网络流量并生成日志，根据日志进行统计分析，警示或清除安全隐患，从而保障主机的安全运行。

（4）漏洞检测

Agent 对用户主机的安全漏洞进行检测，利用更新 Agent 上传检测结果，再与控制中心和认证 Agent 实行交互和协作，对高风险的主机实施封网。

2. 控制中心组件

（1）Agent 认证、授权服务

维护用户基本信息，对认证 Agent 实施认证与授权，负责整个系统各类组件的安全通信管理。

（2）Agent 派遣，更新和结果查询服务

对移动安全 Agent 实施派遣和更新，对采集的日志和报告进行格式转换，数据维护和统计分析。移动安全 Agent 必须满足 CINSS 接口和协议的规范。

（3）自检测保护服务

认证 Agent 必须在 CIN 内各主机中安装。但用户主机对网络的接入方式是任意的，接入时间是随机的。如果用户不安装认证 Agent，即可逃避监控。自检测服务实时检测这类非我行为，进而采取措施进行制裁。

（4）漏洞检测服务

漏洞检测是一种主动的防护措施，它在主机没有被病毒感染和入侵之前就发现相关的征兆并采取措施。漏洞检测服务控制分布在各主机的漏洞检测 Agent，并分析该 Agent 采集的漏洞检测报告，评价主机的安全风险程度。然后利用认证 Agent 封网，直到漏洞被补丁修补，主机风险降低为止。

第五章　入侵检测技术方法

入侵检测是指"通过对行为、安全日志或审计数据或其他网络上可以获得的信息进行操作，检测到对系统的闯入或闯入的企图"（参见国标 GB/T18336）。入侵检测是检测和响应计算机误用的学科，其作用主要包括：威慑、检测、响应、损失情况评估、攻击预测和起诉支持。入侵检测技术是为保证计算机系统的安全而设计与配置的一种能够及时发现并报告系统中未授权或异常现象的技术，是一种用于检测计算机网络中违反安全策略行为的技术。进行入侵检测的软件与硬件的组合便是入侵检测系统（Intrusion Detection System，简称 IDS）。

第一节　入侵行为的分类

一、入侵模拟

现有的网络攻击工具纷繁复杂，种类繁多，而且配置和使用方法也不尽相同。为了提高黑客监控系统的研究效率和质量，简化测试环境，提高数据质量和可控制性，采用网络攻击工具集成平台 ATK，该平台可以有效地模拟各种主流网络攻击方法，并且对各种参数可以进行方便地控制，以便为整个黑客监控系统的开发和测试提供攻击数据源。同时为了对防火墙、入侵检测系统等网络安全设施的开发和使用提供有效的测试和指导，根据入侵提取的特征和入侵规律，采用了网络攻击工具的集成平台 ATK。在对现有网络安全产品进行评估、检验和分析的时候，我们不能被动地等待黑客入侵，而应该对典型的攻击方式进行有效的模拟，为系统提供稳定的攻击数据源，从而以便为防御和检测系统的分析提供依据。同时，在网络安全组件的设计、构建和测试过程中，常常需要使用一些用例。这些用例可以指导系统的设计，同时也可以为测试准备良好的环境。但是，如图 5-1 所示，显示了攻击工具集成平台的程序模块。

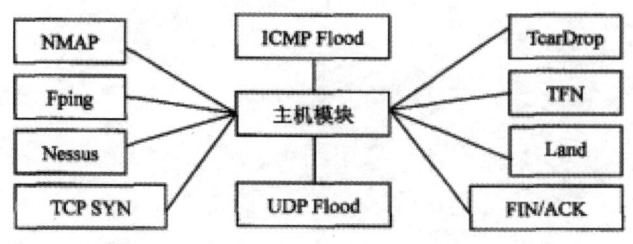

图 5-1　攻击工具集成平：台的程序模块

二、模式匹配模式

匹配就是将收集到的信息与已知的网络入侵和系统误用模式数据库进行比较，从而发现违背安全策略的行为。一般来讲，一种进攻模式可以用一个过程（如执行一条指令）或一个输出（如获得权限）来表示。无论是哪一种入侵检测方法，模式匹配都是必须的。模式匹配器将系统提取到的入侵特征，与入侵模式库中的正常模式或者异常模式进行比较，对提取到的行为进行判断。该方法的一大优点是只需收集相关的数据集合，从而显著地减轻系统负担，且技术已相当成熟，检测准确率和效率都相当高。但是，该方法的弱点需要不断地升级，以对付不断出现的黑客攻击手法，不能检测到从未出现过的黑客攻击手段。在传统的入侵检测方法中，入侵行为分析是指在信息收集之后所进行的信号分析的过程。信号分析主要分为：模式匹配、统计分析和完整性分析。snort 是采用模式匹配算法进行入侵特征提取的最经典的例子，从 snort 系统运行的流程来看，其检测方法相对来说是比较简单的，snort 的检测规则是由一种二维链表的方式进行组织的，snort 的规则库采用文本方式进行存储，可读性和可修改性都较好，缺点是不能作为直接的数据结构给检测引擎进行调用，因此，每次启动时，都需要对规则库文件进行解析，以生成可供检测程序高效检索的数据结构。

三、入侵分析

实际上，入侵检测最终都是由模式匹配来完成的。之所以在前面提到传统的模式匹配方法并不包括真正的入侵分析。是因为在这种入侵检测中，模式匹配的模式是由人来定义的，无论是形式还是内容，模式匹配仅仅是入侵分析的一部分，也就是检测部分。模式匹配的目的就是找到入侵。那么，完整的入侵分析应当包括哪些主要内容呢？入侵分析的主要目的不是找到入侵，而是定义什么是入侵，或者定义什么不是入侵。前面，我们已经看到了用于入侵特征描述的一些数据结构，而入侵分析就是应用各种方法来生成具有这些数据结构的数据的过程，或者生成其他描述正常行为的数据。也就是说，入侵分析的输出就是模式匹配中所要使用的模式。而整个入侵行为分析包含了模式建立和模式匹配两个过程。从广义上来说，入侵行为分析分为对入侵（产生破坏）的分析以及对攻击（尚未产生破坏）的分析。入侵分析的结果是模式，即攻击特征库中的特征模式。攻击分析则是利用这些特征进行模式匹配，发现攻击行为。

1. 神经网络方法

为了具有学习和适应能力的入侵检测系统，人们开始研究在入侵检测领域引入各种智能方法。神经网络具有自适应、自组织和自学习的能力，可以处理一些环境知识十分复杂，背景知识尚不清楚的问题，同时允许样本有较大的缺失和畸变。在使用统计处理方法很难达到高效准确的检测要求时，可以构造智能化的基于神经网络的入侵检测器。如图 5-2 所示，就是一个简单的神经网络模型。可以看出，基于神经网络的入侵检测一般是作为异常检测方法来使用。基于神经网络的入侵检测的优点有：具有学习和识别未曾见过的入侵的能力；对噪音和不完全数据的处理很好；以非线性的方式进行分析，处理速度快且适应性好。但是，网络安全问题是一个相当复杂的问题，用诸如上面这样的简单模型处理，会发生一些意想不到的问题，最典型的就是误报和漏报。

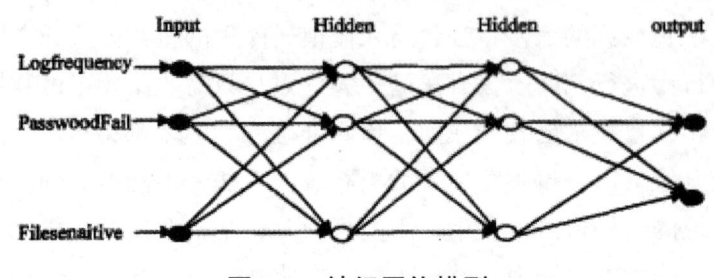

图 5-2 神经网络模型

2. 数据挖掘方法

数据挖掘是一个利用各种分析工具在海量数据中发现模型和数据之间关系的过程，这些模型和关系可以用来做预测。数据挖掘是一种决策支持过程，它主要基于人工智能、机器学习和统计分析等技术，能够高度自动化地分析原有数据，作出归纳性的推理，进而从中挖掘出潜在的模式，预测用户的行为。数据挖掘是一个较新的研究领域。根据 Crossman 在数据挖掘技术的机遇与挑战一文中定义，数据挖掘就是从数据中发现肉眼难以发现的固定模式或异常现象。数据挖掘遵循基本的归纳过程，它将数据进行整理分析，并从大量数据中提取出有意义的信息和知识。基于数据挖掘的入侵检测系统主要由数据收集、数据挖掘、模式匹配以及决策等四个模块组成。数据收集模块从数据源提取原始数据，将经过预处理后得到的审计数据提交给数据挖掘模块。数据挖掘模块对审计数据进行整理、分析，找到可用于入侵检测的模式与知识，然后提交给模式匹配模块进行入侵分析，作出最终判断，最后由决策模块给出应对措施。基于数据挖掘的入侵检测系统主要有以下几点优势：智能性好、自动化程度高、检测效率高、自适应能力强以及误报率低。

3. 基于入侵树的方法

在基于入侵树的方法中，如果没有发现对系统的确切入侵结果，就不会对相应的行为进行分析，而只是进行简单记录。细小的数据结构要构成完整的入侵树，必须要满足很多条件。入侵分析就是应用各种方法来生成具有用于入侵特征描述的一些数据结构的数据过程，或者生成其他描述正常行为的数据。也就是说，入侵分析的输出就是模式匹配中所要使用的模式。这里将每一个网络数据包和每一条操作系统审计记录都看成是一个最小的数据结构。这些数据结构及其组合中隐含了很多需要的相关信息。但是，要记录所有的信息并加以分析，会给入侵检测系统带来相当大的压力。前提是，它们之间必须是关联的。所谓关联，是指在各个不同的信息条目之间的相关性达到了一定的程度。

拿 IP 数据包来说，它有以下几个基本的属性：源地址，目的地址，接收时间，各标志位的值等。那么，源地址和目标地址相同的一系列数据包之间很有可能是相关联的。比如说，大范围的端口扫描行为；源地址不同，但目标地址相同且时间上非常接近的大量数据包也很可能是相关联的，如拒绝服务攻击等。从入侵者的角度来看待这个问题。在确定了入侵目标并获取了一些基本信息（如 IP 地址）之后，入侵者首先要对目标主机或网络进行扫描。扫描的主要目的是确定目标主机的操作系统类型以及运用了哪些服务信息。例如，通过扫描得知目标主机上运行 IIS，Telnet 服务以及 NetBIOS 服务。此时，可以通过以下三种不同的途径加以实现：

（1）利用 IIS 的漏洞进行攻击；

（2）猜测密码，通过 Telnet 登录；

（3）猜测密码，通过 Windows 共享进行登录。

首先，略去前面的部分，这棵入侵树以端口扫描为起点。端口扫描的过程成功进行，且入侵者发现了三条可能的路径，也就是上面的三种不同方法。如图 5-4 所示，入侵树从端口扫描所在的节点开始，分出三条枝权，分别是 Telnet 口令猜测、IIS 漏洞攻击和 NetBIOS 口令猜测，必须要有足够的事实才能画出入侵树的枝权。例如，在端口扫描后，从相同的 IP 地址发起了 Telnet 连接并猜测口令。系统中应有相应的证据才能将这一枝描述出来，描绘入侵树的过程和分析蜜罐系统日志的行为非常相似。通过将得到的信息不断地进行关联和分析，就可以慢慢地描述出入侵者的踪迹。入侵树中的节点是有状态的。对于叶子节点来说，状态可以很简单地分为成功和失败两种。例如，Telnet 口令猜测节点，如果入侵者没有得出正确的口令，那么此路不通，该节点会变成失败状态。从而入侵者向下一个枝权转移，比如，寻找 IIS 的漏洞等。

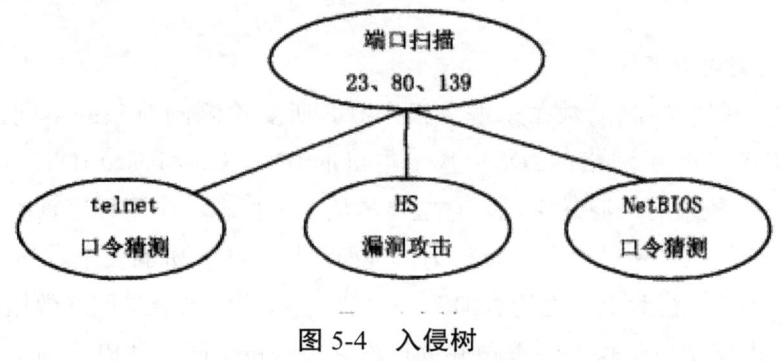

图 5-4　入侵树

第二节　入侵检测的方法

近年来，计算机网络的高速发展和应用，使网络安全的重要性也日益增加。如何识别和发现入侵行为或意图，并及时给予通知，以采取有效的防护措施，从而保证系统或网络安全，这是入侵检测系统的主要任务。

一、入侵检测技术研究综述

1. 入侵检测的概念

入侵检测（Intrusion Detection），顾名思义是指对入侵行为的发现。入侵检测技术是通过从计算机网络或计算机系统中的若干关键点收集信息并对其进行分析，从中发现网络或系统中是否有违反安全策略的行为和遭到袭击的迹象的一种安全技术。入侵检测系统（IDS）则是指一套监控和识别计算机系统或网络系统中发生的事件，根据规则进行入侵检测和响应的软件系统或软件与硬件组合的系统。

2. 入侵检测系统的发展

IDS 最早出现在 1980 年 4 月，在本领域大家将在 1980 年由 James P. Anderson 发表的篇名为 *Computer Security Threat Monitoring and Surveillance* 的文章作为入侵检测概念的最早起源。但这仅仅是一个概念的起步，到 80 年代中后期，在论文 *An Intrusion Detection Model* 中，Dorothy Denning 等人给出了入侵检测专家系统，简称为 IDES，被认为是入侵检测的抽象模型。由此 IDS 发展成为 IDES，奠定了入侵检测的两大研究方向为异常检测和滥用检测。到了 1990 年，Herberlein 等在 IDES 模型的基础上研究发明了 NSM，被大家认为是真正意义上的首个入侵检测系统。在此之后，各大知名厂商加快对入侵检测系统的研究，相继出现了入侵检测的商业产品，IDS 逐步进入到网络安全方向的商业产品阶段。

二、入侵检测系统的分类

自从入侵检测技术开始应用之后，入侵检测系统即 IDS 被应用在各个领域，主要是用来对网络进行监测。大家根据不同的分类标准，把入侵检测系统也分成了各不相同的类别。

1. 根据检测对象来分：

检测对象，即要检测的数据来源，根据 IDS 所要检测的对象的不同，可将其分为基于主机的 IDS 和基于网络的 IDS。基于主机的 IDS，Host-based IDS，行业上称之为 HIDS，系统获取数据的来源是主机。它主要是从系统日志、应用程序日志等渠道来获取数据，并进行分析以判断是否有入侵行为，进而保护系统主机的安全。基于网络的 IDS，Network-based IDS，行业上称之为 NIDS，系统获取数据的来源是网络数据包。它主要是用来监测整个网络中所传输的数据包并进行检测与分析，同时加以识别，若发现有可疑情况即入侵行为立即报警，来保护网络中正在运行的各台计算机。

2. 根据系统工作方式来分

根据系统的工作方式来分，可以将入侵检测系统分为在离线入侵检测系统和线入侵检测系统两种。在线入侵检测简称为 IPS，一旦发现有入侵的可能就会立即采取措施，立即把入侵者与主机的连接断开，并收集证据和实施数据恢复。这个在线入侵检测的过程是在循环不停歇地进行着的。离线入侵检测，判断用户是否具有入侵行为是依据计算机系统对用户操作所做的历史审计记录，如果发现有入侵就断开连接，并即时将入侵证据进行记录和同时进行数据恢复。

3．根据每个模块运行的分布方式来分

这种分类标准是按照系统的每一个模块的运行的分布方式的不同来进行划分，可以把 IDS 分为集中式和分布式入侵检测系统。集中式入侵检测系统，比较单一，效率较高，它是在一台主机上进行所有操作，比如，数据的捕获、数据的分析、系统的响应等均在一台主机上进行。分布式入侵检测系统，比较复杂。在该系统中，网络范围且数据流量较大，在布置 IDS 时会考虑到在不同的层次、不同的区域、多个点上进行布置，这样就能更全方位地保护网络安全。

4．入侵检测系统的现状及分析

现如今，国外的一些研究机构对入侵检测的相关研究水平较高，普渡大学、加州大学的戴维斯分校等在此领域的研究处于国际领先高度。国外的一些知名的厂商如 Cisco 等对于此的研究也很深入。对于 IDS 的研究国内的起步相比于国外就要晚一些，虽晚但发展很快，特别是在近些年来发展犹为突飞猛进，许多国内厂商转战到入侵检测领域上来，而且还纷纷推出了自己的网络安全产品，如，中科网威的"天眼"入侵检测系统、启明星辰的 SkyBell（天阒）和绿盟网络入侵检测系统等，可以说 IDS 进入发展成长的迅猛期。IDS 虽然有了 20 多年的发展，同时也取得了一定的进展，研究出现了百余种不同的检测技术和方法，但是还存在着很多问题，特别是在入侵检测技术方面。目前市场上的入侵检测产品大多存在着以下几方面的问题：

（1）准确性有待提高

由于当前入侵检测系统采用的检测技术，比如，协议分析、模式匹配等，存在着这样那样的缺陷，此外，还由于各种攻击方法的不断更新，使得误报率和漏报率较高，入侵检测的准确性有待进一步提高。

（2）响应能力需要提高

一旦检测系统发现有入侵行为，需要及时作出响应，但由于目前入侵检测系统的精力主要是在入侵行为的检测方面，虽然检测到入侵，但往往不会主动对攻击者采取响应措施，使得管理无法立即采取相应行动，从而使得攻击者有机可乘。因此，需要提高入侵检测系统的响应能力，变被动为主动。

（3）体系结构需要完善

在体系结构上，当今许多的入侵检测系统还不是很完善，架构单一，对大规模的网络的监测效果不好，存在着很多问题，因此，要确保在安全的基础上实现相应的功能扩展，以满足多元化及开放化的需求。

（4）性能要提高

随着网络的高速发展以及交换技术的更新，现有的入侵检测系统已明显力不从心。在大范围及高流量的网络中经常出现丢包现象，甚至导致瘫痪，因此，新的检测方法、新的检测模型以及新的入侵检测技术的研究与探索刻不容缓。除此之外，入侵检测系统要充分满足用户需求，还要可随时追踪系统环境的改变，适应性强；系统即便出现崩溃，也要确保可以进行保留，有较强的容错能力；能保护自身的系统安全，不易被欺骗，安全性能高。IDS 系统本身是也在不断的发展和变化，期待其实现历史性的突破。

第三节　入侵检测系统的拓扑结构

随着互联网技术的飞速发展，网络安全逐渐成为一个潜在的巨大问题。但是长久以来，人们普遍关注的只是网络中信息传递的正确与否、速度怎样，而忽视了信息安全问题，结果导致大量连接到 Internet 上的计算机暴露在愈来愈频繁的攻击中。因此，保证计算机系统、网络系统以及整个信息基础设施的安全已成为刻不容缓的研究课题。

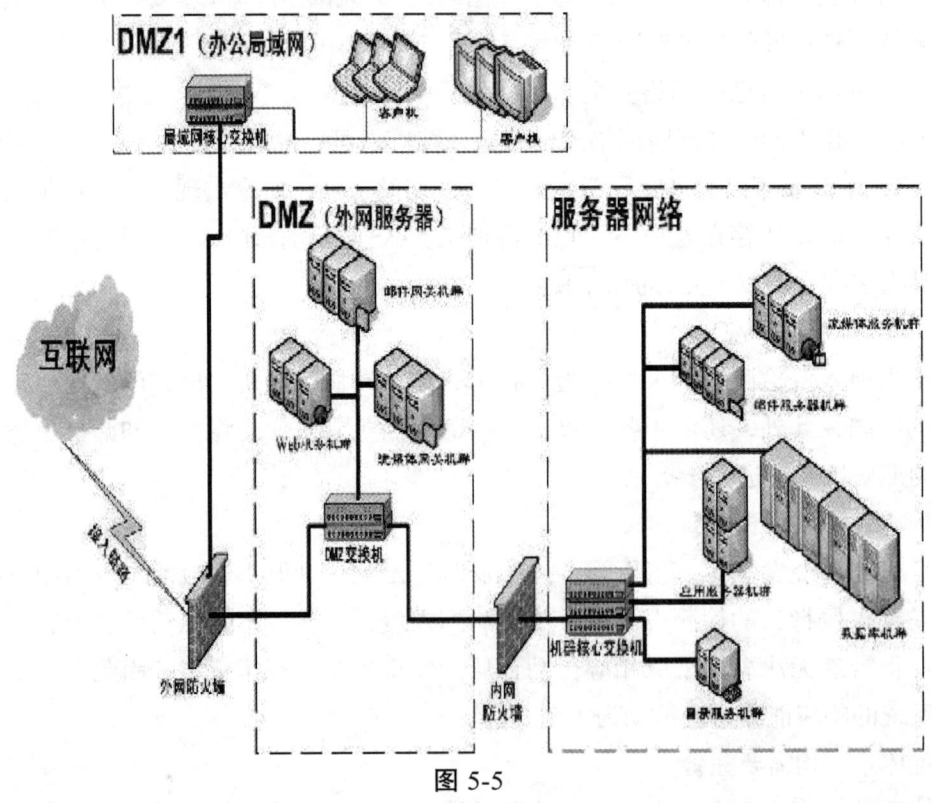

图 5-5

一、网络的拓扑结构分析

从网络拓扑图可以看出，该网络分为办公局域网、服务器网络和外网服务器，其之间通过防火墙与互联网连接。在办公局域网中有一个交换机和一些客户机。对于办公局域网络，每台计算机处于平等的位置，两者之间的通信不用经过别的节点，它们处于竞争和共享的总线结构中。这种网络适用于规模不大的小型网络当中，并且管理简单方便，安全控制要求不高的场合。在服务器网络中，有目录服务器、邮件服务器等通过核心交换机，在经过防火墙与外网服务器相连，然后通过外网防火墙与互联网相连。

网络拓扑结构安全性充分考虑到网络拓扑结构与网络的安全性关系很大，如果设备再好，结构设计有问题，比如，拓扑结构不合理，使防火墙旋转放置在网络内部，而不是网络与外部的出口处，这样整个网络就不能抵挡外部的入侵了。设计好网络的拓扑结构，也就是使其进出口减少收缩，把防御设备放置到网络的出入口，特别是防火墙和路由器，一定要放置在网络的边缘上，且是每个出入口均要有。内网防火墙是一类防范措施的总称，它使得内部网络与 Internet 之间或者与其他外部网络互相隔离、限制网络互访用来保护内部网络。防火墙简单的可以只用路由器实现，复杂的可以用主机，甚至一个子网来实现。设置防火墙目的都是在内部网与外部网之间设立唯一的通道，从而简化网络的安全管理。

防火墙的主要功能有：第一，过滤掉不安全服务和非法用户；第二，控制对特殊站点的访问；第三，提供监视 Internet 安全和预警的方便端点。由于互连网的开放性，有许多防范功能的防火墙也有一些防范不到的地方：第一，防火墙不能防范不经由防火墙的攻击。例如，如果允许从受保护网内部不受限制地向外拨号，一些用户可以形成与 Internet 的直接连接，从而绕过防火墙，造成一个潜在的后门攻击渠道；第二，防火墙不能防止感染了病毒的软件或文件的传输。这只能在每台主机上装反病毒软件；第三，防火墙不能防止数据驱动式攻击。当有些表面看来无害的数据被邮寄或复制到 Internet 主机上并被执行而发起攻击时，就会发生数据驱动攻击。因此，防火墙只是一种整体安全防范政策的一部分。这种安全政策必须包括：公开的、以便用户知道自身责任的安全准则、职员培训计划以及与网络访问、当地和远程用户认证、拨出拨入呼叫、磁盘和数据加密以及病毒防护的有关政策。

1. 网络的安全威胁

该网络网的特点是有一个办公局域网和服务器网络。在这种情况下，网络面临着许多安全方面的威胁：第一，黑客攻击，特别是假冒源地址的拒绝服务攻击屡见不鲜。攻击者通过一些简单的攻击工具，就可以制造危害严重的网络洪流，耗尽网络资源或被攻击主机系统资源。但是同时，攻击者常常可以借助伪造源地址的方法逍遥法外，使网络管理员对这种攻击无可奈何；第二，病毒和蠕虫，在高速大容量的局域网中，各种病毒和蠕虫，不论新旧都很容易通过不小心的用户或有漏洞的系统迅速传播扩散。其中特别是新发的网络蠕虫，常常可以在爆发初期的几个小时内就闪电般席卷全校甚至是全球，造成网络阻塞甚至瘫痪；第三，滥用网络资源，在校园网中总会出现滥用宽带等资源以致影响其他用户甚至整个网络正常使用的行为。比如，各种扫描、广播、访问量过大的视频下载服务，等等。

2．系统功能需求

在以上安全威胁面前入侵检测系统（Intrusion Detection System，IDS）必须满足以下需求：

（1）适用被加密的和交换的环境

交换设备可将大型网络分成许多的小型网络部件加以管理，因此从覆盖足够大的网络范围的角度出发，很难确定配置基于网络的 IDS 的最佳位置。业务映射和交换机上的管理端口有助于此，但这些技术有时并不适用。基于主机的入侵检测系统可安装在所需的重要主机上，在交换的环境中具有更高的能见度。某些加密方式也向基于网络的入侵检测发出了挑战。由于加密方式位于协议栈内，所以，基于网络的系统可能对某些攻击没有反应，基于主机的 IDS 没有这方面的限制，当操作系统及基于主机的系统看到即将到来的业务时，表明数据流已经被解密了。

（2）近于实时的检测和响应

尽管基于主机的入侵检测系统不能提供真正实时的反应，但如果应用正确，反应速度可以非常接近实时。老式系统利用一个进程在预先定义的间隔内检查登记文件的状态和内容，与老式系统不同，当前基于主机的系统的中断指令，这种新的记录可被立即处理，显著减少了从攻击验证到作出响应的时间，在从操作系统作出记录到基于主机的系统得到辨识结果之间的这段时间是一段延迟，但大多数情况下，在破坏发生之前，系统就能发现入侵者，并中止他的攻击。

（3）不要求额外的硬件设备

基于主机的入侵检测系统存在于现行网络结构之中，主要包括：文件服务器，Web 服务器及其他共享资源。这些使得基于主机的系统效率很高。因为它们不需要在网络上另外安装登记，维护及管理的硬件设备。

（4）记录花费更加低廉

基于网络的入侵检测系统比基于主机的入侵检测系统要昂贵得多。

（5）确定攻击是否成功

由于基于主机的 IDS 使用含有已发生事件信息，它们可以比基于网络的 IDS 更加准确地判断攻击是否成功。在这方面，基于主机的 IDS 是基于网络的 IDS 完美补充，网络部分可以尽早地提供警告，主机部分可以确定攻击成功与否。

（6）监视特定的系统活动

基于主机的 IDS 监视用户和访问文件的活动，主要包括：文件访问、改变文件权限，试图建立新的可执行文件或者试图访问特殊的设备。例如，基于主机的 IDS 可以监督所有用户的登录及下网情况，以及每位用户在联结到网络以后的行为。对于基于网络的系统经要做到这个程度是非常困难的。基于主机技术还可以监视只有管理员才能实施的非正常行为。操作系统记录了任何有关用户账号的增加，删除、更改的情况，只要改动一旦发生，基于主机的 IDS 就能检察测到这种不适当的改动。同时基于主机的 IDS 还可审计能影响系统记录的校验措施的改变。基于主机的系统可以监视主要系统文件和可执行文件的改变。系统能够查出那些欲改写重要系统文件或者安装特洛伊木马或后门的尝试并将它们中断。而基于网络的系统有时会查不到这些行为。

（7）能够检查到基于网络的系统检查不出的攻击

基于主机的系统可以检测到那些基于网络的系统察觉不到的攻击。例如，来自主要服务器键盘的攻击不经过网络，因此，可以躲开基于网络的入侵检测系统。

二、入侵检测安全解决方案

在内网防火墙后增加一个 IDS 入侵检测系统，在外网防火墙和互联网之间增加一个 IDS 入侵检测系统，入侵检测系统漏洞的存在，通过对防火墙的配置提供稳定可靠的安全性。风险管理系统是一个漏洞和风险评估工具，用于发现、发掘和报告网络安全漏洞。防病毒软件的应用也是多层安全防护的一种必要措施。防病毒软件是专门为防止已知和未知的病毒感染企业的信息系统而设计的。它的针对性很强，但是需要不断更新。单一的安全保护往往效果不理想，而最佳途径就是采用多层安全防护措施对信息系统进行全方位的保护并结合不同的安全保护因素，例如，通过防病毒软件、防火墙和安全漏洞检测工具来创建一个比单一防护有效得多的综合保护屏障。分层的安全防护成倍地增加了黑客攻击的成本和难度，从而大大减少他们对该网络的攻击。

1. 入侵检测系统

入侵检测系统是指监视入侵或者试图控制你的系统或者网络资源的那种努力的系统。入侵检测系统工具方面，基于主机与基于网络两条腿并行。在基于主机方面，ITA 入侵检测系统中唯一基于规则的、实时的、集中管理的主机监测系统，它可以在网络边界和网络内部检查和响应来自外界的攻击和可疑行为。从功能上看，它可以探测出潜在的危险——包括审计日志外不正常的"印迹"，并且根据安全管理员设定的规则，同时还可以对这些"印迹"进行分类并作出相应的反击响应。由于 ITA 即代表了网络 IDS 技术的发展趋势，所以在主动安全防护方面富有创见性。Net Prowler 是一个基于网络的动态入侵检测系统，它提供了动态、实时、透明的网络 IDS，能记录日志，同时可中断内部不满者和外部黑客的非授权使用、误用和滥用。尤其在动态扩展攻击特征库方面，Net Prowler 可使用 SDSI 虚拟处理器能够立即展开自定义攻击信号，中断严重的恶意攻击。作为分层安全中普遍采用的成分，入侵检测系统将有效地提升黑客进入网络系统的门槛。入侵监测系统能够通过向管理员发出入侵或者入侵企图来加强当前的存取控制系统，例如，防火墙；识别防火墙通常不能识别的攻击，如来自企业内部的攻击；在发现入侵企图之后提供必要的信息，帮助系统的移植。总体上讲，可以帮助企业避免内部、远程乃至授权用户所进行的网络探测、系统误用及其他恶意行为。作为一套战略工具，它还可以帮助安全管理员制定杜绝未来攻击的可靠应对措施。在实施基于网络的 IDS 系统同时，仍然在特定的敏感主机上增加代理是一个比较完善的策略。因为，基于主机的 IDS 与基于网络的 IDS 并行可以做到优势互补：网络部分提供早期警告，而基于主机的部分可提供攻击成功与否的情况分析与确认。因此，如果企业将赛门铁克的 Net Prowler 与 Intruder Alert 配合使用，能够达到更佳效果。

2. 防火墙

在防火墙方面，底层建立的应用程序代理防火墙产品更安全、更快速，并且更便于管理与公司的网络集成，以其独特的混合体系结构将多种功能集于一身，易于集中管理，可对企业提供全面的安全性防护。而防火墙的就成为多层安全防护中必要的一层。一个防火墙为了提供稳定可靠的安全性，必须跟踪流经它的所有通信信息。为了达到控制目的，防火墙首先必须获得所有通信层和其他应用的信息，然后存储这些信息，而且还要能够重新获得以及控制这些信息。防火墙仅检查独立的信息包是不够的，因为状态信息、以前的通信和其他应用信息是控制新的通信连接的最基本的因素。对于某一通信连接，通信状态（以前的通信信息）和应用状态是对该连接做控制决定的关键因素。因此，为了保证高层的安全，防火墙必须能够访问、分析和利用通信信息、通信状态、应用状态，并做信息处理。

3. 风险管理系统

在整个企业网络系统风险评估过程中，基于主机的 ESM 在内的安全漏洞扫描工具只限于在单一位置自动进行并整合安全策略的规划、管理及控制工作，其对于整个网络系统内的风险评估，尤其对于基于不同网络协议的网络风险评估不能面面俱到。风险管理系统是一个漏洞和风险评估工具，用于发现、发掘和报告网络安全漏洞。风险管理系统不仅能够检测和报告漏洞，而且还可以证明漏洞发生在什么地方以及发生的原因。在系统之间分享信息并继续探测各种漏洞直到发现所有的安全漏洞；同时还可以通过发掘漏洞以提供更高的可信度以确保被检测出的漏洞是真正的漏洞。这就使得风险分析更加精确并确保管理员可以把风险程度最高的漏洞放在优先考虑的位置。在风险管理解决方案方面，ESM 是一种基于主机的安全漏洞扫描和风险评估工具，它通过简化整个安全策略的设置和安全过程，可最大可能地检测出系统内部的安全漏洞障碍，并且使管理人员能够迅速对其网络安全基础架构中存在的潜在漏洞进行评估并采取措施。Net Recon 可根据整体网络视图进行风险评估，同时可在那些常见安全漏洞被入侵者利用且实施攻击之前进行漏洞识别，从而保护网络和系统。由于 Net Recon 具备了网络漏洞的自动发现和评估功能，它能够安全地模拟常见的入侵和攻击情况，在系统间分享信息并继续探测各种漏洞直到发现所有的安全漏洞，从而识别并准确报告网络漏洞，并推荐修正措施。

4. 蜜罐（Honey pot）

蜜罐（Honey pot）是一种在互联网上运行的计算机系统。它是专门为吸引并诱骗那些试图非法闯入他人计算机系统的人（如电脑黑客）而设计的。蜜罐系统是一个包含漏洞的诱骗系统，它通过模拟一个或多个易受攻击的主机，给攻击者提供一个容易攻击的目标。由于蜜罐并没有向外界提供真正有价值的服务，因此，所有对蜜罐尝试都被视为可疑的。而蜜罐的另一个用途是拖延攻击者对真正目标的攻击，让攻击者在蜜罐上浪费时间。简单来说，蜜罐就是诱捕攻击者的一个陷阱。

5. 防病毒软件

防病毒软件的应用也是多层安全防护的一种必要措施。防病毒软件是专门为防止已知和未知的病毒感染企业的信息系统而设计的。它的针对性很强，但是需要不断更新。最新的诺顿防病毒企业版7.6，提供桌面计算机和文件服务器的全面防毒保护，并可协助企业建立多层次防毒以保护其资产。与此同时，诺顿防病毒企业版7.6特别针对Microsoft Exchange/Lotus Notes两类邮件服务器设计了自动化电子邮件防毒及内容过滤功能。借助诺顿防病毒企业版7.6对邮件服务器提供的防护功能，即可在维持邮件服务器的稳定及正常运作的前提下，只需要一次扫描便能探测出恶意程序及带病毒的进出电子邮件，并可对有毒或可疑的电子邮件实施隔离，从而可以确保企业的邮件系统的高度安全。

6. 多层防护发挥作用

多层防护发挥作用即使网络中的入侵检测系统失效，防火墙、风险评估和防病毒软件即使入侵检测系统没有发现已知病毒，防火墙没能够阻止病毒，安全漏洞检测没有清除病毒传播途径，防病毒软件同样能够侦测这些病毒。因此，在使用了多层安全防护措施以后，企图入侵该网络系统的黑客要付出数倍的代价才有可能达到入侵目的。这时，你的信息系统的安全系数得到了大大的提升。罐系统还会起作用。配置合理的防火墙能够在入侵检测系统发现之前阻止最普通的攻击。安全漏洞评估能够发现漏洞并帮助清除这些漏洞。如果一个系统没有安全漏洞，即使一个攻击没有被发现，那么这样的攻击也不会成功。

7. 系统特点

（1）攻击源追踪

由于路由器在转发IP包的时候不检查源地址，所以，攻击者为了隐藏自己的信息，常常使用伪造源地址的方法，比如，常见的DOS攻击就往往伴随着源地址的伪造。至今，追踪此类攻击的源地址仍是一个尚未圆满解决的问题。

攻击源追踪子系统使用所有监听网络边界路由器的记录目标地址为被攻击主机的流量数目。对于成功的攻击，其目的地址一定是真实的，所以，将所有这些MA的记录数据通过SS汇总，使用MS进行分析后，就可以判断是否此攻击由被监测网络发出。如果被检测网络内确实有主机发出DOS攻击，则可进一步确定这台主机的位置。

（2）误用检测特征库

误用检测特征库又称为基于知识的检测，其基本前提是假定所有可能的入侵行为都能被识别和表示。首先，对已知的攻击方法进行攻击签名表示，然后根据已经定义好的攻击签名，通过判断这些攻击签名是否出现来判断入侵行为的发生与否。攻击特征库是所有误用检测系统的核心部件，系统中规则的质量决定了误用检测的准确性和有效性。本系统中的攻击特征库记录有一千多条攻击特征，提供丰富的数据库管理接口，管理员可以很容易地增加或修改规则。同时，系统现有规则描述方法与互联网上常用的 snort 规则兼容，并且支持动态扩展新的描述方法，使管理员可以迅速对新发现的攻击作出相应规则，从而保障检测系统的有效性。

（3）异常检测和蠕虫爆发检测

异常检测和蠕虫爆发检测又称为基于行为的检测。其基本前提是假定所有的入侵行为都是异常的。首先建立系统或用户的"正常"行为特征轮廓，通过比较当前的系统或用户的行为是否偏离正常的行为特征轮廓来判断是否发生了入侵。异常检测子系统可以统计被检测网络的流量、协议、服务、主机的活动行为，从而发现网络的异常。异常检测可以发现未知攻击，主要针对大规模的攻击行为，与误用检测互为补充。蠕虫是网络攻击的一种，由于具有自主传播的特性，对网络的影响远大于普通的攻击。本系统提出了一种新的蠕虫爆发检测算法，通过分析流量的变化趋势检测蠕虫。它的特点是可以在蠕虫对网络造成阻塞之前发出报警，从而使系统管理员和网络紧急响应组织有更多的时间作出反应。

第四节　入侵检测系统及检测算法的性能分析

模式匹配算法的性能直接影响入侵检测系统的检测效率。在高速网络环境下，如果模式匹配算法来不及处理大量的实时网络数据包，必然会丢弃部分数据包，而这些被丢弃的数据包中就可能包含入侵信息。本节主要介绍了几种著名的模式匹配算法，包括单模式匹配算法和多模式匹配算法，为设计入侵检测系统选择模式匹配算法提供指导。根据采用的分析技术入侵检测分为误用检测和异常检测。误用检测根据已知的攻击方法，预先定义入侵模式，通过判断这些模式是否出现来完成检测任务。异常检测是指根据用户的行为或资源的使用状况的正常程度来判断是否属于入侵。由于异常检测的误检和漏检率较高，因此，目前大多数入侵检测系统产品均属于误用检测。误用检测中使用的检测技术主要有：模式匹配、专家系统、状态转移等，而其中因为模式匹配原理简单、可扩展性好而最为常用，例如，著名开放源码的入侵检测系统 Snort 就是基于模式匹配的。

一、单模式匹配算法

模式匹配是指在给定长度为 n 的文本串 T=T[1]T[2]…T[n] 中查找长度为 m 的模式串

P=P[1]P[2]…P[m] 的第一次出现的过程。这里 T[i]（ 1≤i≤n），P[j]（ 1≤j≤m ）∈∑（字符集），若在 T 中能找到 P 的出现，则称匹配成功，否则称匹配失败。一次只能在文本串中对一个模式串进行匹配的算法，称为单模式匹配算法，可同时对多个模式串进行匹配的算法称多模式匹配算法。在平凡的模式匹配算法（BF 算法）中，一趟匹配失败后，T 只后移一个字符，所以算法简单，但效率低。

1. KMP 算法

D.Knuth、J.Morris 和 V.Pratt 提出一种快速模式匹配算法，称为 KMP 算法。

KMP 算法的基本思想是：若某趟匹配过程中 T[i] 和 P[j] 不匹配，而前 j-1 个字符已经匹配。此时只需右移模式串 P，文本串 T 不动，即指针 i 不回溯，让 P[k] 与 T[i] 继续比较。移动后重新开始比较的位置 k 仅与模式串 P 有关，而与目标串 S 无关，因此，K 可以事先确定。若定义函数 next(j)=K，则 next 函数的定义应为：

$$next（j）=Max\{k|P[1..K-1]=P[j-k+1..j-1]\}$$

KMP 算法的时间复杂度是 O(m+n)，空间复杂度是 O(m)，对 BF 算法进行了很大的改进。

2. BM 算法

KMP 算法虽然在不匹配时能使模式串右移若干位，但右移的距离不可能超过一趟匹配操作所进行的比较次数 j，存在这一问题的根本原因是 KMP 算法的匹配操作是从左向右进行的。因此，在 KMP 算法的启发下，R.Boyer 和 J.Moore 提出了一种新的快速字符串匹配算法，即 BM 算法。

BM 算法的基本思想是从右向左进行比较。开始时仍是 P 的最左边与 T 的最左边对齐，但首先进行 P_m 与 T_m 的比较。当某趟比较中出现不匹配时，BM 算法采用两条启发性规则计算模式串右移的距离，即坏字符规则和好后缀规则。

（1）坏字符规则（Bad Character）

P 中的某个字符与 T 中的某个字符不相同时使用坏字符规则右移模式串 P，P 右移的距离可以通过 delta1 函数计算出来。delta1 函数的定义如下：

$$delta1(x)=\begin{cases} m & ;x\neq P[j]（1\leq j\leq m），即 x 在 P 中未出现 \\ m-max\{k|P[k]=x,1\leq k<m\} & ;其他情况 \end{cases}$$

（2）好后缀规则（Good Suffix）

坏字符规则没有考虑已经取得的部分匹配的情况，而 KMP 算法却考虑了。该规则将 KMP 和 BM 算法的思想结合起来，在不丢失真解的前提下，确定一个新的移动距离 delta2，该函数与样本 P 有关。具体分为以下两种情况，如图 5-6 所示。

1．P 中间的某一子串 P[j-s+1..m-s] 与已比较部分 P[j+1..m] 相同，可让 P 右移 s 位。

l·P 已比较部分 P[j+1..m] 的后缀 P[s+1..m] 与 P 的前缀 P[1..m-s] 相同，可让 P 右移 s 位。满足上面情况的 s 的最小值为最佳右移距离。delta 2 的定义如下：

delta 2(j)

=min{s|(P[j+1..m]=P[j-s+1..m-s])&&(P[j] ≠ P[j-s])(j>s)，P[s+1..m]=P[1..m-s](j≤s)}

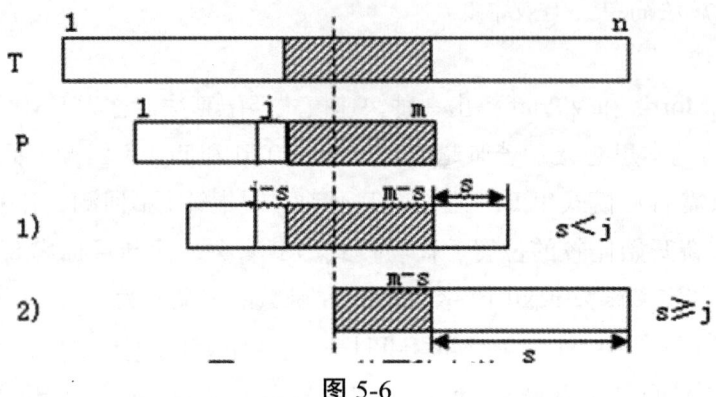

图 5-6

在匹配过程中，取 delta 1 和 delta 2 中的大者。BM 算法的最坏时间复杂度为 O(m•n)，但实际比较次数只有文本串长度的 20% ~ 30%。

3. RK 算法

RK 算法是 Turing 奖获得者 R.M.Karp 和 M.O.Rabin 在 1981 年提出来的，该算法采用了与 KMP 算法和 BM 算法完全不同的方法。该算法是利用 Hash 方法和素数理论，首先定义一个 Hash 函数，然后将模式串 P 和文本串 T 中长度为 m 的子串利用 Hash 函数转换成数值。显然只需比较那些与模式串具有相同 Hash 函数值的子串，从而提高效率。当然因为 Hash 冲突的存在，还要进一步进行字符串比较，但只要选择适当的素数，Hash 冲突的概率就会很小。

设 c=|∑|，Hash 函数为 h(r)=rmodq，这里 q 是在区间 [1..n2m] 中随机选取的适当大的素数，asc(c) 为任意字符 c 的 Ascii 码。将模式串 P 映射成整数 x(0≤x≤q-1) 的方法为：

p=h(asc(P[1])cm-1+asc(P[2])cm-2+…+asc(P[m-1])c1+asc(P[m]))

同理，将文本串 T 中长度为 m 的子串 ti=T[i..i+m-1] 映射成整数 ti 的方法为：

ti=h(asc(T[i])cm-1+asc(T[i+1])cm-2+…+asc(T[i+m-2])c1+asc(T[i+m-1]))

为了快速计算 T 中每个长度为 m 的子串的 Hash 函数值，可以推导出递推公式：

ti+1=h(asc(T[i+1])cm-1+asc(T[i+2])cm-2+…+asc(T[i+m-1])c1+asc(T[i+m]))

=(c(ti-asc(T[i])cm-1)+asc(T[i+m]))modq

其中 i=1..n-m，根据这一递推公式可很容易地计算出 T 中每个长度为 m 的子串的 Hash 函数值。

如果不充分考虑字符匹配所需时间，RK 算法的时间复杂度是 O(n+m)，若考虑字符匹配所需时间，则 RK 算法的时间应是 O(m•n)。但在实际应用中，可设法取 q 适当大，使得在计算机中求余仍可执行，而 Hash 冲突又几乎不可能发生，从而使得 KR 算法的实际运行时间只需 O(m+n)。

二、多模式匹配的 AC 算法

1. 入侵检测中多模式匹配的必要性

在网络入侵检测系统中，一个网络数据包的内容可能匹配或部分匹配很多条规则，因此，在匹配每条规则时都会重新运行匹配算法，导致效率降低。如，snort 的 web-coldfusion.rules 规则就包含 16 条规则，而这 16 条规则中都包含 /cfdocs/。但如果当前包中没有 /cfdocs/，则与这 16 条规则的匹配完全不必进行，然而根据前面单模式匹配的思想这 16 次匹配又都必须进行。随着攻击手段的增加，规则集中的规则必然成倍增加，如 snort1.6.3 的规则为 854 条，而 snort1.8.3 的规则为 1270 条。因此，单纯提高单模式匹配算法的效率，很难满足未来入侵检测系统的要求。多模式匹配算法只需对文本串扫描一次就可以找出模式串集合中与其匹配的全部模式串，从而大大提高匹配效率。下面主要介绍最经典的多模式匹配算法——AC 算法。

2. AC 算法

AC 算法是基于 FSA(有穷状态自动机) 的，在进行匹配之前先对模式串集合 Sp 进行预处理，从而形成树型 FSA，然后只需对文本串 T 扫描一次就可以找出与其匹配的所有模式串。

预处理生成三个函数：goto(转移) 函数，failure(失效) 函数和 output(输出) 函数。

设 U={0，1，2…} 为状态集合，转移函数 g :（U，Sp）→ U 为一映射，其建立过程为：逐个取出 Sp 中模式串的每个字符，从状态 0 出发，由当前状态和新取出的字符决定下一状态。如果有从当前状态出发并标注该字符的矢线，则将矢线所指的状态赋为当前状态；否则，添加一个标号比已有状态标号大 1 的新状态，并用一条矢线从当前状态指向新加入的状态，并将新加入的状态赋为当前状态。Sp 中的所有模式串处理完后，再画一条从 0 状态到 0 状态的自返线，标注的字符为不能从 0 开始的字符集。例如，Sp={he，she，his，hers} 的 goto 函数。如图 5-7 所示。

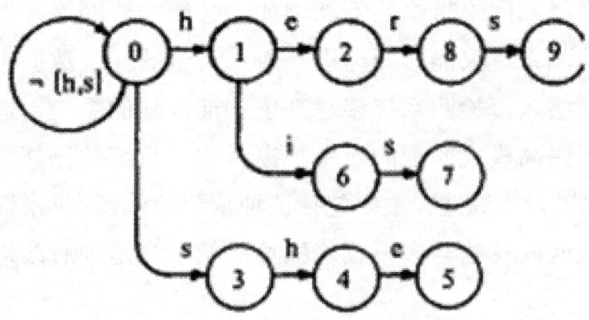

图 5-7　{he，she，his，hers} 的 goto 函数图

失效函数 f 用来指明当某个模式与文本匹配不成功时，应处理的下一状态。f 的构造方法为：所有第一层状态的失效函数为 0，如 f(1)=f(3)=0；对于非第一层状态 s，若其父状态为 r(即存在字符 a，使 g(r，a)=s)，则 f(s)=g(f(s*)，a)，其中状态 s* 为追溯 s 的祖先状态得到的第一个使 g(f(s*)，a) 存在的状态。如 f(4)=g(f(3)，h)=g(0，h)=1，f(5)=g(f(4)，e)=g(1，e)=2。

输出函数 output 的作用是在匹配过程中输出已经匹配的模式串。output 的构造分两步，第一步是在构造转移函数 g 时，每处理完一个模式串，则将该模式串加入到当前状态 s 的输出函数中，如 output(2)={he}，output(5)={she}；第二步是构造失效函数 f 时，若 f(s)=s'，则 output(s)=output(s)∪output(s')，如 output(5)=output(5)∪output(2)={she，he}。

AC 算法的匹配过程如下：从状态 0 出发，每取出文本串中的一个字符，利用 g 和 f 函数进入下一状态。当某个状态的 output 函数不为空时输出其值，表示在文本串中找到该模式串。

AC 算法模式匹配的时间复杂度是 O(n)，而且与模式集中模式串的个数和每个模式串的长度无关。无论模式串 P 是否出现在 T 中，T 中的每个字符都必须输入状态机中，因此，无论是最好的情况还是最坏的情况，AC 算法模式匹配的时间复杂度都是 O(n)。包括预处理时间在内，AC 算法总时间复杂度是 O(M+n)，其中 M 为所有模式串的长度总和。

对多模式串的匹配而言，虽然 AC 算法比 BM 算法高效得多。但 AC 算法必须逐一地查看文本串的每个字符，而 BM 算法能够利用跳转表跃过文本串中的大段字符，从而提高搜索速度。如果将 BM 算法的这种启发式搜索技术应用到 AC 算法中，则可大大提升多模式匹配算法的效率。Commentz Walter 首先结合了 BM 算法和 AC 算法的特征，提出了一种解决多模式匹配问题的算法。实践表明，Commentz Walter 算法要比 AC 算法快很多。Baeza Yates 也给出了一种组合 BMP 算法和 AC 算法的多模式匹配算法。AC-BM 算法根据一种前缀关键字树来计算劣势移动表和优势跳转表，从而可以跳跃式地并行搜索模式集合。

随着网络应用的发展和网络带宽的不断增加，必须加快网络入侵检测系统的处理性能；否则，网络入侵检测系统只能形同虚设，由于大量的网络数据来不及处理而使入侵漏报。而目前实用的网络入侵检测系统多是基于特征匹配的系统，这类系统中的关键是模式匹配运算，因此，提高模式匹配的效率是提高这类系统检测能力的关键所在。本节对已有的模式匹配算法进行了综述，主要包括三种重要的单模式匹配算法和 AC 多模式匹配算法。将快速单模式匹配算法与多模式匹配算法相结合是今后改进模式匹配算法努力的方向。

第六章　基于模型的网络安全风险评估

第一节　引言

一、风险评估的主要内涵

安全风险评估的主要内容是对信息系统资产识别、估价，脆弱性识别和评价，威胁识别和评价，安全措施确认，建立风险测量的方法及风险等级评价原则，确定风险大小与等级。风险主要涉及以下几个概念：资产（Assess）：任何对组织有价值的东西，包括：计算机硬件、通信设施、建筑物、数据库、文档信息、软件、信息服务和人员等，所有这些资产都需要妥善保护。威胁（Threat）：就是可能对资产或组织造成损害的意外事件的潜在的原因，即某种威胁源（Threat Source）或威胁代理（Threat Agent）成功利用特定弱点对资产造成负面影响的潜在可能性。风险评估关心的是威胁发生的可能性。

威胁评估是通过技术手段、统计数据和经验判断来确定系统面临的威胁的过程。威胁评估中的主要工作包括两个方面：一方面是要根据资产运行环境来确定其所面临的威胁来源，另一方面要确定这些威胁的严重程度和发生的频率。脆弱性评估包括脆弱性识别和赋值两个步骤，是对系统中存在的可被威胁利用的缺陷的发现与分析的过程。脆弱性（Vulnerability）也被称作漏洞，即资产或资产组中存在的可被威胁利用的缺点，脆弱性一旦被利用，就可能对资产造成损害。脆弱性本身并不能构成伤害，它只是威胁利用来实施影响的一个条件。风险（Risk）：特定威胁利用资产的弱点带来损害的潜在可能性。单个或多个威胁可以利用单个或多个弱点。风险是威胁事件发生的可能性与影响综合作用的结果。资产评估是确定资产的安全属性（可靠性、可用性、完整性等）受到破坏而对系统造成影响的过程。在风险评估过程中，资产评估包含：资产识别、资产安全要求识别及资产赋值三部分内容。

二、风险评估中的脆弱性研究

系统安全漏洞，即系统脆弱性，是计算机系统在硬件、软件、协议的设计与实现过程中或系统安全策略上存在的缺陷和不足；非法用户可利用系统安全漏洞获得计算机系统的额外权限，在未经授权的情况下访问或提高其访问权，破坏系统，危害计算机系统安全。从2004—2007年间计算机网络安全事件的增长趋势可以看到网络安全事件在以极其迅猛的速度增长。如此之多的安全事件发生多数是由于系统存在安全漏洞而导致的。

据调查各大厂商竞相推出的各类网络产品，或多或少都存在系统安全漏洞，因此，有必要对系统安全漏洞进行分析和研究，以尽可能地减少网络安全事件的发生，提高网络安全性能。

1. 脆弱性造成的危害

系统脆弱性的危害是多方面的。近年来，许多突发的、大规模的网络安全事件多数都是由于系统脆弱性而导致的。下面是近几年发生的几起重大网络安全事件。2005年2月3日，很多MSN的用户收到好友发来的文件，点击运行后，便会看到一张身穿三点式的烤鸡图片，接着便出现电脑死机等情况，这便是"MSN性感鸡"。病毒程序通过系统漏洞和系统弱口令传播，在短短时间之内，国内超过1万多的用户中招。2007年初流行的"Nimaya（熊猫烧香）"病毒，用户电脑中毒后可能会出现蓝屏、频繁重启以及系统硬盘中数据文件被破坏等现象，它还能中止大量的反病毒软件进程，共计有11万用户中招，病毒程序通过系统漏洞、共享和弱口令传播。CERT 2007年网络安全工作报告的统计数字，2007年安全漏洞有7236种，2006年安全漏洞有8064种，2005年、2004年分别发现了5990种和3780种安全漏洞。如此之多的安全事件不仅影响了人们的正常工作和生活，而且信息安全已上升到国家安全的高度。可见，脆弱性造成的危害之大。脆弱性对系统造成的危害，在于它可能会被攻击者利用，继而破坏系统的安全特性，而它本身不会直接对系统造成危害。通常脆弱性会对系统的完整性、可用性、机密性、可控性、不可抵赖性和可靠性造成严重破坏。

2. 脆弱性产生的原因

脆弱性产生的主要原因是由于程序员操作不正确和不安全编程引起的。大多数程序员在编程初期就没有考虑到安全问题。所以在后期，由于用户不正确的使用以及不恰当的配置都可能导致漏洞的出现。分析漏洞产生原因，目的就在于希望能够从根本上减少漏洞的产生。漏洞产生的原因主要归为以下几种：

（1）输入验证错误（Input Validation Error）未对用户输入数据的合法性进行验证，使攻击者非法进入系统。大多数的缓冲区溢出漏洞和CGI类漏洞都是这种原因引起的。

（2）造成缓冲区溢出（Buffer Over flow）向程序的缓冲区中录入的数据超过其规定长度，造成缓冲区溢出，破坏程序正常的堆栈，使程序执行其他命令。如果这些指令是放在有管理员权限的内存里，那么一旦这些指令得到了运行，入侵者就可以控制系统。

（3）设计错误（Design Error）程序设计错误而导致的漏洞。严格来说，大多数的漏洞都属于设计错误。

（4）意外情况处置错误（Exceptional Condition Handling Error）程序在实现逻辑中没有考虑到一些应该考虑的意外情况，从而导致运行出错。这种错误比较常见，比如，没有检查文件是否存在就直接打开设备文件会导致拒绝服务。

（5）访问验证错误（Access Validation Error）程序的访问验证部分存在某些可利用的逻辑错误，使攻击者有可能绕过访问控制非法进入系统。

（6）配置错误（Configuration Error）系统和应用的配置有误，或配置参数、访问权限、策略安装位置、软件安装地方等有误。

（7）竞争条件（Race Condition）程序处理文件等实体在时序和同步方面存在问题，在处理的过程中可能存在一个机会窗口使攻击者能够施以外来的影响。

（8）环境错误（Condition Error）一些环境变量的错误或恶意设置造成的漏洞，导致有问题的特权程序可能去执行攻击代码。

（9）漏洞检测方法检测漏洞的方法主要有两类：扫描和模拟攻击。漏洞检测是对目标系统进行扫描，通过与目标主机 TCP／IP 端口建立连接并请求某些服务（比如，TELNET，FTP 等），记录目标主机的应答，从而收集目标系统的安全漏洞信息。模拟攻击就是通过使用模拟攻击的方法，如，IP 欺骗、缓冲区溢出、DDOS 等对目标系统可能存在的已知安全漏洞进行逐项检查，从而发现系统的安全漏洞。网络安全风险评估系统可以通过对目标系统实施扫描，逐项检查系统的安全漏洞。

第二节 风险评估的相关技术研究

一、网络安全防护体系

经过多年的发展，大部分企业对网络安全的认识逐渐提高。目前，多数的企业网络安全已形成防火墙＋入侵检测＋防病毒＋访问控制列表的防护模式。在网络边界部署防火墙，网络核心部署入侵检测系统，整个内部网络部署防病毒系统，内部子网或设备间配置访问控制列表的安全防护体系，如下图 6-1 所示。

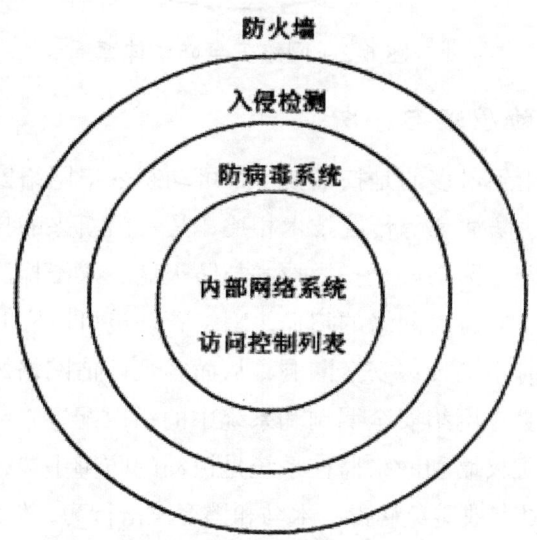

图 6-1 现有网络安全防护体系

防火墙用来实现内部网和外部网之间信息的过滤，对内形成一个可靠的子网，可阻止大部分外部网的非法访问。但防火墙有它的局限性，防火墙不能防御且绕过了它的攻击，防火墙不能消除来自内部的威胁，同时它也不能防止病毒感染过的程序和文件进出网络。入侵检测系统对网络系统进行实时监测和分析，并作出相应的反映。防病毒系统对内部网络系统的病毒、木马等实时监控，防护内部主机。访问控制列表实现细粒度的网络管理，需要在网络的便捷性和安全性之间权衡。以上防护模式实现了从外到内的全方位防护，并且使用的各类技术也都非常成熟，但网络安全事件还时有发生，究其原因还是因为这是一种被动的防护手段，不能有效地预防或解决网络中存在的安全问题。因此，安全风险评估可作为一种有效的补充手段，定期对网络安全进行评估，及时发现内部隐患并整改。安全风险评估涉及安全管理的全过程，理想的安全防护体系示意图如 6-2 所示。

图 6-2 网络安全防护体系

二、网络扫描的原理与分析

安全风险评估中用到最多的是扫描技术，可动态采集网络安全信息。安全扫描技术与防火墙、入侵检测、防病毒等传统技术相比，是一门新兴的技术，它从另一个角度来解决网络安全上的问题。网络安全扫描技术与防火墙、入侵检测系统互相配合，能够有效提高网络的安全性。通过对网络的扫描，网络管理员可以实时了解网络的安全配置和运行的应用服务，及时主动发现安全漏洞，从而客观评估网络风险等级。网络管理员还可以根据扫描的结果更正网络安全漏洞和系统中的错误配置，在病毒、木马和黑客攻击前进行防范。如果说防火墙和网络监控系统是被动的防御手段，那么安全扫描就是一种主动的防范措施，可以有效避免病毒、木马和黑客攻击行为，做到防患于未然。

1. 网络基础知识

（1）端口的基本概念

可以作这样的比喻，端口相当于两台计算机进程间的大门，可以随便定义，其目的只是为了让两台计算机能够找到对方的进程。计算机就像一座大楼，这个大楼有好多入口（端口），进到不同的入口中就可以找到不同的公司（进程）。如果要和远程主机 A 的程序通信，那么只要把数据发向 [A：端口] 就可以实现通信了。可见，端口与进程是一一对应的，如果某个进程正在等待连接，称之为该进程正在监听，那么就会出现与它相对应的端口。由此可见，入侵者通过扫描端口，便可以判断出目标计算机有哪些通信进程正在等待连接。因此，"端口"在计算机网络领域中一是个非常重要的概念。它是专门为计算机通信而设计的，不是硬件，不同于计算机中的"插槽"，可以说是个"软插槽"。如果有需要的话，一台计算机中可以有几万个端口。端口是由计算机的通信协议（目前流行的是 TCP／IP 协议）定义的。其中规定，用 IP 地址和端口作为套接字，它代表 TCP 连接的一个连接端，一般称为 Socket。具体来说，就是用 [IP：端口] 来定位一台主机中的进程。

（2）端口的分类

端口是一个 16 bit 的地址，用端口号进行标识不同作用的端口，参见表 6-1 和表 6-2 部分端口在本文会用到。端口一般分为以下两类：

①公认端口号由互联网名称与数字地址分配机构 ICANN 负责分配给一些常用的应用层程序固定使用的熟知端口，其数值一般为 0 ～ 1023。

②一般端口号用来动态分配给请求通信的客户进程。

表 6-1 常见 TCP 端口号

服务名称	端口号	说明
FTP	21	文件传输服务
Telnet	23	远程登录服务
HTTP	80	网页浏览服务
POP3	110	邮件服务
SMTP	25	简单邮件传输服务
MSSQL	1433	MSSQL服务

表 6-2 常见 UDP 端口号

服务名称	端口号	说明
RPC	111	远程调用
SNMP	161	简单网络管理
TFTP	69	简单文件传输
NetBIOS name sercice	137	NetBIOS名称服务

③ TCP 协议

TCP 是一种面向连接的、可靠的传输层协议。一次正常的 TCP 传输需要通过在客户端和服务器之间建立特定的虚电路连接来完成，该过程通常被称为"三次握手"。TCP 通过数据分段中的序列号保证所有传输的数据，可以在远端按照正常的次序进行重组，而且通过确认保证数据传输的完整性。

SYN：该标志位用来建立连接，让连接双方同步序列号。如果 SYN=I 而 ACK=0，则表示数据包为连接请求，如果 SYN=I 而 ACK=I 则表示接受连接。FIN：表示发送端已经没有数据要求传输了，希望释放连接。RST：用来复位一个连接。RST 标志置位的数据包称为复位包。一般情况下，如果 TCP 收到的一个分段明显不属于该主机上的任何一个连接，则向远端发送一个复位包。URG：为紧急数据标志。如果它为 1，表示本数据包中包含紧急数据。此时紧急数据指针有效。ACK：为确认标志位。如果为 1，表示包中的确认号是有效的；否则，包中的确认号无效。PSH：如果置位，接收端应尽快把数据传送给应用层。

④ ICMP 协议

Internet Control Message Protocol，建立在 IP 之上，用来报告数据报传递处理过程中的相关错误，提供一些网络管理及状态信息。它本身不是可靠传输，同时也不用来反映 ICMP 报文的传输情况。

2. 网络扫描技术

网络扫描技术一般包括主机扫描、端口扫描和漏洞扫描嘲。

（1）主机扫描技术

目的是确定在目标网络上的主机是否可达。这是信息收集的初级阶段，其效果直接影响到后续的扫描。扫描主要利用 ICMP 协议，有时防火墙和网络过滤设备常常禁用 ICMP 协议，为了突破这种限制，可利用 ICMP 协议提供网络间传送的错误信息来识别目标。常用的扫描手段如下：

① ICMPEcho 扫描

实现原理 Ping 的实现机制，在判断一个网络上主机是否开机时非常有用。向目标主机发送 ICMP Echo Request(type 8) 数据包，等待回复的 ICMP Echo Reply 包（type 0 ）。如果能收到，则表明目标系统可达，否则，表明目标系统已经不可达或发送的包被对方的设备过滤掉。

② ICMP Sweep 扫描

Echo 扫描通过并行发送，同时探测多个目标主机，以提高探测效率。它又分为 Broadcast ICMP 扫描和 Non-Echo ICMP 扫描。Broadcast ICMP 扫描是将 ICMP 请求包的目标地址设为广播地址或网络地址，则可以探测广播域或整个网络范围内的主机。Non-Echo ICMP 扫描是利用如 Stamp Request(Type 13)ICMP 类型包对主机或网络设备的探测。

③异常的 IP 包头

向目标主机发送包头错误的 IP 包，目标主机或过滤设备会反馈 ICMP Parameter Problem Error 信息。常见的伪造错误字段为 Header Length Field 和 IPO ptions Field。根据 RFCl122 的规定，主机应该检测 IP 包的 Version Number、Chec ksum 字段，路由器应

该检测 IP 包的 Checksum 字段。不同厂家的路由器和操作系统对这些错误的处理方式不同，返回的结果也各异。如果结合其他手段，可以初步判断目标系统所在网络过滤设备的 ACL。

④在 IP 头中设置无效的字段值

向目标主机发送的 IP 包中填充错误的字段值，目标主机或过滤设备会反馈 ICMP Destination Unreachable 信息。这种方法同样可以探测目标主机和网络设备以及其 ACL。

a. 错误的数据分片

当目标主机接收到错误的数据分片（某些分片丢失），并且在规定的时间间隔内得不到更正时，将丢弃这些错误数据包，并向发送主机反馈 ICMP Fragment Reassembly Time Exceeded 错误报文。利用这种方法同样可以检测到目标主机和网络过滤设备及其 ACL。

b. 通过超长包探测内部路由器若构造的数据包长度超过目标系统所在路由器的 PMTU 且设置禁止分片标志，该路由器会反馈 Fragmentation Needed and Don't Fragment Bitwas Set 差错报文，从而获取目标系统的网络拓扑结构。

c. 反向映射探测该技术主要用于探测被过滤设备或防火墙保护的网络和主机。

通常这些系统无法从外部直接到达，但是我们可以采用反向映射技术，从而通过目标系统的路由设备进行有效的探测。

当我们想探测某个未知网络内部的结构时，可以构造可能的内部 IP 地址列表，并向这些地址发送数据包。当对方路由器接收到这些数据包时，会进行 IP 识别并路由，对不在其服务的范围的 IP 包发送 ICIVLD Host Unreachable 或 ICMP Time Exceeded 错误报文，没有接收到相应错误报文的 IP 地址会可被认为在该网络中。当然，这种方法也会受到过滤设备的影响。

（2）端口扫描技术

一个端口就是一个潜在的通信通道，也就是一个入侵通道。对目标计算机进行端口扫描，能得到许多有用的信息，从而发现系统的安全漏洞。它使系统用户了解系统目前向外界提供了哪些服务，从而为系统用户管理网络提供一种手段。端口扫描向目标主机的 TCP / IP 服务端口发送探测数据包，并记录目标主机的响应。通过分析响应来判断服务端口是打开的还是关闭的，就可以得知端口提供的服务或信息。端口扫描主要有经典的全连接扫描以及 SYN（半连接）扫描。此外，还有 FIN 扫描和第三方扫描等。

①全连接扫描

全连接扫描是 TCP 端口扫描的基础，现有的全连接扫描有 TCP connect( ) 扫描和 TCP 反向 ident 扫描等。其中 TCP connect( ) 扫描的实现原理如下所述：扫描主机通过 TCP / IP 协议的三次握手与目标主机的指定端口建立一次完整的连接。连接由系统调用 connect 开始。如果端口开放，则连接将建立成功；否则，若返回 1 则表示端口关闭。建立连接成功：响应扫描主机的 SYN / ACK 连接请求，这一响应表明目标端口处于监听

（打开）的状态。如果目标端口处于关闭状态，则目标主机会向扫描主机发送 RST 的响应。这种方法的好处在于使用者不需要任何特权就可以调用，优点是　　　速度快。

②半连接（SYN）扫描

若端口扫描没有完成一个完整的 TCP 连接，在扫描和目标主机的指定端口建立连接时候只完成了前两次握手，在第三步时，扫描主机中断了本次连接，使连接没有完全建立起来，这样的端口扫描称为半连接扫描，也称为间接扫描。这种方法的好处是几乎不会留下痕迹，但必须要有超户权限才能执行。

③ FIN 扫描

3SYN 扫描有时会被防火墙过滤掉。在前面介绍过的 TCP 报文中，有一个字段为 FIN，FIN 扫描则依靠发送 FIN 来判断目标计算机的指定端口是否活动。如果收到 RST，说明端口是关闭的，否则端口是开放的（Unix），但 Windows 系统似乎不受影响。

④第三方扫描

第三方扫描又称为"代理扫描"，这种扫描是利用第三方主机来代替入侵者进行扫描。这个第三方主机一般是入侵者通过入侵其他计算机而得到的，该"第三方"主机常被入侵者称之为"肉鸡"。这些"肉鸡"一般为他人控制的个人计算机。

（3）漏洞扫描技术

漏洞扫描主要通过以下两种方法来检查目标主机是否存在漏洞：在端口扫描后得知目标主机开启的端口以及端口上的网络服务，将这些相关信息与网络漏洞扫描系统提供的漏洞库进行匹配，查看是否有满足匹配条件的漏洞存在；通过模拟黑客的攻击手法，对目标主机系统进行攻击性的安全漏洞扫描，如测试弱势口令等。若模拟攻击成功，则表明目标主机系统存在安全漏洞。基于网络系统漏洞库，漏洞扫描大体包括：CGI 漏洞扫描、POP3 漏洞扫描、FTP 漏洞扫描、SSH 漏洞扫描、HTTP 漏洞扫描等。这些漏洞扫描是基于漏洞库，将扫描结果与漏洞库相关数据匹配比较得到漏洞信息；漏洞扫描还包括没有相应漏洞库的各种扫描，比如，Unicode 遍历目录漏洞探测、FTP 弱势密码探测、Open Relay 邮件转发漏洞探测等，这些扫描通过使用插件（功能模块技术）进行模拟攻击，测试出目标主机的漏洞信息。下面就这两种扫描的实现方法进行充分讨论：

①漏洞库的匹配方法

基于网络系统漏洞库的漏洞扫描的关键部分就是它所使用的漏洞库。通过采用基于规则的匹配技术，即根据安全专家对网络系统安全漏洞、黑客攻击案例的分析和系统管理员对网络系统安全配置的实际经验，可以形成一套标准的网络系统漏洞库，然后再在此基础之上构成相应的匹配规则，由扫描程序自动的进行漏洞扫描的工作。这样一来，漏洞库信息的完整性和有效性决定了漏洞扫描系统的性能，漏洞库的修订和更新的性能也会影响漏洞扫描系统运行的时间。因此，漏洞库的编制不仅要对每个存在安全隐患的网络服务建立对应的漏洞库文件，并且应当能充分满足前面所提出的性能要求。

②插件（功能模块技术）技术

插件是由脚本语言编写的子程序，扫描程序可以通过调用它来执行漏洞扫描，检测出系统中存在的一个或多个漏洞。添加新的插件就可以使漏洞扫描软件增加新的功能，扫描出更多的漏洞。插件编写规范化后，甚至用户自己都可以用 perlc 或自行设计的脚本语言编写的插件来扩充漏洞扫描软件的功能。这种技术使漏洞扫描软件的升级维护变得相对简单，而专用脚本语言的使用也简化了编写新插件的编程工作，致使漏洞扫描软件具有强的扩展性。端口扫描和目标操作系统的识别只是最基本的信息探测，攻击者感兴趣的往往是在这些信息的基础上找到其存在的薄弱环节，找到错误的配置或者找出存在的危害性较大的系统漏洞。这些漏洞主要包括：错误配置、简单口令、网络协议漏洞及其他已知漏洞。

a. 错误配置的检测

错误配置主要是系统管理员对系统不熟悉、缺乏安全意识或者疏忽而引入的漏洞，如错误的分配了用户的权限，给用户太高的权限。常见的是管理员给 FTP 服务器上的一般用户写权限，从而使得攻击者或者病毒有机可趁，将木马或者病毒传到 FTP 服务器上。而 WEB 服务器如果管理员不慎给予 Internet 用户写权限，若攻击者发现后，就可以直接上传 Web Shell(一个利用 WEB 服务来实现的脚本后门程序，利用它可以实现对 WEB 服务器的部分控制)，获得 WEB 服务器的控制权。错误的配置经常出现，并且也不容易为管理员发现。使用安全扫描器有助于发现这些存在的常见安全隐患，对一些不常见的错误配置则需要结合一些其他的手段来进行检测。

b. 简单口令探测

简单口令主要是用户出于方便记忆而设置的，却全然不知所带来的安全隐患有多大。简单口令检测是扫描系统的一项重要而且是最基本的功能，扫描系统模拟攻击者对指定的服务进行登录来探测用户口令，在成功取得口令后，可以取得对应用户的控制权限。简单口令就是口令构成比较简单，很容易被别人联想到。一般攻击者拥有一个比较全的常见简单口令集——口令字典，如果用户的口令能在这个字典内找到，就能通过简单口令探测的方式轻易地探测出用户的口令，进而取得用户的权限。在网络安全还不怎么被重视的时候，简单口令出现在很多地方，而现在随着人们安全意识的增强，简单口令已经大大减少，但是仍然能在网络上找到存在简单口令的主机。比如，MSSQL 数据库，因为在缺省情况下 SA 口令是空口令，一些管理员因为疏忽或者根本不知道空口令的危害性而没做修改，这就很容易招致攻击者登录 MSSQL 服务器，肆意修改、破坏数据库甚至可以获得数据库服务器的控制权。此类漏洞检测主要是先分析出登录过程中的数据包的构成，然后使用字典中的用户名和口令来模拟构造用户登录直到登录成功或者遍历完字典中的"单词"为止。

c. 网络协议漏洞

现在广泛使用 TCP／IP 协议在设计之初，就没有过多考虑其安全性。如，SYN FLOOD 拒绝服务攻击就是利用 TCP 连接建立时三次握手时的缺陷。正常的一个 TCP 连接是客户端向服务端发出 SYN 包后，服务器响应 SYN／ACK 包，然后等待客户端返回的 ACK 包。恶意客户如果不返回这个 ACK 包，服务端就需要等待到那个设定的超时时间才会放弃这个连接和删除这次连接所占用的资源。而服务器的资源总是有限的，当众多的客户端发出这种请求时，服务器端将不堪重负，没有足够多的资源来响应正常客户的请求，进而影响其他正常客户，因此造成拒绝服务。同时，由于恶意客户端发出的 SYN 包中的源地址可以伪造，使得在追查攻击者的时候比较困难，所有这些就是协议设计之初没充分考虑安全性而引发的。在检测这类漏洞的时候多是模拟攻击者攻击方式来评估目标系统的对抗 DOS 的能力。

d. 系统已知漏洞的检测

已知漏洞是指操作系统或者其上运行的软件存在的错误处理漏洞，具体表现为 DOS 漏洞、溢出漏洞或者信息泄露漏洞等。这些漏洞严重威胁到服务器的安全，从客观上讲，这些漏洞是绝对存在的，也是难以避免的，往往是修补了这个发现了的漏洞的同时又引入了新的漏洞。漏洞扫描的重要功能之一当然就是检测这些漏洞。此类漏洞的探测比较复杂，也没有一个统一的方法来探测，最好的办法是及时安装系统补丁。检测漏洞转而变为检测补丁的安装情况。

3. 常用安全工具分析

（1）Super Scan

Super Scan 是由 Found stone 开发的一款免费的，但功能十分强大的安全工具。提供图形界面操作方式，采用全连接或半连接扫描，具有以下功能：检测 IP 是否在线，能发现主机或服务；提供 IP／域名相互转换、Ping 等工具，对特定主机的进行空连接，获取端口 BANNER 信息，查找共享、用户列表、账号策略等资源。Super Scan 是一个典型的基于 TCP 全连接的端口扫描器，系统速度快，使用简单，但不能分辨 IP 的设备类型，扫描结果不是十分准确。

（2）X-Scan

X-Scan 是国内安全焦点（X-Focus）出品的优秀扫描工具，采用多线程方式对指定 IP 地址段（或单机）进行安全漏洞检测，支持插件功能，提供了图形界面和命令行两种操作方式，运行时需要 Win Pcap。扫描内容包括：远程服务类型、操作系统类型及版本，各种弱口令漏洞、后门、应用服务漏洞、网络设备漏洞、拒绝服务漏洞等二十几个大类。远程操作系统类型及版本，标准端口状态及端口 BANNER 信息，SNMP 信息，CGI 漏洞，IIS 漏洞，RPC 漏洞，SSL 漏洞，SQL-SERVER、FTP-SERVER、SMTP-SERVER、POP3-SERVER、NT-SERVER 弱口令用户，NT 服务器 NETBIOS 信息、注册表信息等。对于多数已知漏洞给出了相应的漏洞描述、解决方案及详细描述链接，对漏洞的搜索较全面。

（3）GFI Languard Network Security Scanner

GFI LANguard Network Security Scanner 网络安全扫描器提供网络安全扫描和补丁管理解决方案，按照 IP 地址逐一扫描整个网络，是一款付费软件。扫描内容主要包括：机器服务包的级别、需要的安全补丁、无线接入点、USB 设备、开放的共享、开放的 TCP 和 UPD 端口、计算机上开启的服务和应用程序、注册码、存在安全隐患的密码、用户和用户组等。所以，可以使用过滤器和扫描报告对扫描结果进行分析。

（4）Enum

Enum 是一个基于 Windows 平台的信息收集工具，它利用空会话获取用户列表、共享信息、密码策略等信息，对单个账号可采用词典进行口令破解，是一款实用的小工具。

（5）SQLLHF

SQLLHF 可在指定范围内搜索 SQL 服务并自动检测 sa 口令是否为空、sa 或 password，支持对指定帐号采用词典进行口令破解，是一款实用的小工具。以上各类工具都倾向于解决某个方面的安全问题，不是很全面，无法提供定制的服务，有必要开发一套适合管理员的网络安全评估系统，从而解决日常工作中面临的突出安全问题。

第三节　网络安全评估模型

随着网络技术的发展和黑客水平的提高，导致网络被恶意或非恶意入侵的机会越来越多。近年来，发生在网上 Internet 的安全事件不胜枚举，且逐年呈递增趋势。因此，对网络的安全管理提出了更高的要求。而事先对系统和网络进行安全风险评估，已经成为安全管理人员的迫切需求。

一、风险评估层次评估模型

1. 风险评估的层次体系结构

（1）网络安全是一个多层面的问题，同样其安全评估体系也是一个多层次、多角度的立体结构。因此，我们从安全体系的可实施、动态性角度，建立起一种多层次安全评估体系结构。以动态模型中安全的层次理论模型为基础，从安全层次出发，对网络进行详细的安全分析，再从每一个层次中分离出若干子系统，比较完整地将网络的各种安全因素都考虑在内，可以保证不会遗漏大的安全问题和安全隐患。网络安全评估方案必须架构在科学的安全体系和安全框架之上，安全评估框架是安全评估方案设计和分析的基础。为了系统地评估安全问题，从系统层次结构的角度展开，分析各个层次可能存在的安全风险。网络结构的最上层为系统网络层，下一层是网络结构中对应的各个网络设备，称之为主机层。而对主机层的评估主要包括操作系统层的安全、数据库层的安全、应用层的安全。然而，绝大多数的攻击以及漏洞都是针对某一个服务协议而言的，因此，可以将服务对应到主机上的操作系统层、数据库层以及应用层的应用软件系统，这样一来，网络系统可以分解为层模型，按照该层模型，可以从服务、主机、网络层的各个角度对网络系统的风险状况进行综合评估。每个层次的风险状况，都可以分解为其下层各个子节点的风险值的"和"，从而将下层的各个孤立点结合起来，从而形成对其上层节点的安全风险状况的综合评估结果。在我们网络安全风险评估系统中，结合专家的经验和系统的侧重点，预先设定每个下层子节点相对于其父节点的权值。这样，每个层次某一个节点的安全风险值，就是它的各个子节点的安全风险值的加权和。

2．网络安全风险评估中的评估要素

从信息安全、保护资产的角度出发，最直观的安全风险模型也应包括两个因素：信息资产和安全威胁。从信息安全的角度分析，信息资产又包含两个特征要素：影响价值和脆弱性；而安全威胁也应充分考虑两个要素：严重性和暴露率。从风险评估的角度看，信息资产的脆弱性和威胁的严重性相结合，可获得威胁产生时实际造成损害的成功率，而将此成功率和威胁的暴露率相结合便可得出安全风险的可能性。综合分析可以看出，安全风险是指资产外部的威胁因素利用资产本身的固有漏洞对资产的价值造成的损害，因此，风险评估过程就是资产价值、资产固有漏洞及威胁的确定过程，即风险 = R = $f(z, t, v)$。其中：z 为资产的价值，t 为对网络的威胁评估等级，v 为网络的脆弱性等级。最后，对以上风险评估模型，还必须说明：在多数的安全风险评估模型中，都充分考虑现有的安全控管措施对安全风险的影响。有的风险评估模型对现有的安全控管措施赋予一个经验值，综合考虑了现有安全控管措施因素对安全风险值的影响。基于以上的风险评估模型，安全风险评估 Risk 步骤如下：

确定信息资产列表、信息资产价值；

（1）安全漏洞评估；

（2）威胁评估；

（3）评测已有的安全控管措施；

（4）安全风险量化和评级；

（5）风险的处置和接受；

（6）根据评估结果设计安全策略。

因此，我们的网络安全风险评估系统包括三个大的子系统：资产评估子系统，威胁评估子系统及漏洞评估子系统。其中每个子系统的评估体系都是基于以上所提出的网络安全层次化风险评估模型建立的。

设置的不恰当，都可能是安全漏洞的来源。安全漏洞的存在是导致安全风险的内部因素，对其进行合理赋值是确定安全风险的重要步骤，而安全漏洞的确定和评估实际上囊括了对整个安全构架的评估。因此，在实际风险评估过程中，需要采用多种方法、从多个角度进行安全漏洞的确定和赋值。漏洞评估主要包括：漏洞信息收集、安全事件信息收集、漏洞扫描、漏洞结果评估。漏洞评估采用的是管理者代理模式，扫描策略的发布是由管理者生成策略，然后发送给评估代理，评估代理解释此扫描策略，使之成为扫描器可以自动自行执行的扫描策略，载入扫描器控制台，启动对目标设备的漏洞扫描。

第四节　基于以组件为中心的访问图模型的网络安全风险评估方法

网络系统的安全评估起始于计算机系统的安全评估，最初是由黑客攻击技术发展而来的，现在仍然是一个新兴的研究领域。网络安全评估方法的发展经历了从手动评估到自动评估的发展阶段，现在正在由局部评估向整体评估发展，由基于规则的评估方法向基于模型的评估方法发展，由单机评估向分布式评估发展。基于规则的方法是从已知的案例中抽取特征，并将其归纳成规则表达，将目标系统与已有的规则一一匹配。当前网络系统的复杂性越来越高，网络攻击技术也在不断地发展和进化。在此背景下，研究网络系统安全评估方法具有重要的现实意义，通过对网络系统进行的定性和定量评估风险工作，可以有效地指导网络系统生存能力的提升，从而提高网络系统应对复杂网络环境下各种突发网络攻击事件的能力。基于模型的方法为整个系统建立模型，通过模型可获得系统所有可能的行为和状态，利用模型分析工具产生测试用例，从而对系统整体的安全性进行评估。

一、网络攻击行为的建模方法

对网络攻击行为进行建模，尤其是对组合型的网络攻击行为进行建模是当前研究的一个难点。到目前为止，大多数网络攻击模型领域的研究都集中在对漏洞及漏洞利用工具的归类上。目前对组合型网络攻击行为的建模方法及相关研究主要有如下三种。

1. 攻击树方法

攻击树模型是对故障树模型的扩展，提供了一种面向攻击目标的描述系统漏洞的形式化方法。攻击树模型特别适合于描述多阶段的网络攻击行为，总的攻击目标由一系列的子目标通过"AND/OR"关系复合而成。攻击树的节点根据研究目的的不同可以赋予代价、成功概率等不同的属性。在这方面开展的研究有：基于攻击树的 BNF 语言形式化描述、基于攻击树的 Z 语言形式化描述、基于攻击树的大规模入侵检测、基于攻击树的系统安全性分析、基于支持向量机和通用模型的入侵检测、基于攻击树的系统风险性评估工具。

2. 攻击图方法

攻击图是描述攻击者从攻击起始点到达到其攻击目标的所有路径的简洁方法。攻击图提供了一种表示攻击过程场景的可视化方法。攻击图方法的主要难点在于攻击图的构造，早期研究中攻击图都是通过手工分析完成的，随着网络拓扑结构的膨胀和安全漏洞的增加，手工构造攻击图已经变得不可行。Sheyner 等提出了一种利用模型检测器自动生成攻击图的方法。该攻击图生成方法的效果受模型检测器表达能力的制约。Ritchey 和

Ammann 使用模型检测器 SMV 构造了一个异构网络的攻击图，并利用攻击图分析了该网络系统的安全性，其建模方法每次只能得到一条攻击反例（counter example）。Phillips 和 Swiler 提出了攻击图的概念，并给出了利用前向搜索得到攻击图的方法。Paul Ammann 等根据单向性假设，提出了一种更加紧凑的可扩展攻击图描述模型，该模型可以将模型求解问题的复杂度由指数级降为多项式级。Dacier 提出了特权图的概念，用节点表示用户拥有的特权，边表示安全漏洞，并通过特权图构造了攻击状态图，攻击状态图描述了攻击者达到其目标的各种途径。Dacier 等进一步将图论分析方法应用到网络安全评估中。Ortalo 等基于特权图思想提出了一种网络安全评估试验模型框架。基于攻击图的数据结构已经在入侵检测系统 Net STAT 中应用。Net STAT 由分布式的检测代理和数据分析器组成。数据分析器利用攻击场景数据库分析检测代理产生的事件，并根据情况产生告警信息。攻击场景数据库包含了用有向图表示的各种原子攻击。

3．攻击网方法

攻击网是一类特殊类型的攻击图，由位置、变迁、弧和令牌（token）构成，位置与攻击图中的节点相对应，攻击行为通过令牌在位置间变迁的转换来描述。在攻击网模型中关于攻击方法的描述主要解决一种攻击方法在何种条件下可以成功实施的问题。攻击网模型主要描述了可以实施的各种攻击方法的逻辑和时序关系，从而体现了网络攻击的过程特性。模型运行时的令牌的分布则表征了攻击过程动态运行的过程。在这方面开展的研究有基于攻击网的渗透测试、基于攻击网的联合攻击建模及基于着色 Petri 网的入侵检测系统。

二、攻击图建模方法

1．攻击图的基本概念

模型检测的描述规范由两部分组成：一是模型，这是一个由变量、变量的初始值、变量的值发生变化的条件的描述定义的状态机；二是关于状态和执行路径的时序逻辑约束。模型检测器访问所有可到达的状态，检验在每条可能的路径上时序逻辑属性是否得到满足。如果属性没有得到满足，模型检测器输出一条状态的轨迹或序列形式的反例，而这个反例在攻击图模型中正是一个攻击路径。攻击图将网络拓扑信息考虑在网络的建模工作中，为评估提供了全面的信息，而且模型检测器为攻击图模型的生成提供了自动化的工作，从而使评估工作减少了人的主观因素的影响，更加符合真实情况。

2．网络攻击事件的 Büchi 模型描述

正规序列是描述并发进程和其他程序的一种很自然的方式，具有描述 w- 正规序列的能力是程序验证的前提条件。Büchi 自动机具有接收正规序列的能力，因此，在攻击图建模中，把网络攻击事件抽象为 Büchi 自动机。网络攻击事件的 Büchi 模型由以下因素构成：

（1）主机的状态

主机的状态包括攻击者在该主机上获得的权限、主机上存在的漏洞情况以及当前能被利用的攻击方法等；

（2）攻击者的状态，也即攻击者发起攻击和攻击过程中所在的主机；

（3）变迁关系，也即攻击者使用的攻击方法的前置条件和后置条件。这里把攻击发生的前置条件和后置条件抽象为 Büchi 自动机中的变迁，也就是状态转移的使能条件。把网络的初始状态，比如，各主机在未被攻击时的状态、攻击者还未实施攻击行为时的状态抽象为 Büchi 自动机中的初始状态。Büchi 自动机从初始状态出发，在迁移过程中，满足某攻击的前置条件，则通过该攻击迁移到一个新的状态，该状态满足该攻击的后置条件。通过一步步的迁移，最终到达一个终止状态，也就是攻击者实现其攻击目的的成功状态，就构成了一个状态序列，也即 w- 序列。所有这些序列的集合构成了 Büchi 自动机接收的语言。事实上，这些状态序列就是攻击者发动的一系列攻击步骤，是网络攻击事件所有可能动作的子集，也即 Büchi 自动机接收的语言是网络攻击事件系统的可能的动作的子集。因此，该 Büchi 自动机是网络攻击事件的 Büchi 模型。

3. 攻击图生成算法

当前攻击图模型方法存在的主要问题是随着网络系统规模的增大，攻击图算法的状态空间成指数级增长，从而带来状态空间爆炸问题。当网络节点数目较多时，使得搜索所有网络攻击路径的工作变得非常困难，甚至不可行。如何降低攻击图算法的时间、空间复杂度，提高算法的计算效率是当前需要研究解决的主要问题。这里在文献给出的攻击图生成算法基础上提出了一种可以降低空间复杂度的改进算法。为了降低状态空间数，采用二分决策图（BDD）来描述攻击事件。BDD 是进行形式化验证的有效工具，与模型检验技术相结合可以构成符号模型检验。BDD 的实质就是在二分决策树中归并相同的子树，消去相同的子节点，从而得到一个代表布尔函数的有向非循环图。利用 BDD 可以有效压缩网络攻击状态的存储空间。实现 BDD 的一个重要数据结构是唯一表，它采用哈希压缩存储方式记录 BDD 节点，并用链表结构解决哈希冲突。在具体实现中，可以使用成熟的模型检验工具，来将网络攻击事件模型抽象为 Büchi 模型，并利用 CTL 语法描述 Büchi 模型和安全属性，因此，通过模型检测器输出的反例就可以得到攻击图模型。

三、基于攻击图的网络安全评估方法与结果分析

1. 基于攻击图的网络安全评估方法

（1）攻击序列成功概率分析

利用攻击图中的变迁的集合可以对网络系统的安全性进行评估。在攻击图中的变迁就是各种原子攻击，从网络系统整体来分析，原子攻击事件带有随机性因素，是一个概率事件，受漏洞利用的难易程度、先验知识多少、扫描结果可信度等影响。成功概率对应于攻击者成功实施原子攻击的概率。成功概率的取值可以通过专家打分得到。把成功

概率的值赋予攻击图中的变迁中，从而通过计算每条攻击序列的总成功概率就可以找到最易被利用的攻击序列。

（2）网络系统损失风险分析

如果对攻击图的节点的集合 S_{unsafe} 和变迁的集合 t^p 分别赋予节点受威胁程度（也即入侵造成的损失值）和原子攻击成功概率，就可以得到一种对网络系统损失进行分析的综合评估方法。对攻击序列的综合评估值就是该攻击序列的总的损失的期望。

2．实验环境设计与结果分析

（1）实验环境

为了测试验证攻击图建模方法的性能，设计了一个实验网络平台环境。

表 6-3　实验网络的存在漏洞及攻击效果

主机	可利用漏洞	攻击方式	攻击成功率	攻击效果
服务器	ServU5.0	溢出攻击	40%	Root权限
服务器	Dvbbs7.0 sp2	注入攻击	30%	User权限
防火墙	Linux7.0telnet漏洞	溢出攻击	30%	Root权限
Host 1	Sql空密码	直接利用	70%	Root权限
Host 3	Rpc漏洞	溢出攻击	35%	Root权限
	远程登录	网络监听	90%	User/Root权限

攻击者可以通过 Internet 从外部访问实验网络。网络中有一台服务器，运行了 web 服务、ftp 服务、mail 服务。防火墙为运行 Linux 操作系统的工作站，实现网关的功能。防火墙内部有一个子网 192.168.0.*，子网中有三台主机。Host 1 为 192.168.0.2，为一台普通工作用机。Host 2 为 192.168.0.3，为一台重要的资料备份机器，Host 3 为 192.168.0.4，为一台普通工作用机。实验网络中各主机存在的漏洞情况，如表 6-3 所示。其中各种漏洞的攻击成功率通过领域专家评估打分得到。

在本实验网络环境中，Host 2 是重要的资料备份机器，因此本实验以获取该主机的访问权限为目标，分别对 Host 2 主机受到的安全威胁和最易被攻击路径进行定性评估和的定量评估。

（2）实验步骤

①设定模型属性根据攻击目标

设定模型的 CTL 属性为 AG(!(Host 2.access=root|Host 2.access=user))，表示攻击者不能获得 Host 2 的 root 或 user 权限。

②生成攻击图属性设置好后，通过 NuSMV 模型检测器搜索所有可到达的状态，然后检验在每条可能的路径上时序逻辑属性是否得到满足。如果属性没有得到满足，模型检测器输出状态的轨迹或序列形式的反例。所有的反例一起构成了一个完整的攻击图。

（3）结果分析可以得到从攻击者出发到获得 Host 2 的访问权限的攻击序列，如表 6-4

所示。

表 6-4　攻击序列列表

获得权限	攻击序列	攻击手段
获得权限root	2—15	telnet溢出—监听
	2—12—17	telnet溢出—sql空密码—监听
	2—13—19	telnet溢出—rpc溢出—监听
	1—3—7	ServU溢出—监听—监听
	1—3—4—9	ServU溢出—监听—sql空密码—监听
	1—3—5—11	ServU溢出—监听—rpc溢出—监听
获得权限user	2—14	telnet溢出—监听
	2—12—16	telnet溢出—sql空密码—监听
	2—13—19	telnet溢出—rpc溢出—监听
	1—3—6	ServU溢出—监听—监听
	1—3—4—8	ServU溢出—监听—sql空密码—监听
	1—3—5—10	ServU溢出—监听—rpc溢出—监听

根据式（1）和表6-3给出的攻击成功概率，从而可以计算出各攻击序列的成功概率（如表6-5所示）。

表 6-5　各攻击序列的成功概率

攻击序列	总成功概率
1—3—4—8	0.226 8
1—3—4—9	0.226 8
1—3—5—10	0.113 4
1—3—5—11	0.113 4
1—3—6	0.324
1—3—7	0.324
2—12—16	0.189
2—12—17	0.189
2—12—18	0.094 5
2—13—19	0.094 5
2—14	0.27
2—15	0.27

由表6-5可以看出攻击序列136®®与137®®，是Host 2最易被突破的攻击路径，应该优先在这两条路径上加强安全措施。

攻击图模型将网络拓扑信息考虑在网络的建模工作中，为评估提供了全面的信息，而且模型检测器为攻击图模型的生成提供了自动化的手段，使评估工作减少了人为的主观因素的影响，进而更加科学化。通过攻击图模型可以对计算机网络系统脆弱环节、易受攻击环节、攻击路径和系统损失风险等进行定性分析或定量分析。

第七章 基于无线局域网的异构无线网络攻击环境及防御

第一节 异构无线网络概述

各种无线异构网络给人们带来了丰富多彩的通信体验，同时，网络类型的繁多与彼此不兼容也给用户和运营商带来了很多问题和挑战。无线异构网络融合是未来通信网络的发展趋势，如，5G 网络和 WLAN 的融合、TD-SCDMA 和 WiMAX 的融合。环境感知网络概念的出现，为未来异构网络的融合带来了新的启发。

一、无线异构网络简介

目前，已经有不少于 25 种的无线异构网络投入商用，为人们提供无线通信业务，其中包括：GSM、GPRS、EDGE、UMTS、CDMA2000、HSDPA、IEEE、WiMAX、DECT、蓝牙、RFID、UWB、T-DMB、DVB-T、DVB-H 以及其他技术等。此外，还有层出不穷的无线通信系统即将或在不远的未来进入商用，如，802.20、802.16M、wirelssHD、LTE、5G 和无线传感器网络等。随着人类社会和经济的不断发展，信息的交换和传输已经成为人们生活中与衣食住行一样必不可少的部分。为了实现此目的，无线通信技术在近 20 年内呈现出异常繁荣的景象，也带来了多种类型无线通信网络的发展和共存，这些无线通信网络被统一称为无线异构网络（wireless hetero geneous network）。各种无线异构网络面向不同的应用场景和目标用户，在全球不同地区和国家有着广泛的市场应用，尤其是 GSM/GPRS/EDGE、UMTS、CDMA2000、PHS、WLAN 和 WiMAX 等无线网络，已经给全球的电信用户带来了丰富多彩的通信体验。但是，由于这些网络各自的技术特点，它们从底层的接入方式到高层的资源管理与控制等技术都不尽相同，彼此互不兼容，也给用户和电信运营商带来了很多的烦恼。比如，用户要携带适用于不同网络的终端，正在进行的业务不能在不同的网络间保持连续；运营商们则要为如何整合网络资源、降低运营成本和提高客户满意度大伤脑筋。

二、无线异构网络面临的问题与挑战

针对不同的无线频段特性、迥异的组网接入技术和多样的业务需求，不同无线技术所使用的空中接口设计及相关协议在实现方式上具有差异性和不可兼容性。这也使得目前各种无线异构网络和通信系统面临一系列的问题与挑战，主要体现在频谱资源、组网

接入技术、业务需求、移动终端和运营管理等方面。这些方面交叉联系，相互影响，构成了无线网络的异构性，同时也对网络的稳定性、可靠性和高效性带来了挑战，这种异构性带来的移动性管理技术、联合无线资源管理、端到端的 QoS 保证和安全性能是未来无线通信系统急需解决的问题。

1. 移动性管理技术

移动性管理技术，尤其是切换技术，是实现异构网融合的关键技术之一。过去，对切换管理技术的研究多集中在单一通信系统内，从用户的角度出发，主要保证语音业务和低速率业务的延续性和可靠性。在异构网络环境下，还需要从网络的角度重新设计切换管理方案，以实现网络之间和网络内部的业务负载均衡，从而有效地利用网络资源以满足用户对多业务的需求。因此，如何设计出具有高灵活性、低复杂度的网络结构和综合考虑多种异构网络参数的切换算法，是当前研究的重点和难点。3GPP 和欧盟的 WINNER 项目（专门针对 B3G/4G 研究设立）均围绕上述两个方面进行深入研究，提出了许多新的概念，但目前都处于理论研究阶段，还需进一步完善，其最终的研究结果将作为 B3G/4G 网络切换技术的主要候选技术。

2. 联合无线资源管理

与传统的无线资源相比，未来的异构无线资源并不仅仅指无线频谱，同时还包括无线网络中的其他资源，比如，移动用户的接入权限、信道编码、发射功率和连接模式等。传统无线资源管理的目标是在有限带宽的条件下，综合考虑在网络话务量分布不均匀、信道特性因信道衰弱和干扰而起伏变化等情况，合理分配和调整无线传输部分和网络的可用资源，提高无线频谱利用率，从而防止网络拥塞和保持尽可能小的信令负荷。联合无线资源管理（JRRM）则是针对所有异构网络的控制机制的集合，通过应用多种接入技术、可重配置或者多模终端技术、支持智能的呼叫和会话接纳控制技术以及业务和功率的分布式处理技术，实现无线资源的优化使用，以达到系统容量最大化的目标。

JRRM 涵盖了原有无线资源管理的各项功能，主要包括联合会话准入控制（JOSAC）和联合资源调度（JOSCH），可以实现最优化异构网络的频谱效率，处理各种类型的业务承载以及用户和业务的各种 QoS 需求，对各种混合型业务流进行自适应地调度。JRRM 设计主要有两个基本特征：适用于紧耦合的异构互通模式，具有分流的功能。未来的 JRRM 模式不再局限于单一的集中式管理，而是可以采用集中式、分布式以及介于两者之间的分级式的管理方式。JRRM 需要终端乃至网络都具有可重配置性，从而能够满足接入允许控制和联合资源调度的综合管理需求。多接入选择（MRAS）作为 JRRM 中的关键技术，通过动态管理终端接入一个或多个不同的无线网络，可有效利用多接入增益。由多接入选择所带来的多接入增益包括两个方面：多接入分集和多接入合并。另外，JRRM 通过负载均衡以及动态频谱分配等技术，使得在多个可用无线网络之间能够以一种协调的方式自适应地分配资源。

3．端到端的 QoS 保证

在异构环境下具备 QoS 保证的关键技术研究，无论是最优化异构网络的资源，还是对接入网络之间协同工作方式的设计，都是非常必要的，并且已成为异构网络融合的重要研究内容。目前的研究主要集中在呼叫接入控制（CAC）、垂直切换、异构资源分配和网络选择等资源管理算法方面。传统移动通信网络的资源管理算法已经被广泛地研究并取得了丰硕的成果，但是在异构网络融合系统中的资源管理由于各网络的异构性、用户的移动性、资源和用户需求的多样性和不确定性，给该课题的研究带来了极大的挑战。这主要是由于异构网络的融合是完全基于 IP 的，因此，对于任意具有 IP 互连能力的通信终端，端到端的呼叫不仅会跨越不同所有者的网络、采用不同接入技术，而且不同网络的 QoS 支持能力与 QoS 控制策略可能无法在呼叫发起之前获知。因此，在异构移动网络中提供完善的端到端 QoS 保证，首先需要提供基于 IP 的 QoS 协商与联合资源分配机制。此外，不同网络的 QoS 信息应该能够在同一体系中被表示与计算，可以引入跨层的反馈交互机制，最终实现自适应的端到端 QoS 保证。

4．安全问题

同所有的网络一样，安全问题同样是无线异构网络发展过程中所必须关注的一个重要问题。异构网络融合了各自网络的优点，也必然会将相应缺点带进融合网络中。异构网络除存在原有各自网络所固有的安全需求外，还将面临一系列新的安全问题，比如，网间安全和安全协议的无缝衔接，以及提供多样化的新业务所带来的新的安全需求等。

三、无线异构网络之间的协作和融合

目前无线通信的形式种类繁多，各具特点，但却没有一种单一的无线通信方式能够为用户提供一个高带宽、广地理覆盖以及综合了语音、数据和各种多媒体业务的综合网络。因此，未来的通信网络必然是一个异构型的体系结构，各种无线接入网通过多种不同的接入技术接入到基于全 IP 化的公共核心网。IP 公共核心网是建立在 IPv6 基础之上的、满足用户对不同业务 QoS 要求的有线网络。各种不同的无线网络，如移动蜂窝网络、WLAN 和卫星通信网等，均作为接入网络以 IP 技术与公共核心网连接。未来的移动通信将按需为用户提供多层次的服务，具备如下特征：是一个开放的系统，不但网络运营商和服务商可为用户提供服务，终端用户也可为其他用户提供服务；网络运营商们可以通过协商实现频谱资源的动态分配，提高频谱的利用率；用户可以无缝地漫游于多运营商和多种无线接入的环境中，以最优的价格获得满意的服务；服务商将得益于用户群的扩大，在提供按需服务的同时，获得大的收益。异构网络的融合可极大地提升单个网络的性能，在支持传统业务的同时也为引入新的服务创造了条件，这种技术已经成为支持异构互连和协同应用的新一代无线移动网络的热点技术。如，3G 网络和 WLAN 的融合、TD-SCDMA 和 WiMAX 的融合都是目前无线异构网络融合的研究热点。

1. 3G 网络和 WLAN 的融合

3G 网络采用宏区、微区和微微区的分层结构，每个区又采用多载频技术。微区和微微区的基站采用小区扇形极化和多输入多输出（MIMO）技术，可在较小覆盖区内提供额外信道容量，从而解决用户高速率视频流业务的增长。3G 通用移动通信系统（UMTS）的 3GPP 组织启动 3GPP/WLAN 交互结构作为 3GPP 的附加标准，给 3GPP 用户提供公众无线局域网接入业务。WLAN 采用小区扇形极化和 MIMO 技术，可在室内 50m 或室外 100m 半径覆盖区内提供额外信道容量。WLAN 的主要优点是配置成本低，无线接入成本仅占 3G 基站的很小一部分，有力地促进了无线接入市场的发展。3G/WLAN 双模终端可提供无处不在的、带宽可变的、可保证 QoS 的多种高速率业务。3G 网络和 WLAN 的主要区别是终端在移动条件下，3G 终端可广泛地进行配置，而 WLAN 终端的配置受位置和移动速度的影响。

对于电信运营商来说，WLAN 的定位主要是作为高速有线接入技术的补充，逐渐也会成为蜂窝移动通信的补充。同时，WLAN 与蜂窝移动通信也存在少量的竞争。一方面，用于 WLAN 的 IP 话音终端已经进入市场，这对蜂窝移动通信也有一部分替代作用；另一方面，随着蜂窝移动通信技术的发展，热点地区的 WLAN 应用也可能被蜂窝移动通信部分取代。但总的来说，两者是共存的关系，就目前而言，3G 网络提供话音和数据业务，而 WLAN 主要提供数据业务，两者具有一定的互补性。

目前欧洲电信标准化组织（ETSI）和其他一些标准化组织已经对蜂窝通信网络与 WLAN 的融合进行了相应的研究。例如，WLAN 的标准化组织（尤其是 ETSI、BRAN、IEEE802.11 和 IEEE802.15）建立了联合的无线互通工作组（WIG）来处理蜂窝通信网络与 WLAN 的互通机制。大量的标准化活动由 3GPP（主要维护和演化 GSM 与 UMTS 标准）来实现，旨在促进蜂窝通信网络与 WLAN 技术互通的标准化进展。

2. TD-SCDMA 和 WiMAX 的融合

就 TD-SCDMA 与 WiMAX 的较低层次的协同融合而言，首先可按 ETSI 提议的松、紧耦合模式进行异构网络融合。对松耦合模式，WiMAX 系统网关可通过 Gi 接口与 TD-SCDMA 系统相连接；对紧耦合模式，WiMAX 通过 Gb 接口与 TD-SCDMA 系统相连接，此时整个系统屏蔽了 WiMAX 特性，把 WiMAX 视为一个单独的基站子系统。WiMAX 系统可直接使用 TD-SCDMA 的鉴权、计费和认证子系统协同工作。TD-SCDMA 是具有中国自主知识产权的 3G 技术，有巨大的国内市场为支持，拥有较宽松的国内和国际频谱资源以及包括 TDD 自身优势在内的先进的系统结构等一系列优势。而 WiMAX 最主要的优势在其成熟的产业链及芯片技术的支撑。因此，从宽带无线移动通信的中长期目标来看，推进 TD-SCDMA 和 WiMAX 的互补、融合及合作共赢，有重要的现实价值与战略意义。TD-SCDMA 和 WiMAX 系统在底层技术上存在巨大的差异。WiMAX 技术采用的 OFDM/OFDMA 和 MIMO 技术等，已经是 LTE 及 4G 系统公认的先进技术。与此同时，WiMAX

提供了难得的经验。TD-SCDMA 和 WiMAX 网络之间有很强的互补性，若 TD-SCDMA 能在保持自己优势技术的同时，吸收融合 WiMAX 的先进技术，使得两者技术互相融合和促进，则有望加速推动 TD-SCDMA 由 3G 系统向 E3G 以及未来的 4G 系统的演进，从而为用户提供更高品质的服务。当然，这种技术融合的过程是长期的。

TD-SCDMA 与 WiMAX 都是基于 TDD 方式的，为空中接口的融合提供了一定的可行性保障。如果 TD-SCDMA 能够成功吸收 WiMAX 的先进技术，并在此基础上继续对其他先进技术博采众长，形成以 TDD-OFDM 等技术为主要特征的、并与其他各种先进技术有机结合的底层关键技术，可大幅度地提升系统的性能，支持更高速率的数据服务、更高质量的实时语音服务以及更高的用户移动性，进而顺利完成中国自己的 E3G、LTE 和 4G 的演进。目前，3GPP-RAN 工作组、TD-SCDMA 论坛和 WiMAX 论坛网络工作组都在研究 TD-SCDMA 以及 3G 与 WiMAX 网络融合的方案，以提高 TD-SCDMA 与 WiMAX 之间切换的性能。

四、未来无线异构网络的发展趋势

近年来，业界多个公司和标准组织已就无线异构网络融合问题相继提出了不同的解决方案：BRAIN 提出了 WLAN 与通用移动通信系统（UMTS）融合的开放体系结构；DRiVE 项目研究了蜂窝网和广播网的融合问题；WINEGLASS 则从用户的角度研究了WLAN 与 UMTS 的融合；MOBYDICK 重点探讨谱和新的网络中，实现真正意义上的无缝切换。应用此方式将使得运营商现有的多种网络技术可以协同运作，极大地提升业务服务质量，同时也有助于运营商降低建网前期的投入成本。

1. 最大限度地利用运营商所持有频谱的能力，提高频谱使用效率和用户吞吐量

对于频谱管制者而言，认知无线电技术可以大大提高可用频谱数量和频谱利用率，有效利用资源；可以在不受干扰的前提下开发二级频谱市场，在相同频段上提供不同技术的服务。与此同时，在移动蜂窝网通信中，当遇到小区忙时，应用 CR 技术自动检测并进行自我调节，最大程度地利用运营商所持有频谱的能力，提高小区内用户的吞吐量。

2. 使更多的企业进入移动通信领域，加剧移动通信市场竞争，对电信监管带来新的挑战

网络开放成为未来无线通信必然的发展趋势，随着无线电频率资源的日趋紧张，很多想进入该领域的企业苦于无可用的频率资源。美国 FCC 今年对 700MHz 黄金频段进行了拍卖，根据拍卖结果，获得该频段的网络运营商必须将其网络向其他终端服务商和软件服务商开放，这一政策使得更多的第三方服务提供商也有机会进入该领域。而网络开放所依赖的核心技术脱离不了认知无线电的框架及其技术支持。通过认知无线电技术，未来将有更多的第三方服务提供商和虚拟运营商进入移动领域，因此，会为用户提供价格低廉的通信服务。这势必会加剧移动通信市场的竞争程度，但如何对这些新进入者进

行有效的监管也成为电信监管机构必须面对的挑战。

3．对现有移动通信网络的维护和管理带来新的挑战

认知无线电技术引入现有的移动通信网，在提升网络容量和覆盖能力的同时，也使得网络维护的负担加大。由于应用认知无线电技术后，认知移动用户可能会频繁地切换使用频率，致使网络控制系统的处理工作量加大，因此，对网络的维护和管理将带来新的挑战。

在 IPv6 网络体系下的移动网络和 WLAN 的融合问题；MONASIDRE 首次定义了用于异构网络管理的模块。虽然这些项目提出了不同网络融合的思路和方法，但与多种异构网络融合的目标仍相距甚远。随着无线技术的迅速发展，未来通信网络越发异构化，各网络将经历从隔离到互通、从互通到协同的演进，通过网络间的融合与协同，对分离的、局部的优势能力与资源进行有序的整合，最终使系统拥有自愈、自管理、自发现、自规划、自调整和自优化等一系列智能化功能。因此，AUN 为未来异构网络的融合与协同带来了希望，但要想真正拥有无处不在、无所不能的智能性网络，在技术和实现上还有很长的路要走。最近，业界提出了环境感知网络，为多种异构网络融合的实现提供了更为广阔的研究空间。在 AUN 环境中，网络不再被动地满足用户需求，而是主动感知用户场景的变化并进行信息交互，通过分析用户的个性化需求主动地提供服务。相应地，终端设备也具备智能型接口和环境感知能力，从而使用户使用起来更加简单和方便。AUN 在传统网络业务应用层与网络接入及承载层之间加入了网络资源抽象平面、AUN 控制平面和业务支撑及代理平面。统一的控制平面、网络动态重构控制系统和网络设备资源化是 AUN 有别于传统网络的显著特征。AUN 为未来的信息社会提供了一个美好的愿景，它具有环境感知性、自组织和自愈性、泛在性、异构性、开放性、透明性、移动性、宽带性、多媒体、协同性、对称性以及融合性等特征。从这些特征可以看出，AUN 并不是颠覆性的网络革命，而是对传统网络潜力的挖掘和网络效能的提升。

第二节 异构无线网络安全研究现状

一、异构网络的融合技术发展现状

通信技术近些年来得到了迅猛发展，层出不穷的无线通信系统为用户提供了异构的网络环境，主要包括：无线个域网（如 Bluetooth）、无线局域网（如 Wi-Fi）、无线城域网（如 WiMAX）、公众移动通信网（如 2G、3G）、卫星网络以及 AdHoc 网络、无线传感器网络等。尽管这些无线网络为用户提供了多种多样的通信方式、接入手段和无处不在的接入服务，但是，要实现真正意义的自组织、自适应，并且进而具有端到端服务质量（QoS）保证的服务，还需要充分利用不同网络间的互补特性，实现异构无线网络技术的有机融合。近年来，人们已就异构网络融合问题相继提出了不同的解决方案 BRAIN

提出了 WLAN 与通用移动通信系统（UMTS）融合的开放体系结构；DRiVE 项目研究了蜂窝网和广播网的融合问题；WINEGLASS 则从用户的角度研究了 WLAN 与 UMTS 的融合；MOBYDICK 重点探讨了在 IPv6 网络体系下的移动网络和 WLAN 的融合问题；MONASIDRE 首次定义了用于异构网络管理的模块。虽然这些项目提出了不同网络融合的思路和方法，但与多种异构网络的融合的目标仍相距甚远。最近提出的环境感知网络和无线网状网络，也为多种异构网络融合的实现提供了更为广阔的研究空间。

异构网络融合是下一代网络发展的必然趋势。在异构网络融合架构下，一个必须要考虑并解决的关键问题是：如何使任何用户在任何时间及地点都能获得具有 QoS 保证的服务。在异构环境下具备 QoS 保证的关键技术研究无论是对于最优化异构网络的资源，还是对于接入网络之间协同工作方式的设计，都是非常必要的，已成为异构网络融合的一个重要研究方面。目前的研究主要集中在呼叫接入控制（CAC）、垂直切换、异构资源分配和网络选择等资源管理算法方面。传统移动通信网络的资源管理算法已经被广泛地研究并取得了丰硕的成果，但是在异构网络融合系统中的资源管理由于各网络的异构性、用户的移动性、资源和用户需求的多样性和不确定性，给该课题的研究带来了极大的挑战。

二、无线异构网络的关键安全技术

无线异构网络是网络通信技术迅速发展的佳绩，它可以将各种各类网络进行融合。4G 网络就是无线异构网络融合技术重要成果。异构网络融合技术可以提升蜂窝网络的功能，为我国网络通信发展作出了杰出的贡献，打开网络通信的新局面。

1. 安全路由协议

对安全路由协议的研究主要是对基站和移动终端的路由安全以及任意两个移动终端间的路由安全进行研究。无线异构网络的路由协议来源于 Adhoc 网络路由协议的扩展，故而，在对异构网络路由协议安全性研究应该从 Adhoc 网络路由协议安全着手，所以在进行对无线异构网络进行建设时，通常是直接将部分 Adhoc 安全路由植入到异构网络的安全路由研究中。安全路由是实施异构网络的关键技术，它在异构网络中主要作用就是发现移动的协议点和基站。在过去，路由协议的关注点主要集中在选路以及策略，从而忽略了安全问题。但在 UCAN 中容易出现的安全问题主要集中在数据转发路径上合法中间节点的鉴定。路由发出的消息中有包含密码的 MAC，MAC 能够对经过的路径进行鉴定，这样基站就能够对所有的代理和转发节点的数据流编号进行定位，并且所有的用户都有一个属于基站所给的密码。联合蜂窝接入系统的主要功能就是间断个人主机、撤消合法主机和给以转播功能为认可的主机，并且它还能够阻止自私节点，但是如果发生了碰撞，UCAN 的防御能力就会下降。有研究者提出一种新路由算法可以有效地解决任意碰撞，新路由算法可以优先保护路由机制和路由数据，并且能够对网络信任模型进行高度融合，并且对安全性能进行有效分析。新算法的主要原理就是：加强对主机发送信息给基站的线路进行规划，规划的线路具有吞吐量高的特点。因此，这就要求对主机邻近的节点的吞吐量进行测量。

2. 接入认证技术

接入认证是异构网络安全的第一道防线，所以，应该加强对那些已经混入网络的恶意节点的控制，并且在异构网络的认证系统中应该加强对基站和节点的声誉评价。因为UCAN的末端接入网络需要依靠节点的广泛分布和协同工作才能进行正常的运行，在运行中不仅要拒绝恶意节点的接入，同时还要对节点和基站进行正确的评价，保护合法节点免遭恶意节点的影响而被拒绝接入，这样能够有效地提升网络资源的利用率。异构网络中声誉机制中心主要是由基站和移动节点担任的，基站在声誉评价中起主要作用，节点对评价进行辅助。同时还可以对节点接入网络时展开预认证，网络中的基站以及其他的移动节点可以对节点的踪迹进行追踪，并对节点的恶意行为进行评价。市场上的认证体系主要是适用于一般式集中网络，Kerberos和X.509是运用最为广泛的认证体系，并且这两个体系都具有认证机构发放的证书。异构网络的认证系统则是比较灵活多变的，异构网络既有集中网络，同时又包括分散式网络。接入认证是异构网络安全的第一道防线，因此，应该加强对那些已经混入网络的恶意节点的控制。Adhoc与蜂窝融合网络具有三种体系，当蜂窝技术占据主导位置，接入认证的主要工作就是将Adhoc中合法的用户安全的接入到蜂窝网络中，当Adhoc在融合中占据主导位置，接入认证的主要工作则会发生相应的改变，工作的核心就是让Adhoc内部实现安全，蜂窝管理Adhoc网络进行安全的传送和控制信息。

3. 入侵检测技术

无线异构网络和有线网络有着天壤之别，因此，有线网络的入侵检测系统在异构网络中不能发挥作用。传统的入侵检测系统主要工作就是对整个网络进行的业务进行监控和分析，但是在异构网络中的移动环境可以为入侵检测提供部分数据，数据主要是无线通信范围内的与直接通信活动有关的局部数据信息，入侵检测系统就根据这不完整的数据对入侵进行检测。这些一般的入侵检测系统不能对入侵进行识别，同时一般入侵识别系统还不能对系统故障进行判断，但是异构系统能够有效地解决这些问题。

异构系统入侵系统主要包含两种如期那检测系统，并且均得到了市场的好评。

（1）移动代理技术的分布式入侵检测系统。

（2）Adhoc网络分布式入侵检测系统。

移动代理技术的分布式入侵检测系统主要构件是移动代理模块，它的工作原理是：依照有限的移动代理在Adhoc中发挥的作用不同，并且将移动代理发送到不同的节点，在节点中实施检测工作。Adhoc网络分布式入侵检测系统能够让网络中的每一个节点都参与到入侵检测工作中，并且每一个节点都拥有入侵检测系统代理，入侵检测系统代理可以作用于异常检测。因此，当某一个节点发送出异常信号时，不同区域的入侵检测系统代理就可以共同协作，以展开入侵检测工作。

4. 节点协作通信

节点协作通信主要工作就是保证节点通信的内容在Adhoc网络中能够保密的进行传送，并且保证异构网络中Adhoc网络的安全，免受恶意节点和自私节点的入侵。所以在异构网络中的关键安全技术的研究中还要设计出一种激励策略，来阻止恶意节点的攻击和激励自私节点加入到协作中，进而完成通信内容在传送过程保密工作。在无线异构网络中的节点写作通信主要有两个方案：一是基于信誉的策略；二是基于市场的策略。

异构网络在未来网络发展中占据着重要的位置，所以人们不断对异构网络进行研究。异构无线网络融合技术可以实现无线网络和有线网络的高度融合，未来无线移动网络的发展离不开异构网络，异构无线网络将更好地服务人们的生活生产，从而为人们创造更多的经济价值。

三、异构网络融合中的信息安全问题

如同所有的通信网络和计算机网络，信息安全问题同样是无线异构网络发展过程中所必须关注的一个重要问题。异构网络融合了各自网络的优点，也必然会将相应缺点带进融合网络中。异构网络除存在原有各自网络所固有的安全需求外，还将面临一系列新的安全问题，比如，网间安全、安全协议的无缝衔接、以及提供多样化的新业务带来的新的安全需求等。构建高柔性免受攻击的无线异构网络安全防护的新型模型、关键安全技术和方法，是无线异构网络发展过程中所必须关注的一个重要问题。虽然传统的GSM网络、无线局域网（WLAN）以及Adhoc网络的安全已获得了极大的关注，并在实践中得到应用，然而异构网络安全问题的研究目前则刚刚起步。在下一代公众移动网络环境下，研究无线异构网络中的安全路由协议、接入认证技术、入侵检测技术、加解密技术、节点间协作通信等安全技术等，以提高无线异构网络的安全保障能力。

1. Adhoc网络的安全解决方案

目前Adhoc网络的安全防护主要有二类技术：一是先验式防护方式：阻止网络受到攻击。涉及技术主要包括鉴权、加密算法和密钥分发；二是反应式防护方式：检测恶意节点或入侵者，从而排除或阻止入侵者进入网络。这方面的技术主要包括入侵检测技术（监测体系结构、信息采集、以及对于攻击采取的适当响应）。众所周知，由于Adhoc网络本身固有的特性，比如，开放性介质、动态拓扑、分布式合作以及有限的能量等，无论是合法的网络用户还是恶意的入侵节点都可以接入无线信道，因而使其很容易遭受到各种攻击，安全形势也较一般无线网络严峻的多。目前关于Adhoc网络的安全问题已有很多相关阐述。Adhoc网络中的攻击主要可分为两种类型被动型攻击和主动型攻击。

在Adhoc网络中，路由安全问题是一个重要的问题。在目前已提出的安全路由方案中，如果采用先验式防护方案，可使用数字签名来认证消息中信息不变的部分，使用Hash链加密跳数信息，以防止中间恶意节点增加虚假的路由信息。或者把IP地址与媒体接入控制（MAC）地址捆绑起来，在链路层进行认证以增加安全性。采用反应式方案，则可使用入侵检测法。每个节点都有自己的入侵检测系统以监视该节点的周围情况，与此同时，相邻节点间可相互交换入侵信息。当然，一个成功的入侵检测系统是非常复杂的，而且还取决于相邻节点的彼此信任程度。看门狗方案也可以保护分组数据在转发过程中不被丢弃、篡改、或插入错误的路由信息。此外，如何增强AODV、DSR等路由协议的安全性也正被研究。总之，Adhoc网络安全性差完全由于其自身的无中心结构，分布式安全机制可以改善Adhoc网络的安全性，然而，增加的网络开销和决策时间、不精确的安全判断仍然困扰着Adhoc网络。

2．异构网络的安全解决方案

（1）安全体系结构

对于异构网络的安全性来说，现阶段对异构网络安全性的研究，一方面是针对GSM/GPRS和WLAN融合网络；另一方面是针对3G（特别是UMTS）和WLAN的融合网络。在GSM/GPRS和WLAN融合支持移动用户的结构中，把WLAN作为3G的接入网络并直接与3G网络的组成部分（如蜂窝运营中心）相连。这两个网络都是集中控制式的，可以方便地共享相同的资源，比如，计费、信令和传输等，解决安全管理问题。然而，这个安全措施没有考虑双模（GSM/GPRS和WLAN）终端问题。文献将3G和WLAN相融合为企业提供Internet漫游解决方案，在合适的地方安放许多服务器和网关，来提供安全方面的管理。还可以采用虚拟专用网（VPN）的结构，为企业提供与3G、公共WLAN和专用WLAN之间的安全连接。3GPPTS23.234描述了3G和WLAN的互联结构，增加了如分组数据网关和WLAN接入网关的互联成分。3GPPTS33.234在此基础上对3G和WLAN融合网络的安全作出了规定，其安全结构基于现有的UMTSAKA方式。因此，构建一个完善的无线异构网络的安全体系，一般应遵循下列三个基本原则：

①无线异构网络协议结构符合开放系统互联（OSI）协议体系，因而其安全问题应从每个层次入手，完善的安全系统应该是层层安全的。

②各个无线接入子网提供了MAC层的安全解决方案，整个安全体系应以此为基础，构建统一的安全框架，从而实现安全协议的无缝连接。

③构建的安全体系应该符合无线异构网络的业务特点、技术特点和发展趋势，实现安全解决方案的无缝过渡。

可采用中心控制式和分布代理相结合的安全管理体系，设置安全代理，对分布式网络在接入认证、密钥分发与更新、保障路由安全、入侵检测等方面进行集中控制。

（2）安全路由协议

路由安全在整个异构网络的安全中占有首要地位。在异构网络中，路由协议既要发现移动节点，又能够发现基站。现有的路由协议大多仅关注选路及其策略，只有少部分考虑安全问题。

在联合蜂窝接入网系统中（UCAN），涉及的安全主要局限在数据转发路径上合法中间节点的鉴定问题。当路由请求消息从信宿发向基站时，在其中就引入单一的含密码的消息鉴定代码（MAC）。MAC鉴定了转发路径，基站就会精确地跟踪每个代理和转发节点的数据流编号，而每个用户都有一个基站所给的密码。UCAN着重于阻止个人主机删除合法主机，或者使未认可的主机有转播功能。它有效地防止了自私节点，但是当有碰撞发生时，防御力就会相应减少。此外，有专家提出一种用于对付任意恶意攻击的新路由算法。该方法主要在于保护路由机制和路由数据，开发融合网络信任模型以及提出安全性能分析体制。该路由算法的核心机制是为每个主机选择一条到基站吞吐量最高的路径。每个主机周期性的探测邻居节点的当前吞吐量，选择探测周期内的吞吐量最高值。其目标是识别融合网络中恶意节点的攻击类型，提供有效检测，避免恶意节点。一般而言，对安全路由协议的研究起码要包括两个部分：基站和移动终端间的路由安全以及任意两个移动终端间的路由（Adhoc网络路由）安全。而由于异构网络的路由协议主要来源于Adhoc网络路由协议的扩展，从而对异构网络路由协议安全性的研究将主要延伸于Adhoc网络路由协议的安全性研究。

（3）接入认证技术

现有的大多数认证体系如Kerberos及X.509等普遍是针对一般的集中式网络环境提出的，因其要求有集中式认证机构如证书发放中心或CA。而对于无固定基础设施支持的分布式移动Adhoc网络，网络拓扑结构不断地动态变化着，其认证问题只有采用分布式认证方式。对于异构网络，蜂窝基站的引入则可以在充分地发挥Adhoc自身优势的同时克服其固有缺陷。从Adhoc和蜂窝融合网络三种系统模式来看，以蜂窝技术为主Adhoc为辅的融合网络系统模式，其接入认证的重点就是如何让合法的Adhoc网络用户安全地接入到蜂窝网络中；以Adhoc为主蜂窝技术为辅的融合网络系统模式，其接入认证的重点则是如何在Adhoc内部实现安全以及蜂窝网管理Adhoc网络时如何安全的传输控制信息。而事实上，这种模式下甚至可以直接采用蜂窝网中一样的接入认证过程，如CAMA。Adhoc和蜂窝融合的第三种模式——混合模式，则更需要对每个用户的身份信息等进行更加严格的认证。异构网络用户的身份信息认证，又包括Adhoc网络与有基站等固定基础设施的集中式网络之间的认证和任意两种集中式网络之间的认证。

对于复杂的异构网络安全性而言，传统意义上的接入认证只是第一道防线。对付那些已经混入网络的恶意节点，就要采取更严格的措施。所以，建立基于基站的和节点声誉评价的鉴权认证机制或许是一个好的方法。因为蜂窝系统的末端接入网络是完全依赖于节点的广泛分布及协同工作而维护正常通信的，既要拒绝恶意节点的接入，又要确定合适的评价度，从而保证合法节点不因被恶意节点诬陷而被拒绝接入。这样可以最大限度地保证网络资源的可使用性。在异构网络中，基站和各移动节点可以共同担当声誉机制中心这类权威机构的角色，从而形成以基站为主，移动节点分布式评价为辅的方式。

（4）入侵检测技术

异构网络与有线网络存在很大区别，针对有线网络开发的入侵检测系统（IDS）很难直接适用于无线移动网络。传统的 IDS 大都依赖于对整个网络实时业务的监控和分析，而异构网络中移动环境部分能为入侵检测提供数据，只限于与无线通信范围内的直接通信活动有关的局部数据信息，所以，IDS 必须利用这些不完整的信息来完成入侵检测；其次，移动网络链路速度较慢、带宽有限、且节点依靠电池供应能量，这些特性使得它对通信的要求非常严格，无法采用那些为有线 IDS 定义的通信协议；第三，移动网络中高速变化的拓扑使得其正常与异常操作间没有明确的界限。发出错误信息的节点，可能是被俘节点，也有可能是由于正在快速移动而暂时失去同步的节点，一般 IDS 很难识别出真正的入侵和系统的暂时性故障。因此，一个好的思路就是研究与异构网络特征相适应的可扩展性好的联合分级检测系统。目前备受好评的主流入侵检测系统有两种：基于移动代理技术的分布式入侵检测系统和 Adhoc 网络分布式入侵检测系统。前者的核心是移动代理模块。根据有限的移动代理在 Adhoc 中的不同作用，按某种有效的方式将移动代理分配到不同的节点，执行不同的入侵检测任务。检测的最后结果由一个行动执行模块来付诸实施。由于移动代理数量的大大减少，该模型相对其他 IDS 具有较低的网络开销。

第三节　安全协议研究

异构无线网络中互连的安全问题是当前研究的关注点，针对 3G 网络和 WLAN（无线局域网）所构成的异构互连网络中认证协议的安全和效率问题，提出了一种基于离线计费方法的认证协议。该协议通过对 WLAN 服务网络身份进行验证，抵御了重定向攻击的行为；采用局部化重认证过程，减少了认证消息的传输延时，从而提高了认证协议的效率。仿真结果表明，该协议的平均消息传输延时相对于 EAP-AKA 协议缩短了大约一半。通过 Canetti-Krawczyk（cK）安全模型对新协议进行了安全性证明，证明该协议具有 SK-secure 安全属性。

由于 EAP—AKA 协议目前存在效率和安全问题，本节提出了 LFSA 协议，结合快速签名方法形成离线计费机制，实现了对 WLANAN 身份的验证；采用 3G 用户局部化重认证过程，有效地提高了 3G-WLAN 互连网络接入过程的安全性和效率。

一、认证协议 LFSA

1. LFSA 协议

LFSA 协议是对 EAP-AKA 协议的改进，它结合了快速签名、双向认证和离线计费等安全机制。在 LFSA 协议中，WLANAN 和 3G 网络之间采用 RADIUS 作为底层协议，并利用 IKE 协议进行密钥协商，采用 Sec 保护消息的机密性和完整性。LFSA 协议的消息流程，如图 7-1 所示，流程中给出了消息发送的内容。

```
1) AN→UE:ID request
2) UE→AN:ID response, [NAI]
3) AN→3G:ID response, [NAI]
4) 3G→AN: Auth data, RAND₁, AUTH₁, MAC₁
5) AN→UE: Auth data, RAND₁, MAC₁, Nonec_AN
6) UE→AN:Auth data, RES₁ Nonce_UE, Nonce_AN, U_MAC, MAC₁, Token₁
7) AN→3G:Auth data, RES₁, Nonce_UE, Nonce_AN, U_MAC, MAC₁
8) 3G→AN:Auth data, SK₁,{(RAND, XRES, SK, AUTH)ᵢ···}, i>1
9) AN→UE: Auth Success
```

图 7-1   3LFSA 协议的认证消息流程

图 7-1 的说明如下：

（1）RAND 是由 3G 网络产生的认证向量中的随机数，每个认证向量都会有一个新的随机数，用于计算会话密钥；

（2）AUTH 是由 3G 网络产生的认证向量中的认证数据，WLANUE 需要利用与 3G 网络共享的长期密钥来验证该数据的正确性；

（3）MAC 是每条消息的消息验证码，消息的接收者通过该消息验证码鉴别消息的完整性；

（4）Nonce 是由 WLANUE 和 WLANAN 产生的随机数，用于解决 WLANAN 身份验证码的重放攻击问题；

（5）XRES 是由 3G 网络生成的认证码，用于验证 WLANUE 的身份；

（6）RES 是由 WLANUE 生成的认证码，它与 3G 网络计算的 XRES 比较，用于验证 WLANUE 的身份；

（7）SK 是由 3G 网络生成的会话密钥，发送给 WLANAN，用于建立 WLANUE 和 WLANAN 之间的会话安全通道；

（8）Token 是由 WLANUE 利用会话密钥，与 3G 网络共享的长期密钥计算产生关于网络费用信息的认证令牌，用于 WLANAN 与 3G 网络之间的计费信息验证。

2．WLAN 内的 LFSA 的快速重认证流程

移动用户在 WLAN 网络内部进行快速漫游切换和会话密钥更新时，采用 LFSA 的快速重认证过程进行身份认证，从而能够有效地减少消息传输延时。LFSA 的快速重认证过程只需要在 WLAN 网络内进行局部认证，可以快速高效地实现 AP 的切换和会话密钥的更新。LFSA 的快速重认证消息流程，如图 7-2 所示，流程中给出了消息发送的内容。

```
AN→UE:ID request
UE→AN:ID response,[NAI]
AN→UE: Auth data, RANDᵢ AUTHᵢ; MACᵢ, i>1
UE→AN:Auth data, RESᵢ, MACᵢ, Tokenᵢ, i>1
```

图 7-2   LFSA 协议重认证消息流程

3．WLAN 间的 LFSA 认证

当 WLANUE 在不同的 WLAN 网络之间进行漫游切换时，由于临时的会话密钥都已分配给了旧的 WLANAN，因此，在接入新的 WLANAN 时，需要进行一次 LFSA 的全认证过程。在全认证过程中，新的 WLANAN 会从 3GAAA 服务器处获得新的会话密钥和身份信息等，为 WLANUE 在新的 WLANAN 中移动漫游提供快速重认证功能。

二、LFSA 认证协议的分析

LFSA 认证协议主要由两个部分组成：第一，LFSA 在线认证、授权过程；第二，采用快速签名的离线计费机制。LFSA 的在线认证、授权过程是对 EAP—AKA 协议的一种改进，将重认证功能由 3G 网络前推到了 WLAN 的访问网络。由于 3G 网络和 WLAN 网络之间采用 RADIUS 等协议来保障相互的安全信任关系，故可以通过 WLANAN 实现对 WLANUE 的认证和授权。

1．抗 Re-direction 攻击

在 LFSA 协议中，针对 EAP．AKA 协议可能存在的 Re～direction 攻击，在协议认证过程中间的三条消息中，引入了利用用户与 3G 网络之间共享的长期密钥对接入网络 WLANAN 的身份进行验证，以保证 3G 网络与用户之间对 WLANAN 身份的一致性。

2．签名的安全分析

对于采用快速签名的离线计费机制，网络使用信息 UI 是由 WLANUE 生成的，并结合身份信息 SI 进行了两次签名。第一次签名采用 WLANUE 与 WLANAN 之间的会话密钥进行 HMAC 计算，当 WLANAN 收到签名信息后，可验证 UI 信息的正确性；第二次签名采用移动用户与 3G 网络之间共享的长期密钥进行 HMAC 计算，当 3G 网络收到签名信息后，可以验证用户的身份和网络使用情况的正确性。WLANAN 对签名信息的验证，有效防止移动用户私自修改 UI 信息，3G 网络的签名验证防止 WLAN 网络对签名信息的篡改，从而满足 3G 网络计费机制的安全需求。

3．LFSA 的安全证明

这里利用 CK 模型对 LFSA 协议进行安全证明，提出了一种新的基于三方的认证器，证明 LFSA 协议具有 SK-secure 属性。

4．性能仿真

为了进一步分析协议的性能，对 LFSA 协议进行了性能仿真。这里采用 NS—2.26 作为仿真平台，工作在一台 PC 机上（C2.66G，256MBRAM），操作系统为 Red Hat Linux9.0。仿真场景包含由 5 个 AP 和 10 个移动节点构成的 WLANAN、1 个 WLAN 接入网关 wAG 以及 3GPP 的访问网络和家乡网络 AAA 服务器。每个 AP 和 WAG 之间以一个 10Mbit／s 带宽、lms 时延的链路相连，WAG 和 AAA 服务器之间以一个 100Mbit／s 带宽、lms 时延的链路相连。

第四节　无线局域网的异构无线网络概况

一、无线局域网的安全机制

1. WLAN 的基本概念

随着 WLAN 的广泛应用，从狭义上讲，我们一般所讲的无线局域网就是遵循 IEEE802.11 系列的无限局域网，我们讨论的无限局域网安全也是针对 IEEE802.11 系列标准的安全。在有线局域网中，网络的链接方式是传输线缆。那么对于无线局域网而言，"无限"的含义表示网络的连接是通过红外线、微波等无线技术实现；"局域网"定义了网络应用的范围，它是相当于"广域网"和"个人网"而言，既可以是一个房间内，一栋建筑内，也可以是一个校园内，因此，无线局域网（WLAN）就是传输媒介实现的计算机局域网。

2. 无线局域网的安全威胁

由于无线网络的特殊性，致使无线网络的攻击方式主要有：窃听攻击、战争驾驶攻击（War-Driving）、协议设计缺陷攻击、设备安全管理漏洞攻击、假冒 AP 攻击、缓冲区溢出攻击、共享密钥存储攻击、DoS 攻击与中间人攻击等，这些攻击可以分为逻辑攻击与物理攻击两大类。

（1）逻辑攻击

① WEP 攻击

WEP 是一个基于私钥密码算法 RC4 的安全保密协议，其目标是希望无线网络的安全等级达到或相当于有线网络的安全等级。然而，由于 WEP 协议的共享密钥是 40 位或 104 位，初始向量（Initialization Vector，IV）是 24 位，完整性保护值（Integrity Check Value，ICV）的生成算法采用 32 位循环冗余校验码（Cyclic Redundancy Check，CRC32）。分析研究表明，WEP 存在许多安全漏洞，如 WEP 的密钥结构使 IV 的空间有限，仅为 224，从而使 IV 冲突成为严重问题，导致多种攻击的出现；RC4 数据流加密算法的密钥长度较短，易受到穷举型攻击；将明文和密钥流进行异或的方式产生密文，且在认证过程中密文和明文都暴露在无线链路上，导致攻击者通过被动窃听攻击手段捕获密文和明文，将密文和明文进行异或即可恢复出密钥流。这些漏洞的存在，致使攻击者利用互联网上公开的 WEPCrack 和 Airsnort 工具可以很容易地破解 WEP 加密的消息。WEP 协议的静态密钥管理方式欠合理性。比如，一个服务集内的所有用户都共享同一个密钥，一个用户丢失钥匙将使整个网络不安全；IEEE802.11b 的密钥管理是手工维护，扩展能力差。

② 媒体访问控制 MAC 地址欺骗

由于用户可以重新配置无线网卡的媒体访问控制 MAC 地址，而攻击者很容易地获得合法用户的媒体访问控制 MAC 地址，导致非授权用户在监听到一个合法用户的媒体访问控制 MAC 地址后，通过改变其媒体访问控制 MAC 地址来获得资源访问权限，因此，地址过滤功能并不能真正阻止非授权用户，通过地址欺骗的方式访问无线网络资源。在 IEEE802.11 中并没有规定媒体访问控制 MAC 地址过滤机制，但许多厂商提供了该项功能以获得附加的安全。地址过滤可以限制只有注册了媒体访问控制 MAC 的工作站点（Station，STA）才能连接到 AP 上，这就要求在 AP 的非易失性存储器中建立媒体访问控制 MAC 地址控制列表，或者是 AP 通过连接到 RADIUS 服务器来查询媒体访问控制 MAC 地址控制列表，对媒体访问控制 MAC 地址不在表中的 STA 不允许访问网络资源。如果需要在多个 AP 中使用媒体访问控制 MAC 地址控制列表，一般推荐使用远程身份验证拨入用户服务（Remote Authentication Dial In User Service，RADIUS）来进行媒体访问控制 MAC 地址管理。

③ DoS 攻击

依据 DoS 攻击原理及针对对象的不同可以把 WLAN 中的 DoS 攻击分为：物理层的 DoS 攻击、媒体访问控制 MAC 子层的 DoS 攻击、针对协议的 DoS 攻击、针对驱动程序和针对固件的 DoS 攻击四大类。DoS 攻击在有线网络和无线网络中都是一个非常严重的攻击方式。在 WLAN 中，攻击者可以通过多种方式实施 DoS 攻击。比如，利用频率干扰方式阻止 WLAN 的接入，或者是通过发送大量的消息以耗尽网络带宽，亦或者是利用安全机制，使 AP 和 STA 疲于应付数据的安全性验证，以降低用户的接入速率等。另一种方式是向 AP 发送大量无效的关联消息，导致 AP 因消息量过载而瘫痪，不能提供正常的无线接入服务，进而影响其他合法 STA 与 AP 间建立关联关系。尽管研究人员探索着引入一些新的技术来解决 DoS 攻击，比如，消息准入控制（Admission-Controller，AC）和全局监控（Global Monitor，GM）等，其中 AC 和 GM 技术是在 AP 处于重负载的情况下，通过给 STA 分配特定的临时带宽，将一些数据包转移到其他的邻近 AP，联合检测是否发生了 DoS 攻击。根据网络安全对抗的原理，攻击者也在不断地分析 AP 使用的认证机制，通过一定的攻击方式，强迫 AP 拒绝合法 STA 的初始连接请求。遗憾的是，迄今为止，抗 DoS 攻击的技术收效甚微。目前的现状是抗 DoS 攻击的工具非常少，而可利用的 DoS 攻击工具却非常多，攻击者可以利用一系列的攻击工具对 WLAN 实施 DoS 攻击，这导致 WLAN 下的 DoS 攻击非常严峻。

④中间人攻击

中间人攻击在有线网络和无线网络中都是一个非常典型的攻击方式，攻击者在合法的 STA 与 AP 的通信过程中进行消息截取，对 AP 和 STA 双方进行欺骗。对 AP 而言，攻击者假冒合法的 STA；而对合法的 STA 来说，攻击者则假冒可信的 AP。通过使用类似于 IEEE802.lx 这样的双向认证机制，或者是智能型的无线入侵检测系统，可以阻止在 AP 和 STA 之间发生中间人攻击。

⑤ WLAN 拓扑设置不合理引起的攻击

由于 WLAN 是有线网络的延伸，有线网络的安全性将严重依赖于 WLAN 的安全性。因此，WLAN 存在的安全威胁将直接导致有线 LAN 也面临同样的安全威胁。一个正确架设的 WLAN 应该放置到有线网络中防火墙的非军事化区（Demilitarized Zone，DMZ），或者是带有访问控制功能的交换机上，以实现 WLAN 与有线 LAN 的隔离。由于对 WLAN 子网进行访问控制可以降低有线 LAN 受到的安全威胁，因此，一个设计良好的 WLAN 拓扑结构在 WLAN 安全中扮演着非常重要的角色。

⑥ AP 默认配置导致的攻击

由于 AP 在出厂时对安全参数进行设置或强制使用的话，会增加普通用户的使用难度。因此，目前的现状是多数 AP 产品在出厂时默认的安全配置是最低配置或根本就没有安全配置，比如，许多 AP 的默认安全设置是弱密码，或者安全设置为空。这一点可以从 AP 产品的包装盒上就可以看出，AP 产品多数只强调有更高的数据率，但却没有安全方面的承诺，这方面是靠网络安全管理员根据其组织结构的安全策略对 AP 进行相应的安全配置。比如，AP 中动态主机设置协议（Dynamic Host Configuration Protocol，DHCP）的默认值是 ON，这样无线移动终端用户可以方便地自动接入无线网络。简单网络管理协议（Simple Network Management Protocol，SNMP）参数的默认值也是不安全的。所有这些都要求网络安全管理员必须负责对其进行修改默认配置，确保通过 AP 的安全威胁降到最低程度。另一方面，通过对多个 AP 设置不同的服务集标识符（Service Set Identifier，SSID），并要求无线终端提供正确的 SSID 才能访问 AP，这样就可以允许不同群组的用户接入，并对资源访问的权限进行区别限制。通常认为，SSID 是一个简单的口令，从而提供一定的安全，但如果配置 AP 向外广播其 SSID，那么安全程度将会下降。因此通常情况下，用户自己配置客户端系统，导致很多人都知道该 AP 的 SSID，很容易共享给非法用户，尤其是目前有的 AP 厂家支持任意 SSID 方式，只要无线终端在任何 AP 范围内，移动终端都会自动连接到 AP，这将跳过 SSID 的安全限制功能。

（2）物理攻击

①伪装 AP 攻击

IEEE802.1lb 的安全机制是 AP 完成了对 STA 的身份确认后，对 STA 授予一定的权限，允许其访问 WLAN。由于实行的是 AP 只对 STA 进行认证，而 STA 从不对 AP 进行认证的单向认证机制，导致攻击者能够绕过网络中心管理员的监管，架设一个伪装的 AP，并对伪装 AP 的安全功能进行禁用，从而构成了 WLAN 新的安全威胁。目前解决伪装 AP 的措施是在 STA 和 AP 之间进行双向认证，以确保通信双方的合法性，如 IEEE802.lx 就是一个双向认证协议。此外，网络管理员也可以借助无线分析工具对无线网络进行信号搜索与网络审计操作，以防止假冒 AP 的出现。

② AP 安装位置不当引发攻击

如果 AP 安装的物理位置不当可能会引发另一种物理攻击，这已经成为无线网络安全中的又一个重要问题。当攻击者具备将 AP 配置切换到默认的不安全状态的能力时，攻击者将会很容易地根据需要对 AP 的安全进行重新复位，从而可以绕过有线网络的防火墙等安全机制，借助无线网络直接接入到有线网络，进而发动一系列攻击。所以这就要求网络管理员必须仔细选择安装 AP 的物理位置。

③ AP 信号覆盖范围攻击

WLAN 与有线 LAN 的主要不同点是 WLAN 依赖于射频信号作为传输介质，这种通过 AP 广播的射频信号能够传播到 AP 所在的房间、大楼等物理位置的周边区域，并允许用户在房间或楼房之外的区域接入到无线网络之中。这样攻击者可以借助功率大、灵敏度高的无线接收设备和嗅探工具对 WLAN 进行探测，并通过驾车或在商务中心区域漫步的方式对正在进行的无线通信活动进行窃听。射频信号的无边界性，导致在大楼之外的攻击者也可以通过接收到的射频信号发动对 WLAN 攻击，这种类型的攻击称之为战争驾驶。而战争驾驶攻击工具可以从互联网上公开获取。当然，一些开放的公共区域应该允许 WLAN 自由接入，这种 WLAN 区域称之为"热点"（hotspot），但这些热点地区的 WLAN 部署时要充分考虑前面提到的可能的攻击方式，尤其要意识到对热点区域的攻击可能危及到相连的有线 LAN 的安全。在热点地区要阻止物理接入 AP 是非常困难的，因此，要求对热点地区 AP 的控制和监控必须做到最小化，通常是对用户接入公共网络的移动性、灵活性要求与网络安全基础设施之间的矛盾进行折衷处理。在网络主干部分实现高安全等级，而在分支接入部分，实施相对较低的安全级别。

WLAN 的安全威胁除了受到可能的攻击外，一些新的应用也会对 WLAN 造成安全威胁。这些新特点如下：

a.WLAN 的复杂性不断增加。

由于涉及过多的第三方无线数据网络，增加了保障特定组织交换数据的完整性和保密性，无线设备是无线应用新的接口，但新兴的移动设备的安全能力却极其有限。

b. 新病毒的威胁。各种各样的不成熟无线设备、操作系统、应用程序、网络新技术以及用户规模的扩大，增加病毒和恶意代码的危险。

c. 口令攻击是防护的弱点。用户为了方便使用，访问的初始化代码和口令会被设置为激活状态，这样任何接触的人都可以使用它，并以此进行未授权的应用和数据访问。

d. 无线应用协议（Wireless Application Protocol，WAP）的缺陷。WAP 不提供端到端的安全，在 WAP 网关处不对数据提供保护，易于引起机密信息的暴露而引发安全威胁。

e. 潜在网关威胁。一个配备有 WLAN、GSM 或通用分组无线服务技术（General Packet Radio Service，GPRS）接口的设备，由于 WLAN 技术的连通性可能会使接近的非法者通过 WLAN 设备建立连接，并以 GSM/GPRS 接口的设备为"网关"，从而进入受保护的区域。

f. 射频扫描装置的威胁。用来传输数据的公共无线频段缺乏有效的加密算法，增加通过射频扫描装置对数据的捕捉和对信息的破解风险。

g. 基于定位的服务使用户行踪总是处于监视之中，引起隐私保护问题。

h. 不成熟的安全控制。无线网络存在用户及设备的认证不足，即只认设备不认人的现象，此外，还缺乏内容安全性、数据存储安全、无线网格网络（Mesh）方面的规范等。

3．无线局域网的安全机制

（1）WLAN 目前最常用安全措施。

由于无线局域网通过无线电波在空中传输数据，因此，在数据发射机覆盖区域内的几乎任何一个无线局域网用户都能接触到这些数据。无论接触数据者是在另外一个房间、另一层楼或是在本建筑之外，无线就意味着会让人接触到数据。与此同时，要将无线局域网发射的数据仅仅传送给一名目标接收者是不可能的。而防火墙对通过无线电波进行的网络通讯起不了作用，任何人在视距范围之内都可以截获和插入数据。因此定义了以下几种无线局域网基本安全机制：

（2）服务集标识符（SSID）。

在无线局域网中，首先为多个接入点（Access Point，AP）配置不同的服务集标识符（Service Set Identifier，SSID），无线终端必须知道 SSID 以便在网络中发送和接收数据。若某移动终端企图接入 WLAN，Access Point 首先检查无线终端出示的 SSID，符合则允许接入 WLAN。

（3）物理地址（MAC）过滤控制。

物理地址过滤控制是采用硬件控制的机制来实现对接入无线终端的识别。由于无线终端的网卡都具备唯一的 MAC 地址，因此，可以通过检查无线终端数据包的源 MAC 地址来识别无线终端的合法性。地址过滤控制方式要求预先在 AP 服务器中写入合法的 MAC 地址列表，只有当客户机的 MAC 地址和合法 MAC 地址表中的地址匹配，AP 才允许客户机与之通信，从而实现物理地址过滤。

（4）有线对等保密机制（WEP）。

由于 WEP 机制中所使用密钥只能是四组中的一个，因此，其实质上还是静态 WEP 加密，AP 和它所联系的所有移动终端都使用相同的加密密钥，使用同一 AP 的用户也使用相同的加密密钥，一旦其中一个用户的密钥泄漏，其他用户的密钥也无法保密了。在802.11 中有一个对数据基于共享密钥的加密机制，称为"有线对等保密 WEP"（Wired Equivalent Privacy）的技术，WEP 是一种基于 RC-4 算法的 40bit 或 128bit 加密技术。移动终端和 AP 可以配置四组 WEP 密钥，加密传输数据时可以轮流使用，允许加密密钥动态改变。

（5）虚拟专用网络（VPN，Virtual Private Network）。

VPN 是指在一个公共 IP 网络平台上通过隧道以及加密技术保证专用数据的网络安全性，它不属于 802.11 标准定义；但是用户可以借助 VPN 来抵抗无线网络的不安全因素，同时还可以提供基于 Radius 的用户认证以及计费。

（6）端口访问控制技术（802.1x）。

该技术也是用于无线局域网的一种增强性网络安全解决方案。当无线工作站与 AP 关联后，是否可以使用 AP 的服务要取决于 802.1x 的认证结果。如果认证通过，则 AP 为用户打开这个逻辑端口，否则不允许用户上网。802.1x 除提供端口访问控制能力之外，还提供基于用户的认证系统及计费，因此，特别适合于无线接入解决方案。

无线网络安全是一个不断改善和升级的过程，当前 WLAN 所使用的主要安全机制包括：SSID、物理地址（MAC）过滤、有线对等保密机制（WEP）、虚拟专用网络（VPN，Virtual Private Network）、端口访问控制技术（802.1x）都已经在实际使用中显露出弊端。将 802.1x 端口控制技术、EAP 认证机制和 AES 加密算法相结合，可以使 WLAN 安全性能得到较大提高。随着无线技术迅猛发展，无线通信安全尚待进一步发展和完善，将用户的认证和传输数据的加密等多种措施结合起来，从而才能构筑安全的无线局域网。

二、无线网络加密方法和安全技术

根据 Gartner 的预测，2006 年底能够上网的手持设备将超过 PC 水平，而且"无线热区"也正快速地从机场、酒店向街区过渡。这意味着一种全新的互联网接入模式以及由此产生的新的黑客攻击浪潮正在形成。无线连接和无线设备的管理比有线系统要复杂得多，一旦企业忽视无线安全问题，攻击者将可以堂而皇之地进入企业内部大肆破坏，同时企业建构在有线系统上的安全设施将形同虚设。如何架设一个没有加密的无线网络？这意味着无线安全防范已经成为信息安全领域新的课题，理解无线加密对于部署一个安全的无线网络是非常重要的，所以每个使用无线的用户都必须认识并解决它。

1. 无线技术均有安全缺陷

一般来说，网络的安全性主要表现在数据加密和控制访问等方面，数据加密往往能确保传输的信息只能被自己所期望的网络用户所接受和理解，而控制访问可以确保网络信息只能由已授权用户获得。总体来看，大部分无线技术标准在安全方面都提供了较好的基础，特别是较晚出现的类似 WiMAX 和 UWB 这样正在谋求市场认同的无线技术。然而，由于产品设计和实现方面的问题，任何一类技术都不可避免地会产生一些安全缺陷。Wi-Fi 作为无线应用的先行者之一，暴露出了较多的安全弱点。尽管在新的 802.11i 等无线局域网标准中安全性有了很大进步，但是全球已经运行着大量遵循旧有 802.11b 标准的产品。事实上，这些相对较老的产品仍然在销售和生产中。这一事实具有双重启示：首先尽管 UWB 等技术展示给我们的安全特征已经超越了民用市场的界限；另一层意义在于新推出的无线技术标准除了借鉴前人的设计经验之外，也许应该提前对规范的更新作出充分考虑。此外，值得一提的是 3G 和 RFID，这两项无线技术有可能大幅度地改善个人消费者的生活，同时也带来了更多隐私方面的问题。除了执行安全防护之外，如何处理隐私问题已经大大超出了安全技术的范畴，这也显示了无线技术作为变革全球网络形态的力量所具有的社会性特征。从现实情况来看，大部分投入使用的无线设备仍然处于保护不足的状态。因此，保障无线安全的首要问题在于应用与有线系统一样正规的安全处理过程，同时着力培养用户的安全意识和安全技能，从而尽快地将无线安全问题导入正轨。

2. 无线网络加密方法

无线传输的安全类似于一个书面信息，有各种各样的方法来发送一个书面信息。每一种方法都提供一种增强水平的安全性和保护这个信息的完整性。你可以发送一张明信片，这样，这个信息对于看到它的每一个人都是公开的。你可以把这个信息放在信封里，防止有人随意看到它。如果你确实要保证只有收件人能够看到这个信息，你就需要给这个信息加密并且保证收件人知道这个信息的解码方式，无线数据传输亦是如此。如果没有加密的无线数据在空中传输，任何在附近的无线设备都有可能截获这些数据。使用有线等效协议（WEP）加密你的无线网络可提供最低限度的安全，因为这种加密是很容易破解的。如果你确实要保护你的无线数据，你需要使用 WPA（Wi-Fi 保护接入）等更安全的加密方式。

（1）有线等效协议（WEP）。

有线等效协议是厂商作为一种伪标准匆忙推出的一种加密方式。厂商要在这个协议标准最后确定下来之前匆忙开始生产无线设备。因此，这个协议后来发现存在一些漏洞，甚至一个初入道的攻击者也能够利用这个协议中的安全漏洞。

（2）Wi-Fi 保护接入（WPA）制定

Wi-Fi 保护接入协议是为了改善或者替换有漏洞的 WEP 加密方式。然而，WPA 提供了比 WEP 更强大的加密方式，以解决 WEP 存在的许多弱点。

（3）临时密钥完整性协议（TKIP）。

TKIP 是一种基础性的技术，允许 WPA 向下兼容 WEP 协议和现有的无线硬件。TKIP 与 WEP 一起工作，组成了一个更长的 128 位密钥，并根据每个数据包变换密钥，使这个密钥比单独使用 WEP 协议安全许多倍。

（4）可扩展认证协议（EAP）

有 EAP 的支持，WPA 加密可提供与控制访问无线网络有关的更多的功能。其方法不是仅根据可能被捕捉或者假冒的 MAC 地址过滤来控制无线网络的访问，而是根据公共密钥基础设施（PKI）来控制无线网络的访问。虽然 WPA 协议给 WEP 协议带来了很大的改善，但它比 WEP 协议安全许多倍。

3. 普通无线网络用户无线安全的应对措施

（1）正确设置网络密钥

在缺省状态下，无线网络节点生产商为方便初级用户安装无线网络，特意将无线网络节点的数据传输加密功能设置为"禁用"，这样一来用户初次接入网络是不安全的，非法攻击者很容易利用专业的嗅探工具，截获到在无线网络中传输的明文数据。为此，当你在初次连接到无线局域网中时，必须记得设置好网络密钥，来对在无线网络中传输的数据进行加密，以便有效地抵御普通黑客的非法入侵。

（2）更改默认的 SSID 设置

在默认状态下，无线网络节点的生产商会利用 SSID（初始化字符串），来检验企图登录无线网络节点的连接请求，一旦检验通过的话，就可能顺利连接到无线网络中；可是由于同一生产商推出的无线网络节点都使用了相同的 SSID 名称，这给那些企图非法连接到无线网络中的攻击者们提供了入侵便利。一旦他们用通用的初始化字符串来连接无线网络时，就很容易建成功一条非授权链接，从而给无线网络的安全带来威胁。为此，在初次安装好无线局域网时，必须及时登录到无线网络节点的管理页面中，打开 SSID 设置选项，重新设置一下初始化字符串，最好让人难于猜测到；而且，为了更有效地避免非法链接，最好在条件允许的前提下，取消 SSID 的网络广播，这样能将黑客入侵机会降至最低。

（3）合适放置天线

由于无线网络节点是有线信号和无线信号的转换"枢纽"，在无线网络节点中的天线位置，不但能够决定无线局域网的信号传输速度、通信信号强弱，而且还能影响无线网络的通信安全，为此将无线网络节点摆放在一个合适的位置是非常必要的！在放置天线之前，最好先明确无线网络节点的通信信号覆盖范围为多大，然后依据范围大小，将天线放置到其他用户无法"触及"的位置处。

（4）做好其他防范工作

为了更好地保护无线网络的安全，还可以根据无线网络节点自身功能的不同进行一些其他有效的安全防范措施。

4. 企业无线安全建议

（1）严密监控企业的无线设施

自 802.11b 产品大面积普及开始，了解企业无线信号的覆盖范围就成为实施无线安全的首要步骤之一。然而在今天，我们还需要了解企业无线覆盖内更详细的情况。例如，有哪些设备正在信号范围内通信，哪些没有得到授权的设备，是否有设备在截听信号传输，等等。这些工作可能需要一些专用的设备，但是在没有足够设备的情况下仍有很多事情可做。通过良好的设备管理和一般性的嗅探程序，同样可以发现不应该出现在网络内的无线连接。

（2）正确应用加密

首先要选择合适的加密标准。由于很多无线技术都可以选择不同的加密方法，所以这一点相当重要。无线系统不可能孤立地存在，在企业环境里尤为如此，所以，加密方法一定要与上层应用系统匹配。在适用的情况下尽量选择密钥位数较高的加密方法。就目前的情况来说应该尽量保证 128 位密钥长度。

（3）验证同样重要加密可以保护信息不被破解，但是无法保证数据的真实性和完整性，因此，部署无线系统的时候必须为其提供匹配的认证机制。在使用的无线系统带有认证机制的情况下可以直接利用。但是与加密一样，要保证认证机制与其他应用系统能够协同工作，在需要的情况下，也可以使用企业原有的认证系统来完成这一工作。

（4）将无线纳入安全策略

对于企业应用环境来说，将无线问题纳入企业整体安全策略当中是必不可少的。这样既可以保证无线安全的实施足够完善和合理，而且如果无线和有线的安全问题不能统一处理，就会破坏整个网络的安全性。企业有关信息安全方面的所有内容，包括做什么、做到什么地步、由谁来做、如何做，等等，应该围绕统一的目标来组织，只有这样才能打造出健康有效的安全体系。

第八章 网络信息系统安全的技术对策

在网络攻击手段日益增多，攻击频率日益增高的背景下，信息技术正以其广泛的渗透性和无与伦比的先进性与传统产业相结合，随着互联网络的飞速发展，网络的重要性和对社会的影响越来越大。与此同时，病毒及黑客对网络系统的恶意入侵使信息网络系统面临着强大的生存压力，因此，网络安全问题变得越来越重要。

第一节 对手和攻击种类

网络的发展极大地改变了人们的生活和工作方式，Internet 更是给人们带来了无尽的便捷。在我们赞叹于网络的强大功能时，还应当清醒地看到，网络世界并不是一方净土。尤其最近半年爆发的"网络天空""高波""爱情后门"及"震荡波"等病毒，以及网络黑客的恶意入侵，促使人们更加深刻地感受到了网络安全的重要性。正如人们所说的：网络的生命在于其安全性。

一、网络信息安全

网络信息安全是一个关系国家安全和主权、社会稳定、民族文化继承和发扬的重要问题。其重要性正随着全球信息化步伐的加快越来越重要。网络信息安全是一门涉及计算机科学、网络技术、通信技术、密码技术、信息安全技术、应用数学、数论、信息论等多种学科的综合性学科。它主要是指网络系统的硬件、软件及其系统中的数据受到保护，不受偶然的或者恶意的原因而遭到破坏、更改及泄露，系统连续可靠正常地运行，网络服务不中断。

保证信息安全，最根本的就是保证信息安全的基本特征发挥作用。因此，下面先介绍信息安全的五大特征。

1. 完整性

完整性指信息在传输、交换、存储和处理过程中保持非修改、非破坏和非丢失的特性，即保持信息原样性，促使信息能正确生成、存储、传输，这是最基本的安全特征。

2. 保密性

保密性指信息按给定要求不泄漏给非授权的个人、实体或过程，或提供其利用的特性，即杜绝有用信息泄漏给非授权个人或实体，强调有用信息只被授权对象使用的特征。

3. 可用性

可用性指网络信息可被授权实体正确访问，并按要求能正常使用或在非正常情况下能恢复使用的特征，即在系统运行时能正确地存取所需信息，当系统遭受攻击或破坏时，能迅速恢复并能投入使用。可用性是衡量网络信息系统面向用户的一种安全性能。

4．不可否认性

不可否认性指通信双方在信息交互过程中，确信参与者本身，以及参与者所提供的信息的真实同一性，即所有参与者都不可能否认或抵赖本人的真实身份，以及提供信息的原样性和完成的操作与承诺。

5．可控性

可控性指对流通在网络系统中的信息传播及具体内容能够实现有效控制的特性，即网络系统中的任何信息要在一定传输范围和存放空间内可控。除了采用常规的传播站点和传播内容监控这种形式外，最典型的如密码的托管政策，当加密算法交由第三方管理时，必须严格按规定可控执行。

互联网是一把双刃剑。在给经济社会带来深刻影响的同时，其日益凸显的网络信息安全问题也对人民的正常生活和国家的安全体系构成了威胁。

我国既是一个崛起的信息发展大国，同时又是一个信息弱国，网络信息安全是关系到我国未来生存和发展的大问题。计算机网络在我国是一个新兴的领域，历史才 10 多年时间。许多网民上网看重的是计算机网络的便捷性，但对互联网的开放性、社会性所带来的网络和信息安全隐患却认识不足，信息安全意识淡薄。与此同时，不少网民还缺乏最基本的网络安全防范知识和良好的上网习惯。因此，大力加强全社会的网络信息安全教育，从而提高国民的信息安全防范意识，已成为当前信息化建设中需要急需解决的一个紧迫而突出的问题。

二、网络攻击类型

常见的网络攻击主要有：窃听、数据篡改、身份欺骗（IP 地址欺骗）、木马程序、缓冲区溢出攻击、嗅探、口令破解、盗用口令攻击、拒绝服务攻击等，而对网络信息安全构成威胁的最普遍因素，就是大众所周知的病毒攻击与黑客的恶意入侵。网络攻击是由预谋、有动机的网络威胁，也是当今网络所面临的最大的威胁。网络攻击是指对网络进行破坏，使网络服务受到影响的行为。也可以说，网络攻击是指获取超越目标安全策略所设定的服务或者是使得目标网络服务受到影响甚至停滞的所有行为。网络攻击目标有很多，大致可归纳为两类：一类是对系统的攻击；另一类是对数据库的攻击。对系统的攻击主要发生在网络层上，它破坏系统的可用性，致使系统不能正常工作，会留下比较明显的攻击痕迹，用户很容易发现系统不能正常运行，所以说对系统的攻击易被发现。对数据库的攻击主要发生在网络的应用层上，是面向信息的。它的主要目的是篡改和偷取信息，不会留下明显的痕迹，用户不能很容易地知道，所以对数据库的攻击让人防不胜防。网络攻击的一般过程：目标网络的信息收集——目标系统安全弱点的探测——建立模拟环境后进行模拟攻击——具体实施网络攻击。

1. **网络安全最大的对手 DDOS 攻击**

纵观网络安全，DDOS 攻击是网络安全最大的对手，已经对正常的网络秩序造成严重影响。因此，了解 DDoS，进而了解它的工作原理及防范措施，才能保证网络安全。

（1）DDoS 攻击的破坏方式

分布式拒绝服务攻击（DDoS）是目前黑客经常采用而难以防范的攻击手段。高速广泛连接的网络给大家带来了方便，同时也为 DDoS 攻击创造了极为有利的条件。在低速网络时代时，黑客占领攻击用的傀儡机时，总是会优先考虑离目标网络距离近的机器，因为经过路由器的跳数少，效果好。而现在电信骨干节点之间的连接都是以 G 为级别的，大城市之间更可以达到 2.5G 的连接，这使得攻击可以从更远的地方或者其他城市发起，攻击者的傀儡机位置可以在分布在更大的范围，选择起来更灵活。DDoS 攻击手段是在传统的 DoS 攻击基础之上产生的一类攻击方式。单一的 DoS 攻击一般是采用一对一方式的，当攻击目标 CPU 速度低、内存小或者网络带宽小，等等各项性能指标不高于它的效果是明显的。随着计算机与网络技术的发展，计算机的处理能力迅速增长，内存大大增加，同时也出现了千兆级别的网络，这使得 DoS 攻击的困难程度加大了，目标对恶意攻击包的"消化能力"加强了不少，例如，你的攻击软件每秒钟可以发送 6000 个攻击包，但我的主机与网络带宽每秒钟可以处理 20000 个攻击包，这样一来攻击就不会产生什么效果。DDoS 的攻击手法，攻击者只需要在 PC1 进行操作，通过 PC2 作为跳板，3 号区域的所有计算机，全部向受害者发数据包，这就是利用 PC1 对 PC4 进行 DDoS 攻击的过程。为了逃避追查，黑客不会直接通过 PC2 进行操作，仅仅把 PC2 作为一个跳板，降低 DDoS 攻击的风险。

（2）DDoS 的监测

采用 DDoS 方式进行攻击的攻击者日益增多，我们只有及早发现自己受到攻击才能避免遭受惨重的损失，检测 DDoS 攻击的主要方法有以下几种：第一，根据异常情况分析。当网络的通讯量突然急剧增长，超过平常的极限值时，这时一定要提高警惕，检测此时的通讯；当网站的某一特定服务总是失败时，也要多加注意；当发现有特大型的 ICP 和 UDP 数据包通过或数据包内容可疑时都要留神。总之，当机器出现异常情况时，最好分析这些情况，防患于未然；第二，使用 DDoS 检测工具。当攻击者想使其攻击阴谋得逞时，他首先要扫描系统漏洞，目前市面上的一些网络入侵检测系统，可以杜绝攻击者的扫描行为。另外，一些扫描器工具可以发现攻击者植入系统的代理程序，并可以把它从系统中删除。

（3）DDoS 攻击的防御策略

由于 DDoS 攻击具有隐蔽性，因此到目前为止，我们还没有发现对 DDoS 攻击行之有效的解决方法。所以，我们要加强安全防范意识，提高网络系统的安全性。可采取的安全防御措施有以下几种：

①及早发现系统存在的攻击漏洞，及时安装系统补丁程序。对一些重要的信息（例如，系统配置信息）建立和完善备份机制。对一些特权帐号（例如，管理员帐号）的密码设置要谨慎。通过这样一系列的举措可以把攻击者的可乘之机降至最低。

②在网络管理方面，要经常检查系统的物理环境，禁止那些不必要的网络服务。建立边界安全界限，确保输出的包受到正确限制。同时经常检测系统配置信息，并注意查看每天的安全日志。

③利用网络安全设备（例如，防火墙）来加固网络的安全性，配置好它们的安全规则，过滤掉所有的可能的伪造数据包。

④比较好的防御措施就是和你的网络服务提供商协调工作，让他们帮助你实现路由的访问控制和对带宽总量的限制。

⑤当你发现自己正在遭受 DDoS 攻击时，你应当启动您的应付策略，从而阻挡从已知攻击节点的流量。把伪地址通过 IP 策略过滤后，DDoS 攻击自然会消失。具体的 IP 策略防范 DDoS 攻击步骤：第一，在 Web →高级配置→组管理中，建立一个工作组"all"（可以自定义名称），包含整个网段的所有 IP 地址（192.168.1.1—192.168.1.254）；第二，Web →高级配置→业务管理→业务策略配置中，建立策略"pemit"（可以自定义名称），允许"all 工作组"到所有目标地址（0.0.0.1—255.255.255.255）的访问；第三，在 Web 高级配置→业务管理→全局配置中，取消"允许其他用户"的选中，选中"启用业务管理"，保存。当你是潜在的 DDoS 攻击受害者，你发现你的计算机被攻击者用做主控端和代理端时，你不能因为你的系统暂时没有受到损害而掉以轻心，攻击者已发现你系统的漏洞，这对你的系统是一个很大的威胁。因此，一旦发现系统中存在 DDoS 攻击的工具软件要及时把它清除，以免留下后患。被动防御不是最终的解决办法，必须各界联手进行主动防御，不仅要过滤攻击的流量，还要反溯谁在攻击。

2. **黑客**

Hacker——黑客。黑客这个名词是由英文"hacker"音译过来的，而"hacker"又是源于英文动词"hack"。（"hack"在字典里的意思为：劈，砍，引申为"干了一件不错的事情"）。黑客并不是指入侵者。黑客起源于二十世纪 50 年代麻省理工学院的实验室里。他们喜欢追求新的技术，新的思维，热衷解决问题，他们是热衷研究、撰写程序的专才，且具备乐于追根究底、探究问题的特质。在黑客圈中，hacker 一词无疑是带有正面的意义，例如，system hacker 熟悉操作系统的设计与维护；password hacker 精于找出使用者的密码；若是 computer hacker 则是通晓计算机，可让计算机乖乖听话的高手。但到了二十世纪 90 年代，黑客渐渐变成"入侵者"。因为，人们的心态一直在变，而黑客的本质也一直在变。除了那些信奉技术至上的"正统"黑客外，还存在着另一种黑客，通常我们称之为骇客，称为 Dark-side-Hacker 或者 Cracker。这些人同样具有深厚的计算机技术知识，但是他们却以破坏为乐，其中有一些黑客甚至还受雇于某些公司，为其窃取竞争对手的资料。还有许多所谓的黑客，学会技术后，干起非法的事情。例如，进入银行系统盗取信用卡密码，利用系统漏洞进入服务器后进行破坏，利用黑客程序（特洛伊木马）控制别人的计算机……于是，传媒把"黑客"这个名词强加在"入侵者"身上，人们认为，黑客就是入侵者。而真正的黑客是指真正了解系统，对电脑有创造有贡献的人们，而不是以破坏为目的的入侵者。能否当一名成功的黑客，最重要的是心态，而不是技术。对一个黑客来说，学会入侵和破解是必要的，但最主要的还是编程，毕竟，使用工具是体现别人的思路，而程序是自己的想法。用一句话来总结就是——编程实现一切！但对于一个骇客来说，他们只追求入侵的快感，不在乎技术，他们不会编程，也不知道入侵的具体细节。寻找系统漏洞、入侵系统、通知系统管理员修补漏洞是黑客入侵的经典过程，由此可见，黑客对于网络的安全功不可没。一般来说，由于真正的黑客不容易受到人们的注意，因此，绝大部分的人都已经把骇客当成了黑客。为了叙述方便，本节将统一使用"黑客"这个称谓，而不再对两者进行区分。

（1）黑客集散地

①黑客 X 档案

黑客 X 档案以黑客文化为主题，讲求自由、平等、随意、突破，是一个黑客技术与网络安全的综合性网站。

②安全焦点

安全焦点是国内目前最顶级的网络安全站点，其中云集的大批知名黑客，足以让其他所有的黑客团体黯然失色。他们开发的网络安全软件已经成为众多网站必选的产品。

③看雪学院

看雪学院网站是国内顶级的破解论坛、资深的软件加解密技术性网站，主要研究加解密、逆向工程等。

④黑客基地

黑客基地是由国内外大型 IT 公司和安全公司的网络精英及安全专家共同联合发起设立，专门从事黑客技术与安全防范研究的非盈利性组织。

⑤中国 X 黑客小组

中国 X 黑客小组是一个集黑客技术、安全防御、编程技术于一体的黑客网站，内容比较新颖。

⑥黑白网络

黑白网络主要介绍各种黑客软件、黑客教程及黑客技术等。

⑦赛门铁克

赛门铁克是全球著名的信息安全企业，在安全领域具有相当权威的地位，正因为如此，其官方提供的技术文件也成为黑客的理想教材。

⑧天天安全网

天天安全网是国内一个相当著名的黑客网站，除了提供大量黑客软件及黑客教程外，同时还需要提供最新的黑客软件升级信息以及系统、软件的相关安全新闻。

⑨ Microsoft

作为全球最大的个人计算机操作系统开发商，Microsoft（微软）的官方网站上有大量的技术文件，这些文件都是黑客感兴趣的目标。

（2）黑客的攻击手法

①钓鱼法

钓鱼法顾名思义就是吸引用户上钩，最常见的就是通过广告或邮件吸引用户打开某些网页或执行某些程序，一旦用户上当，黑客就可以通过木马程序入侵这些计算机。

②陷害法

如果直接攻击不能奏效，黑客往往也会从杀毒、防火墙软件着手，让这些防护软件出现故障，从而让用户落入病毒、蠕虫等恶意程序的包围，进而丢失数据，甚至被 CIH 等类型的病毒破坏硬件。

③暴力法

暴力法并非指用武力去攻击对方，而是指通过特殊的软件不断猜测，直到获取正确的密码。

④后门法

后门法也是黑客最常用的方法之一，这里所说的后门一般有两类：一类是指因为各种原因感染了木马程序，此时木马程序会在计算机中打开一个隐蔽的后门，黑客就可以通过这个后门自由地进出；另一类后门是指在编写软件时因考虑不周而出现的漏洞，这些漏洞有可能被黑客利用。

第二节　密钥管理基础设施/公钥基础设施（KMI/PKI）

安全是网络活动最重要的保障，随着 Internet 的发展，网络安全问题越来越受到人们的关注。网络交易活动面临着诸如黑客窃听、篡改、伪造等行为的威胁，对重要的信息传递和控制也非常困难，交易安全无法得到保障，一旦受到攻击，就很难辨别所收到的信息是否由某个确定实体发出的，以及在信息的传递过程中是否被非法篡改过。而 PKI 技术是当前解决网络安全的主要方式之一。

一、公钥基础设施（PKI）研究

1. 公钥基础设施（PKI）的定义

公钥基础设施（PKI）是当前解决网络安全的主要方式之一。PKI 技术是一种遵循既定标准的密钥管理平台，它的基础是加密技术，核心是证书服务，支持集中自动的密钥管理和密钥分配，能够为所有的网络应用提供加密和数字签名等密码服务及所需要的密钥和证书管理体系。简单来说，PKI就是利用公开密钥理论和技术建立提供安全服务的、具有通用性的基础设施，是创建、颁发、管理、注销公钥证书所涉及的所有软件、硬件集合体，PKI也可以用来建立不同实体间的"信任"关系，它是目前网络安全建设的基础与核心。

在通过计算机网络进行的各种数据处理、事务处理和商务活动中，涉及业务活动的双方能否以某种方式建立相互信任关系并确定彼此的身份是至关重要的。而PKI就是一个用于建立和管理这种相互信任关系的安全工具。它既能满足电子商务、电子政务和电子事务等应用的安全需求，又可以有效地解决网络应用中信息的保密性、真实性、完整性、不可否认性和访问控制等安全问题。

2. 公钥基础设施（PKI）的内容

PKI一般包括以下十个功能组件：

（1）认证中心（CA）

认证中心（CA）是PKI的核心组成部分，也是证书签发的机构，更是PKI应用中权威的、可信任的、公正的第三方机构。CA向主体发行证书，该主体成为证书的持有者。通过CA在数字证书上的数字签名来声明证书特有的身份。CA是信任的起点，各个终端实体必须对CA高度信任，因为他们要通过CA来保证其他主体。认证中心由六部分组成：

①签名和加密服务器；

②密钥管理服务器；

③证书管理服务器；

④证书发布和CLR发布服务器；

⑤在线证书状态查询服务器；

⑥web服务器。

认证中心（CA，Certification Authority）就是一个用于确保这种信任关系的权威实体，它是PKI的核心执行机构，其主要职责包括以下三部分：

①并标识证书申请者的身份。

②确保CA用于签名证书的非对称密钥的质量和安全性。

③管理证书信息资料。

（2）证书库

证书库是已颁发证书和已经撤销证书的集中存放地，也是网上的公共信息库。CA将证书发送到X.500格式的目录服务器上，用户可通过LDAP目录访问协议已经颁发的证书、下载证书撤销列表。证书库支持分布式存放。可采用数据库镜像技术，将相关的证书和证书撤销列表从目录服务器下载并存储到本地，以提高证书的查询效率，这是一个大型的PKI系统的基本应用需求。

（3）证书撤销

CA 通过签发证来绑定用户的身份和公钥，这种绑定关系在已经颁布证书的正常生命周期内是有效的。PKI 一般使用证书撤销列表机制进行证书撤销。证书撤销发生在证书取消阶段。撤销列表 CLR 是带有时间戳的已撤销的以撤销证书列表的数字签约结构，签名由签发机构 CA 签发。CA 根据其运行策略定期更新 CRL，并将 CLR 发布到目录服务器上，以供系统的用户进行查询。因此，在验证证书的有效性时，需要检查它是否位于 CRL 中。

（4）密钥备份与恢复

公钥密码可用于数字签名和加 / 解密。与这两种用途对应的有两个密钥对：签名密钥对和加密密钥对。签名密钥对由签名私钥和解签公钥组成。由于数字签名具有不可否认性，签名私钥只能由所有者一人保存，不能做任何备份和存档，以保证签名施加的唯一性。解签公司需要存档，用于验证旧的数字签名。一旦签名钥丢失，就只能重新生成新的签名密钥对。

由于签名私钥不能备份，故密钥的备份与恢复主要是针对解密私钥。当用户遗忘了解密私钥的访问口令或存储解密私钥的物理介质被破坏时，用加密公钥加密密文数据就无法恢复，所以，需要对该密钥进行备份并能够及时恢复。

密钥备份发生在证书的初始阶段。当密钥对用于数据加密时，CA 将对其中的解密私钥进行备份。密钥恢复发生在证书的颁发阶段。当终端用户的解密私钥丢失时，CA 从密钥备份和恢复服务中恢复该密钥。

（5）自动密钥更新

因为安全的问题，密钥和证书的有效期是有限的，需要定期进行更新。如果是手动更新，这会降低 PKI 的系统的可用性，因为有些用户可能忘记了更新，知道密钥和证书过期，无法获取相关服务。因此，自动密钥更新服务是必要的。

自动密钥更新是指 PKI 自动完成密钥和证书的更新，无需用户干预。PKI 会定时检查证书的有效期，当有效期临近结束时，启动更新过程，生成新的密钥对和新的证书，并将证书自动更新到证书库中，该过程与初始化阶段的证书生成和分发类似。在证书颁发时即被赋予一个有效期。一般来说，当密钥和证书的生存期到达有效期的 80% 时，自动密钥更新就会发生。这是考虑到 PKI 在处理时耗费的时间和可能的延迟，避免密钥和证书相关操作产生中断。

（6）密钥历史档案

密钥更新的存在意味着经过一段时间每个用户都会有多个旧证书和至少一个"当前"证书。这一系列证书和相应的私钥组成用户密钥历史档案。记录整个密钥历史是十分重要的，因为某个用户五年前加密的数据无法用现在的私钥解密，这个用户需要从密钥历史档案找到正确的解密密钥来解密数据。类似地，需要从那个密钥历史档案中找到合适的证书来验证五年前的数字签名。PKI 提供管理密钥历史档案的功能，保存所有的密钥，以便正确地备份和恢复密钥，通过查找正确的密钥来解密数据。

（7）交叉认证

在不同的 PKI 之间建立信任关系，进行安全通信，就需要进行"交叉认证"。也就是每个不同的 PKI 用户彼此要验证对方的证书。"交叉认证"是 PKI 中的一个重要的概念，通过把以前无关的 CA 连接在一起，扩大信任域的范围，促使各个体群之间的安全通信成为可能。

（8）支持不可否认

一个 PKI 用户经常实行与他身份相关的不可否认的操作。PKI 必须能支持避免或阻止否认，这就是不可否认的特点。一个 PKI 本身不可能提供真正完全的不可否认的功能，需要人工分析，判断证据，并作出决断。然而，PKI 必须提供所需要的技术上的证据，以支持决策，并提供数据来源认证和可信时间的数字签名。

（9）安全时间戳

支持不可否认的一个关键因素，就是在 PKI 中使用安全时间戳。PKI 中必须有用户可信任的权威时间源，虽然权威时间提供的时间并不需要正确，仅仅需要用作为一个参照时间完成基于 PKI 的事务处理。

（10）客户端软件

如果用户没有发出请求，PKI 通常不会做任何事。用户最终要在本地平台运行客户端软件来完成请求工作，客户端软件必须询问证书和相关的撤销信息，必须理解密钥历史档案，知道何时请求密钥更新或密钥恢复操作，同时必须知道何时为文档请求时间戳。没有软件，就不能使用 PKI 提供的功能。客户端软件独立于其他应用程序，应用程序通过标准接口访问客户端软件，再由客户端软件访问 PKI，最终完成用户请求功能。

2. 公钥基础设施（PKI）的理论基础与计算机网络安全：

（1）PKI 的理论基础是基于密码学的。

密码学 = 密码编制学 + 密码分析学。一个密码系统包含：明文字母空间、密文字母空间、密钥空间和算法。密码系统的两个基本单元是算法和密钥。算法是一些公式、法则或程序，规定明文和密文之间的变换方法；密钥可以看成是算法中的参数。算法是稳定的，可以把算法视为常量；反之，密钥则是一个变量。为了密码系统安全，频繁更换密钥是必要的。

（2）密码体制

密码体制从原理上可分为两大类，即单钥体制（One-key System）和双钥体制（Tow-key System）。单钥体制的加密密钥和解密密钥相同。系统的保密性主要取决于密钥的安全性，如何将密钥安全可靠地分配给通信对方是非常复杂而困难的，若密码管理处理不好就很难保证系统的安全保密；双钥体制的每个用户都有一对选定的密钥：一个可以公开的密钥；另一个则是秘密的。因此，双钥体制又称作公钥体制（Public Key System）。

这一体制是 PKI 发展的理论基础。

（3）计算机网络的安全隐患。

计算机网络的安全主要涉及高速电子信道传输的数据的安全问题，它包含两个主要内容：保密性，即防止非法地获悉数据；完整性，即防止非法地修改数据。两种形式的攻击威胁计算机网络通信安全。第一种是被动窃听（passive wiretapping），通常系指非法搭线窃听，截取通信内容后进行密码分析，在计算机网络通信环境，这种攻击形式还可以用来监视网络通信的信号流，并确定通信双方的身份；第二种是主动窃听（active wiretapping），通常系指非法修改计算机网络中传输的报文。例如，插入一条非法的报文、重发原先的报文、删除一条报文、修改一条报文，等等。

二、PKI 提供的服务与应用

1. PKI 提供的服务

PKI 作为安全基础设施，为不同的用户提供多种安全服务，这些安全服务可以分为核心服务和支撑服务两大类。

（1）核心服务

核心服务主要包括认证服务、完整性服务及保密性服务。

认证服务就是确认实体即为自己称明的实体在应用程序中有实体鉴别和数据来源鉴别两种形式。例如，甲需要验证乙所用证书的真伪。当乙在网络上将证书传送给甲时，甲使用 CA 的公钥解开证书上的数字签名，如果签名通过验证，则证明乙持有的证书是真的；其次，甲还需要验证乙身份的真伪。乙可以将自己的口令用自己的私钥进行数字签名传送给甲，甲已经从乙的证书中或从证书库中查明了乙的公钥，甲就可以用乙的公钥来验证乙的数字签名。如果该签名通过验证，乙在网络中的真实身份就能够确定，并能获得甲的的信任；反之，当乙确定了甲的真实身份后，甲乙双方就可以建立相互信任关系。完整性服务是指数据接收方可以确认收到的数据是否同发送方发出的数据完整一致。这种方法实质是一种数字签名过程，它首先是利用 Hash 函数提取数据"指纹"，然后将数据和其"指纹"信息一起发送到对方，对方收到数据后，重新利用 Hash 函数提取数据"指纹"并与接收到的数据"指纹"比对，进而判断数据是否被篡改。如果敏感数据在传输和处理过程中被篡改，接受方就不会收到完整的数据签名，验证就会失败；反之，如果签名通过了验证，就证明接收方收到的是未经修改的完整数据。保密性服务是确保数据的秘密，即除了指定的实体外，无人能读出这段数据。保密性服务提供一种"数字信封"机制，发送方先产生一个对称密钥，并用该对称密钥加密敏感数据。同时，发送方还用接收方的公钥加密对称密钥，就像把它装入一个"数字信封"。然后，把被加密的对称密钥（"数字信封"）和被加密的敏感数据一起传送给接收方。接收方用自己的私钥拆开"数字信封"，并得到对称密钥，再用对称密钥解开被加密的敏感数据。

（2）支撑服务

支撑服务主要包括安全时间戳、公证服务及不可否认服务。

安全时间戳是就是一个可信的时间权威用一段客人正的完整的数据表示时间戳。最重要的不是时间本身的真实性，而是香港馆时间／日期的安全。安全时间戳服务使用 PKI 的认证和完整性服务。公证服务提供一种证明数据的有效性和正确性的方法。这种公证服务依赖于需要验证的数据和数据验证方式。在 PKI 中，经常需要验证数据包括：Hash 签名、公钥和私钥等，验证的内容主要是数据的合法性和正确性，验证的方法主要是鉴别签名。

不可否认性服务提供一种防止实体对其行为进行抵赖的机制，它从技术上保证实体对其行为的认可。实体的行为多种多样，抵赖问题随时都可能发生，在各种实体行为中，人们更关注发送数据、收到数据、传输数据、创建数据、修改数据以及认同实体行为等的不可否认性。在 PKI 中，由于实体的各种行为只能发生在它被信任之后，因此可通过时间戳标记和数字签名来审计实体的各种行为。通过这种审计将实体的各种行为与时间和数字签名绑定在一起使实体无法抵赖其行为。

2．PKI 的应用

PKI 的应用是非常广泛的，并且在不断地发展之中。

（1）VPN

VPN 是一种建立在公网上的虚拟专用网络。它是利用 IPSec、PPTP、L2TP 协议和建立在 PKI 基础上的加密与数字签名技术获取私有性的。在 VPN 中使用 PKI 技术能增强 VPN 的身份认证能力，从而确保数据的完整性和不可否认性。使用 PKI 技术能够有效建立和管理信任关系，利用数字证书既能阻止非法用户访问 VPN，又能够限制合法用户对 VPN 的访问，同时还能对用户的各种活动进行严格审计。

（2）安全电子邮件

电子邮件的安全问题集中表现在以下两个方面：第一，在通信双方全然不知的情况下，所传递的邮件信息被截取、阅读或篡改；第二，无法确定所收到的邮件是否真的来自发信人，即可能收到的是别人伪造的邮件。

在这两类问题中，第一类是安全问题；第二类是信任问题。电子邮件同样需要保密性、完整性、不可否认性和可鉴别性。这些安全需求可从 PKI 技术获得，一方面利用数字证书和私钥，用户可以对其所发的电子邮件进行数字签名；另一方面可以利用加密技术可以充分保障电子邮件内容的机密性。

3．Web 安全

安全套接层协议基于 TCP/IP 的客户／服务器提供了客户端和服务器的身份鉴别、数据机密性喝数据完整性保护。通过应用程序进行数据交换钱交换初始握手信息来实现有关的安全特性，以此实现对应用层透明的安全通信。结合 SSL 协议和数字证书，PKI 技术可以保证 web 交易多方面的安全需求，使 Web 上的交易和面对面交易一样安全。

4．电子商务的应用

SET 协议是 PKI 技术解决电子商务安全问题的关键。它是 Visa 和 Master 机构共同制定的一个能保证通过开发网络进行安全电子支付的技术标准。在通信中，利用数字证书可以消除匿名带来的风险，同时保证消息不可否认性，因此，这样商业交易就可以安全地在网上进行。

网络安全是保证网络应用的基础。Internet 网络的安全应用离不开 PKI 技术，PKI 技术能够较好地满足网络应用中的机密性、真实性、完整性、不可否认性和存取控制等安全需求。PKI 技术很有发展前途，只是在我国的应用才刚刚起步。此外，CA 作为电子商务的特殊实体，它必须具有权威性，这种权威性来自政府或公共组织的授予；它必须使公众所依赖的机构颁发的证书可信；它必须是公正的，不参与交易双方的。

三、基于公钥的 Zigbee 网络安全构架

传感器技术、数据通信技术、计算机技术是传感网络的三大关键技术。Zigbee 是一种低功耗的局域网技术，相对于其他短距离无线通信技术而言，其功耗和成本较低，作为物联网的一种重要组成技术，能够应用于蓝牙、Wi-Fi、超宽带、手机及其他无线技术不能覆盖的大部分领域。

1．Zigbee 传感网络结构

典型的 Zigbee 应用系统涉及多种信号的检测和控制。因为 Zigbee 的无线特性，增加了传感器布局的灵活性和隐蔽性，还能防止通信电缆被破坏，从而可以有效提高网络的安全性。

2．传感网络的安全隐患

传感网络一般以多跳无线（Ad-Hoc）的方式建立的，通讯路径由网络中的节点本身与其周围其他节点进行通讯而建立起来的。由于再生能源技术目前还不成熟，一般多采用电池给传感器提供能源；会出现一个节点频繁地进行信号发送，能量很快会耗尽，这就影响了整个网络的寿命。为了提高整个网络的生存时间，业界已经开展对动态成簇理论的研究 Zigbee 网络有内置的安全技术，即对称密钥的安全机制，可以保证网络工作正常运行；但从另一方面看，如果没有适合的安全机制，ZigBee 网络将容易遇到故障或者受到攻击，比如，安全监控系统中的恶意系统攻击、节点毁坏，检测系统中的节点故障等。

3．基于 PKI 的传感网络安全技术

在即将到来的大物联时代，所有的物体都在一个大网络中，作为个体的传感器的安全不容忽视，如何提高传感器局域网络的安全性能将是一个很大的课题。为保障网络的安全，可以从提升网络中节点的生命周期、保障数据通信安全两个角度入手：

（1）Zigbee 网络的动态成簇

在网络中要进行数据传输，首要条件是网络中的各节点能够正常工作。由于低功耗自适应集簇分层型协议在节能方面的表现不是很好，业界将剩余能量和距离作为参数引入算法，从而形成基于能量与距离的分簇式路由协议（EDBCP）。根据遗传算法中的轮盘赌选择思想确定簇头，而且对簇头之间的距离进行控制，使簇头分布更加均匀，与此同时，监控各节点能耗情况，适时进行重新分簇，以平衡整个网络各节点的能耗，确保网络整体生存时间达到最佳值。簇节点成员和簇头直接进行通信，采用时分多址（TDMA）信道接入技术，不在时隙内的节点进入休眠状态，节省了单个节点的能量；簇和簇之间采用码分多址（CDMA）技术避免信息干扰。簇头的选择和簇的建立都是在基站内进行的，基站给每个簇内成员节点分配 TDMA。这样不仅节省了节点的计算能量，避免了簇头和节点之间通信的烦琐，而且因为基站的运算能力比一般的节点强，因此，EDBCP 协议还节省时间。基站在簇头选择、簇组建完成后开始发送广播消息，确定各节点是簇头还是成员节点或所属簇。节点信号中主要包含：其能量信息，基站根据节点能量消耗情况，动态调整簇头并重新成簇，以均衡网络内部能耗，从而提升网络生命周期。

（2）基于 PKI 的 64 位非对称加密算法

PKI 作为信息安全技术的核心，采用非对称加密算法，被广泛应用于基于 TCP/IP 协议的网络中。Zigbee 的安全机制由安全服务层提供，共三级安全模式：无安全设定、使用接入控制清单、采用高级加密标准（AES128）的对称密码，为保证网络内部通信的畅通和安全，可以在设计过程中将后两种模式相结合使用。

Zigbee 内置的安全技术—对称密钥的安全机制可以保证网络工作正常运行，但应用层的安全目前尚没有统一的标准，为此可以引入 64 位非对称加密技术。根据公开的 PKI 算法，结合传感器网络各节点的角色定义和安全架构，在 AES128 对称密码算法的基础上进行设计。

3. 无线网络安全方案的应用

根据上述无线网络动态成簇算法和 64 位非对称加密算法，可以设计一个 Zigbee 无线网络的安全方案，此安全方案包含两个接口：一个接口面向 Zigbee 传感器，接口定义包含：传感器的身份、信号定义等信息；另一个接口面向应用逻辑层，接口定义包含：节点状态、节点能量等信息。对于应用系统，此安全方案封装了网络内部的安全保障机制，动态成簇算法确保了网络内部能耗的均衡性和网络生存时间，而 64 位非对称加密算法保证了网络通信的安全。对于一个无线传感应用系统，只要确定了节点功能和信号定义，通过本安全方案将传感器端连接到用户应用逻辑层，可以缩短此类传感网络系统的开发时间。

第三节　重要的安全技术

一、杀毒软件技术

杀毒软件是我们见得最多，也用得最为普遍的安全技术方案，因为这种技术实现起来最为简单，但我们都知道杀毒软件的主要功能就是杀毒，功能十分有限，不能完全满足网络安全的需要。这种方式对于个人用户或小企业或许还能满足需要，但如果个人或企业有电子商务方面的需求，就不能完全满足了。可喜的是，随着杀毒软件技术的不断发展，现在的主流杀毒软件同时对预防木马及其他的一些黑客程序的入侵。还有的杀毒软件开发商同时提供了软件防火墙，具有一定防火墙功能，在一定程度上能起到硬件防火墙的功效，比如，KV300、金山防火墙、Norton 防火墙等。

1. **为什么要使用杀毒软件**？

随着网络时代的到来，计算机病毒越来越猖狂，为了防止计算机病毒危害电脑，使用杀毒软件是很有必要的。

（1）计算机病毒的危害

计算机病毒，一个骇人听闻的名字，我们每个人都害怕自己的电脑沾上这种可怕的东西，一中毒，要么丢一些文件，要么甚至连计算机都可能被废掉。因此，病毒从出现之日起就给我们带来了巨大的损伤，随着 IT 技术的不断发展和网络技术的更新，病毒在感染性、流行性、欺骗性、危害性、潜伏性和顽固性等几个方面也越来越强。

（2）如何预防计算机病毒？

目前通过网络应用（比如，电子邮件、文件下载、网页浏览）进行传播已经成为计算机病毒传播的主要方式。因此，选择选择必要的杀毒软件就变的非常有必要。现在一般比较常用的杀毒软件有：国内开发的瑞星杀毒软件和 360 杀毒软件以及国外开发的诺顿杀毒软件和卡巴斯基杀毒软件。究竟我们用那种杀毒软件比较合适呢？下面我们比较一下这几种常见的杀毒软件，希望能给大家在选择杀毒软件是提供一些帮助。

2. **常用杀毒软件功能的比较**

（1）瑞星杀毒软件的功能

①后台查杀

在瑞星杀毒软件 2009 版中，所有查杀任务都转入后台执行，前台仅显示查杀的状态和结果。即您通过手动查杀、空闲时段查杀等方式开始查杀病毒后，即使您关闭了杀毒软件主程序，查杀任务仍在继续执行。

②断点续杀

在瑞星杀毒软件 2009 版中，手动查杀、空闲时段查杀加入断点续杀的功能。当查杀任务正在执行时您选择停止查杀，在下次启动查杀任务的时候，能够从上次停止的地方继续查杀。这样节省了用户的时间，从而提高工作效率。

③异步杀毒处理

瑞星杀毒软件2009版实现了异步杀毒处理，即病毒查杀和病毒处理是完全分开的，在查杀的过程中如果发现病毒，会提示用户进行处理。与此同时，在用户处理过程中查杀过程仍然在继续，不会中断，耽误查杀时间，查杀和处理可以异步完成。用户可以在查杀完成后，再选择如何处理病毒。

④空闲时段查杀

空闲时段查杀是一种全新的查杀方式，集成了断点续杀、异步病毒处理、后台查杀等各种技术创新。空闲时段查杀以任务为导向进行病毒查杀，可以多个任务同时并执行并且根据各个任务的优先级执行。在任务开始时（比如，到达定时的时间或进入屏幕保护模式）自动执行后台查杀；在任务结束时自动保存查杀状态，以便下次任务开始时进行断点续杀。空闲时段查杀根据用户建立的查杀任务及查杀对象进行循环查杀，并且支持支持异步杀毒处理，用户可以在方便的时候选择如何处理病毒。

⑤应用程序控制

应用程序控制允许用户对监控设置进行个性化定义，来监控程序的运行状态，拦截进程的异常行为，从而为用户提供个性化的保护。

在将一个程序添加至应用程序控制中时采用向导的方式，并且添加程序时是以分类规则模板为基础的，即应用程序控制将各个规则策略分类并集成为模板，每个分类规则模板都是各种不同规则的集合。在将一个软件添加到应用程序控制中时，不用添加单个规则，仅需要选择相应的分类规则模板即可。同时，增加和修改的规则可以另存为模板，模板也可以导出进行备份。同时增加了可操作性，简化了操作，更方便用户使用，以及与其他瑞星用户共享、交换模板。

⑥木马入侵拦截（网站拦截）

木马入侵拦截（网站拦截）基于网页木马行为分析的技术，在检测网页中的恶意程序和恶意代码，可以有效拦截网页恶意脚本或病毒，阻止病毒通过网页或挂马网站进行传播。同时，用户可以根据自己需求，设置独特的行为检测范围，使木马入侵拦截（网站入侵）可以最大限度地保护系统。木马入侵拦截（网站拦截）突破了原来网页脚本扫描只能通过特征进行查杀的技术壁垒。解决了原网页脚本监控无法对加密变形的病毒脚本进行处理的问题。由于采用的是行为检测查杀，对于网页挂马一类的木马有很好的防御和处理能力。

（2）360杀毒软件的功能

①让360杀毒软件进驻你的系统

360杀毒软件是一款集反病毒、反间谍软件、反钓鱼欺骗、隐私保护等功能于一体的免费安全工具，其安装过程并不复杂，与通常的软件安装相比，只是多了激活的步骤和初始配置。首先进入 http://sd.360.cn/ 页面下载安装程序，下载后双击安装文件即可进行安装，360 杀毒软件，准确的说是 360 安全卫士的一个组件，但是可以独立运行。在安装过程中会提示你输入激活码，你只要点击"下一步"即可按提示注册 360 网站的用户，然后即可获取激活码。当然，你也可以在奇虎 360 安全卫的软件中点击"360 杀毒"，然后按照提示操作获取激活码。将激活码复制到前面的窗口中，即可完成激活操作。接下来，按照向导提示完成最后升级、快速扫描等相关选项，也就是 360 杀毒的初始配置。

②用 360 查杀电脑中的病毒

经过前面的安装和配置工作，我们就可以体验免费的 360 杀毒软件了。下面我们看看其杀毒的具体操作以及其实时保护功能。打开 360 杀毒软件，软件主界面显示了当前的状态，正常情况下会提示"系统处于安全保护状态"，在右侧可以看到默认反病毒、反钓鱼欺骗、隐私控制以及自动升级都处于"保护中"状态。在主界面下方，是常用的几项快速任务，包括：立即升级、扫描我的文档、全面扫描和全盘快速扫描，具体功能非常好理解，如果为了节省时间，首先可以进行一次"全盘快速扫描"。从实际使用来看，感觉 360 杀毒软件扫描速度非常快，很快得到扫描结果，扫描结果中有详细的报告统计，包括：扫描过的文件、被感染的文件、可疑文件、隐藏文件、隐藏进程等。对于有问题的文件，360 杀对于有问题的文件 360 杀毒软件提供了几种处理方式：删除、移动到隔离区和不做任何操作，根据用户的选择，点击"继续"后，360 杀毒将很快完成操作，这一过程感觉非常迅速。

③用 360 查杀电脑中的病毒

为了测试 360 杀毒软件的实时监控能力，我们特意直接运行可疑的病毒样本文件，360 杀毒软件表现相当好，马上拦截，并给出具体的病毒名称等相关细节，只是目前界面似乎还存在一些小问题。通过右键菜单中的"启用 360 杀毒扫描"选项，也可以很快查杀到病毒。

④杀毒游览器反钓鱼保护

安装 360 杀毒软件后，在浏览器中已经加入了反钓鱼功能，针对目前各类钓鱼、仿冒网站很多的情况，360 杀毒软件的这一功能，显然可以有效地对一些木马网站、假冒网站起到防范作用。用户可以对信任的网站设置白名单。

此外，360 杀毒软件还提供了游戏模式，只要点击任务栏上的托盘图标，从中选择"开启游戏模式"即可，这是 360 杀毒非常人性化的设计，启动游戏模式后 360 杀毒将会关闭所有的弹出窗口和警报，同时开放所有端口方便用户玩游戏，并且实时监控的级别会自动设置为"低"，让用户玩游戏时不受任何影响。

总的来说，360 杀毒软件作为一款免费的全功能安全工具，具有杀毒、实时保护、浏览器保护、隐私控制等诸多功能，结合国家知名杀毒厂商 Bit Defender 的杀毒技术，表现非常不错，而最难能可贵的是杀毒和响应的速度都很快，实时保护功能也不错，真正可以让你的电脑实时免受病毒、间谍软件和其他恶意软件的危害。

（3）国外的杀毒软件有诺顿杀毒软件和卡巴斯基杀毒软件。

Norton Internet Worm Protection 将阻止某些具有破坏性的互联网蠕虫，使其入侵企图无法得逞。

Quick Scan 工具可在下载全新的病毒防护更新之后，自动搜索并杀除病毒。

增强功能。安装前扫描快速检测并杀除影响 Norton Anti Virus 的安装与启动的感染问题。

自动杀除病毒、蠕虫和特洛伊木马。扫描并清理传入和传出的电子邮件。禁止即时消息附件中的病毒。

检测间谍软件和某些非病毒性威胁，例如，广告软件和击键记录程序。在您打开压缩文件之前对其进行扫描，从而有效避免计算机被感染。（仅在 Windows XP/2000 Pro/Vista 系统中可用）自动下载全新的病毒防护更新，以防御新的威胁。

蠕虫禁止和脚本禁止功能甚至可在尚未创建病毒防护更新之前预先检测出新威胁。购买 Norton Anti Virus 2005 时附带为期一年的防护更新，每台计算机的后续更新需进行在线年度订阅。

通过集成的防病毒、防火墙和入侵检测，为远程、移动和联网客户端系统提供威胁防护 Symantec Client Security 具备集成的防病毒、防火墙和入侵检测功能（通过中央控制台进行管理），能提供更好的前瞻性保护，以防范当今不断演化的混合型威胁，如 Blaster。该解决方案可提供重要的端点安全性，以防止入侵攻击通过连接的和未连接的远程用户、移动用户以及关键系统进行传播或进入这些系统。

除了以上几种外，还有金山毒霸，东方微点，费尔斯特等，杀毒效果都还好。然而，仅仅安装好杀毒软件是远远不够的。"三分技术，七分管理"是网络安全领域的一句至理名言，其原意是：网络安全中的 30% 依靠计算机系统信息安全设备和技术保障，而 70% 则依靠用户安全管理意识的提高以及管理模式的更新。具体到网络版杀毒软件来说，三分靠杀毒技术，七分靠网络集中管理。因此，及时更新杀毒软件是非常必要的。只有这样，我们的这块"盾"才会保持坚硬，再锋利的"矛"再厉害的病毒都"刺"不穿，我们的机密，我们的计算机才安全。

二、防火墙技术

"防火墙"是一种形象的说法，其实它是一种由计算机硬件和软件的组合，使互联网与内部网之间建立起一个安全网关（scurity gateway），从而保护内部网免受非法用户的侵入，其实就是一个把互联网与内部网（通常这局域网或城域网）隔开的屏障。

1. 什么是防火墙

所谓"防火墙",是指一种将内部网和公众访问网(如 Internet)分开的方法,它实际上是一种隔离技术。防火墙是在两个网络通讯时执行的一种访问控制尺度,它能允许你"同意"的人和数据进入你的网络,同时将你"不同意"的人和数据拒之门外,从而最大限度地阻止网络中的黑客来访问你的网络。换句话说,如果不通过防火墙,公司内部的人就无法访问 Internet,Internet 上的人也无法和公司内部的人进行通信。

2. 防火墙的类型和各个类型的特点及原理

防火墙的类型有个人防火墙、网络层防火墙及应用层防火墙三种。

(1)个人防火墙

个人防火墙是防止您电脑中的信息被外部侵袭的一项技术,在您的系统中监控、阻止任何未经授权允许的数据进入或发出到互联网及其他网络系统。个人防火墙产品,如著名 Symantec 公司的诺顿、Network Ice 公司的 BlackIce Defender、McAfee 公司的思科及 Zone Lab 的 free Zone Alarm 等,都能帮助您对系统进行监控及管理,防止特洛伊木马、spy-ware 等病毒程序通过网络进入您的电脑或在您未知情况下向外部扩散。这些软件都能够独立运行于整个系统中或针对对个别程序、项目,所以在使用时十分方便及实用。

(2)网络层防火墙

网络层防火墙可视为一种 IP 封包过滤器,运作在底层的 TCP/IP 协议堆栈上。我们可以以枚举的方式,只允许符合特定规则的封包通过,其余的一概禁止穿越防火墙。这些规则通常可以经由管理员定义或修改,不过某些防火墙设备可能只能套用内置的规则。

(3)应用层防火墙

应用层防火墙是在 TCP/IP 堆栈的"应用层"上运作,您使用浏览器时所产生的数据流或是使用 FTP 时的数据流都是属于这一层。应用层防火墙可以拦截进出某应用程序的所有封包,并且封锁其他的封包(通常是直接将封包丢弃)。理论上,这一类的防火墙可以完全阻绝外部的数据流进入受保护机器里。

3. 目前防火墙中的最新技术及发展情况

随着人们对网络安全防护要求的提高,边界防火墙明显力不从心,因为给网络带来安全威胁的不仅是外部网络,更多的是来自内部网络。但边界防火墙无法对内部网络实现有效地保护,除非对每一台主机都安装防火墙,这是不可能的。基于此,一种新型的防火墙技术,分布式防火墙(Distributed Firewalls)技术产生了。由于其优越的安全防护体系,符合未来的发展趋势,因此,这一技术一出现便得到许多用户的认可和接受,它具有很好的发展前景。因为传统的防火墙设置在网络边界,处于内、外部互联网之间,所以称为"边界防火墙(Perimeter Firewall)"。分布式防火墙的特点:主机驻留、嵌入操作系统内核、类似于个人防火墙、适用于服务器托管。分布式防火墙的功能包括:Internet 访问控制、应用访问控制、网络状态监控、黑客攻击的防御、日志管理、系统工具。

分布式防火墙的优势：第一，增强的系统安全性：增加针对主机的入侵检测和防护功能，加强了对来自内部攻击防范，可以实施全方位的安全策略；第二，提高系统性能：消除结构性瓶颈问题，提高系统性能；第三，系统的扩展性：分布式防火墙随系统扩充提供了安全防护无限扩充的能力；第四，实施主机策略：对网络中的各节点可以起到更安全的防护；第五，应用更为广泛，支持 VPN 通信。

4．个人防火墙的设计与实现

（1）研究内容及其意义

这里提出了一种基于 Linux 的个人防火墙来保证网络安全的解决方案，该防火墙主要分成三个模块来实现，它们分别是数据包捕获模块、数据处理模块、过滤规则设置和查询模块。本节首先讲述了数据包进行捕获，提取数据包头信息，然将包头信息传递给数据包处理部分，并与包头信息进行匹配和处理，将处理后的信息写入日志数据库，规则设置模块则对数据库进行添加规则和显示相应的日志信息包过，滤防火墙是实现防火墙基本功能的最重要、最基础的原型，是学习防火墙技术的必经之路，也为进一步设计与提高防火墙性能提供了必要的储备。

（2）数据包处理模块结构与原理分析

①数据包处理模块的结构

网络捕获模块负责从网络上截获所有的数据包，而数据包处理模块则是对截获的数据包根据数据包类型的源地址、目的地址、端口等基本信息逐个进行分析比较。数据包处理模块在对数据包进行分析后，根据数据包的特性，调用特定的过滤匹配规则确定数据包是否可以通过。其结构如图 8-1 所示。数据包过滤功能的实现是在网络中运行程序对数据包实施有选择的通过，选择的依据就是系统内设置的过滤规则，只要与过滤规则相匹配的数据包就被否决，其余的数据包则默认允许通过，并将这些过滤信息存入相应的数据库。其流程图如图 8-2 所示。

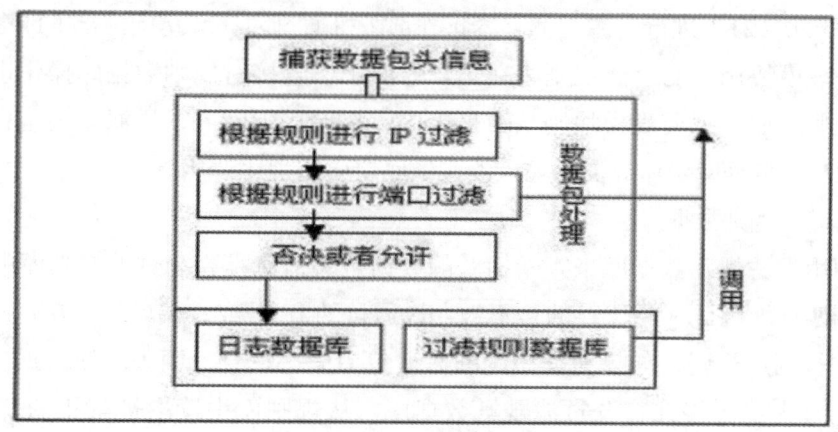

图 8-1　数据处理模示意图

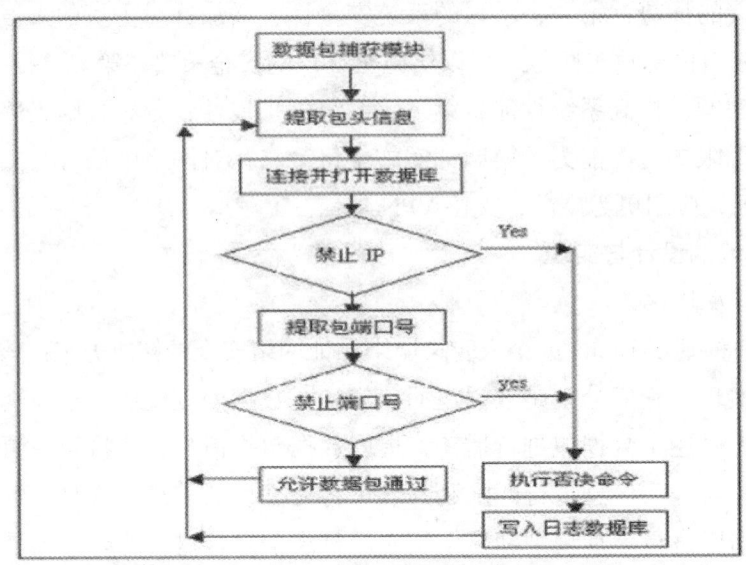

图 8-2　数据包处理流程图

②数据包处理模块原理分析

a. 过滤规则

本系统采用的默认过滤规则是：默认接收所有的进入、外出和转发数据包；接收所有本地环路接口上的进出包。当要有选择地接收数据包时，本地的过滤规则需要进行相应的设置。比如，现在要拒绝 IP 地址为 192.168.0.161（局域网内的一主机的 IP 地址）的主机与本地主机通信，在用户相应的选项卡中，填上这一 IP 地址就是表示拒绝此 IP 地址主机向本机发出的所有数据包，这就是数据包的 IP 过滤功能。当然也要实现端口的过滤功能。比如，想禁止某一服务的业务功能，就可以在相应的 IP 号下同时设置端口号，就是表示对任一用户的这一服务被禁止。其实，这只能对某一些常用的端口号进行过滤，如：对 HTTP（端口 80）进行过滤，就是禁止外部用户通过防火墙访问内部 HTTP 服务器；对 FTP（端口 20，21）进行过滤，就是禁止外部主机通过防火墙访问内部 FTP 服务器。

数据处理模块用到的过滤规则将在用户界面中，直接对规则数据库操作进而来设置要过滤的规则，而数据处理模块则从数据库中直接调用。因此，过滤规则是在数据库中定义，由用户在数据库操作界面上输入的，供底层应用程序调用。

b. 调用过滤规则数据库

程序调用过滤规则数据库来判断捕获的数据包头信息是否与过滤规则库中设置的 IP 以及端口相匹配。因此，它保存的是不被允许通过的 IP 号或者端口号，在每次数据调用时，都要进行调用规则，如果与捕获到的数据包头信息符合，则丢弃该数据包，否则就允许通过。首先要连接并打开过滤规则数据库，从规则库中读取被禁止的 IP 以及端口号，匹配后根据情况执行拒绝或者允许通过的命令。MY SQL 数据库提供了一种数据库接口——CAPIs，MY SQL 数据库提供的 CAPIs 函数。CAPIs 包含在 MY SQLclient 库文件当中与 MY SQL 的源代码一块发行，用于连接到数据库和执行数据库查询。现在假设 MY SQL 已安装，在数据库中的相关用户和数据表已被创造。MY SQL 的头文件在 usr/include/MY SQL 目录下，因此你的程序头部必须有以下语句：include<MY SQL/MY SQL.h>MY SQL 的变量类型和函数都包含在这个头文件当中，对数据库的操作基本上都可以在这个头文件里找到相应的实现函数。为了实现连接，首先必须创建一个连接数据库的变量，MY SQL*MY SQL。MY SQL 这个结构表示对一个数据库连接的句柄，它被用于几乎所有的 MY SQL 函数。这些变量类型在 MY SQL 的库当中已有定义，我们需要这些变量是为了使用 MY SQL 的 C APIs 函数。这些变量在头文件里都有详细的实现代码和解释，但是这些实现代码和解释对于程序编写来说并不重要。

此函数是一个非常重要的函数，其功能是连接一个 MY SQL 数据库服务器。它试图建立到运行 MY SQL 数据库引擎的 HOST 的一个连接。host 是 MY SQL 服务器的主机名，是一个现存 MY SQL 软件的主机地址。它可以是主机名或者是一个 IP 地址，假定它为 NULL 或者字符串 "localhost"，则是到本地主机的一个连接。user 是登录的用户名，passwd 是登录密码，db 是要连接的数据库，port 是 MY SQL 服务器的 TCP/IP 端口，unix_socket 是连接类型，clientflag 是 MY SQL 运行成 ODBC 数据库的标记。参数 PORT 若不是 0，对于 TCP/IP 连接这个值将用作端口号。参数 unix_socket 如果不是 NULL，字符串指定套接字或应将是被使用的命名管道。参数 clientflag 的值通常是 0。连接寻建立成功后，这个函数将返回 0。至此，对数据库连接的功能基本已实现，然后就可以对数据库进行查询和添加等操作了。这是连接数据库的第一步，也是关键的一步，此连接返回的数值关系到此程序调用的各种基本信息。现在，我们可以连接数据库并进行查询。查询之前，建立个查询语句字符串：har*query。这样可以创立任何 SQL 查询语句进行查询。

函数读出查询结果。MY SQL_use_result( ) 的一个优点是客户为结果集合需要较少的内存，因为它一次只是维持一行（并且因为有较少的分配开销，MY SQL_use_result( ) 能更快些）。缺点是必须尽快处理每一行以避免困住服务器，不必再结果集合中随意存取行（你只能顺序存取行），而且你不知道在结果集合中有多少行，直到你检索全部结果。还有，必须检索出所有行，即使在检索中途确定已找到了想寻找的信息。尽管可以很容易地查询，也要用这个查询的结果同时还要用到其他的函数。

第一个是：MY SQL_ROW STDCALL MY SQL_fetch_row(MY SQL_RES*result)。

该函数把结果转换成 "数组"。该函数返回的是 MY SQL_ROW 变量类型。MY SQL_ROW 这个结构是数据行的一个安全表示法。当前它实现为一个计数字节的字符串数组（如果字段值可能包含二进制数据，不能将这些视为空终止串因为这样的值可以在内部包含空字节），行通过调用其他函数获得。无法使用以空字符结束的串，因为数据在这个串可以是二进制，也许没有包括任何字符。以下语句创立字符串数组变量：MY SQL_ROW row。这些函数是用来得到受 INSERT、DELETE、UPDATE 查询语句影响的 "数据集"

数目。my_ulonglong 该类型用于行数。这种类型提供 0 到 1。84e19 的一个范围，为了打印出这样的值，将它变换到 unsigned long 并且使用一个 %lu 打印格式。

（3）与过滤规则中规则对比

①数据包源或目的 IP 地址过滤

这项任务要检查 IP 包头，根据其 IP 源地址和目标地址作出放行 / 丢弃决定。如果数据包的源或目的 IP 地址与我们设定的丢弃数据包的地址匹配，那么该数据包将被丢弃。首选要检查收到的数据包的源 IP（在本程序中只对 UDP 数据报进行了实验，其他协议的数据包以此类推），若为本地地址则一定丢弃，其他地址则要应用过滤规则。

②数据包传送协议过滤

仅仅依靠地址进行数据过滤在实际运用中是不可行的，还有个原因就是目标主机上往往运行着多种通信服务，因此，除地址之外还要对服务器的 TCP/UDP 端口进行过滤。只要在数据捕获程序的检查出相应的数据包传输协议之后，在其后运行拒绝命令就行了。一般来说，最好匹配规则就是 IP 地址与端口结合起来，这样就是只针对某用户某一服务来拒绝，这样的选择性更加符合实际。

③对数据包的否决

通过包过滤，防火墙可以拦截和检查捕获的数据包。当该数据包不符合过滤规则或者与过滤规则相一致时，防火墙就丢掉该数据包，并存入日志数据库。由于对数据包的否决是一外部命令，在 C 语言中可以用 execlp（ ）这一函数来执行外部命令。同时根据服务器情况，也可以自行添加规则。

④存入日志数据库

对数据包头分析处理后，可以得到此 IP 访问的源 IP 地址、目的 IP 地址、端口以及被拒绝通过的情况。数据库的连接与上文所说的一样，因此，此处存入的是被拒绝的数据包头信息。而且实现一样用到函数：int MY SQL_real_query（ MY SQL*MY SQL, const char*query, unsigned int length ），只是用函数 sprintf（ ）将 query 值改为插入语句即可，如下：sprintf（ query, "insert into logs(remove_ip, local_ip)values（ '%c', '%c'", dd, ss))。这样就可以将包过滤情况轻易地存入日志数据库，以供用户查询过滤情况。

随着防火墙技术的发展，双家网关的基础上又演化出两种防火墙配置，一种是隐蔽主机网关方式，另一种是隐蔽智能网关（隐蔽子网）。隐蔽主机网关是当前一种常见的防火墙配置。顾名思义，这种配置一方面将路由器进行隐蔽；另一方面在互联网和内部网之间安装堡垒主机。堡垒主机装在内部网上，通过路由器的配置，使该堡垒主机成为内部网与互联网进行通信的唯一系统。目前技术最为复杂且安全级别最高的防火墙是隐蔽智能网关，它将网关隐藏在公共系统之后使其免遭直接攻击。隐蔽智能网关提供了对互联网服务进行几乎透明的访问，同时阻止了外部未授权访问对专用网络的非法访问。一般来说，这种防火墙是最不容易被破坏的。基于以上等原因包过滤防火墙已经逐渐被状态检测防火墙所取代，虽然状态检测防火墙判断允许还是禁止数据包的依据，也是源 IP 地址、目的 IP 地址、源端口、目的端口和通讯协议等，但状态检测防火墙是基于会话信息作出决策的，判断当前数据包是否符合先前允许的会话。NAT 功能可以使得防火墙受保护一边的 IP 地址不至于暴露在没有保护的另一边。新一代的防火墙系统不仅能够更好地保护防火墙后面内部网络的安全，而且应该有更为优良的整体性能。未来的防火墙将会把最强的性能和最大限度地安全性有机结合在一起，从而有效地解决网络安全的问题。当然防火墙只是确保网络安全的一个环节，还需要和其他安全措施一起来确保网络安全，比如，和 IDS、IPS、信息保障等结合起来。

三、文件加密和数字签名技术

与防火墙配合使用的安全技术还有文件加密与数字签名技术，它是为提高信息系统及数据的安全性和保密性，防止秘密数据被外部窃取、侦听或破坏所采用的主要技术手段之一。随着信息技术的发展，网络安全与信息保密日益引起人们的关注。目前，各国除了从法律上、管理上加强数据的安全保护外，从技术上分别在软件和硬件两方面采取措施，推动着数据加密技术和物理防范技术的不断发展。按作用不同，文件加密和数字签名技术主要分为数据传输、数据存储、数据完整性的鉴别以及密钥管理技术四种。

1. 数据传输加密技术

目的是对传输中的数据流加密，常用的方针有线路加密和端对端加密两种。前者侧重在线路上而不考虑信源与信宿，是对保密信息通过各线路采用不同的加密密钥提供安全保护；后者则指信息由发送者端通过专用的加密软件，采用某种加密技术对所发送文件进行加密，把明文（也即原文）加密成密文（加密后的文件，这些文件内容是一些看不懂的代码），然后进入 TCP/IP 数据包封装穿过互联网，当这些信息一旦到达目的地，将由收件人运用相应的密钥进行解密，促使密文恢复成为可读数据明文。目前最常用的加密技术有对称加密技术和非对称加密技术，对称加密技术是指同时运用一个密钥进行加密和解密，非对称加密方式就是加密和解密所用的密钥不一样，它有一对密钥，称为"公钥"和"私钥"两个，这两上密钥必须配对使用，也就是说用公钥加密的文件必须用相应人的么钥才能解密，反之亦然。

2. 数据存储加密技术

这种加密技术的目的是防止在存储环节上的数据失密，可分为密文存储和存取控制两种。前者一般是通过加密法转换、附加密码、加密模块等方法实现；比如，上面提到的 PGP 加密软件，它不光可以为互联网上通信的文件进行加密和数字签名，还可以对本地硬盘文件资料进行加密，防止非法访问。这种加密方式不同于 OFFICE 文档中的密码保护，用加密软件加密的文件在解密前内容都会做一下代码转换，把原来普通的数据转变成一堆看不懂的代码，这样就保护了原文件不被非法阅读、修改；后者则是对用户资格、权限加以审查和限制，防止非法用户存取数据或合法用户越权存取数据，这种技术主要应用于 NT 系统和一些网络操作系统中，在系统中可以对不同工作组的用户赋予相应的权限，进而达到保护重要数据不被子非常访问。

3. 数据完整性鉴别技术

目的是对介入信息的传送、存取、处理的人的身份和相关数据内容进行验证，以达到保密的要求，一般包括：口令、密钥、身份、数据等项的鉴别，系统通过对比验证对象输入的特征值是否符合预先设定的参数，实现对数据的安全保护。这种鉴别技术主要应用于大型的数据库管理系统中，因为一个单位的数据通常是一个单位的命脉，因此保护好公司数据库的安全通常是一个单位网管，甚至到一把手的最重要的责任。数据库系统会根据不同用户设置不同访问权限，并对其身份及权限的完整性进行严格识别。

4. 密钥管理技术

数据的加密技术通常是运用密钥对数据进行加密，这就涉及了一个密钥的管理方面，因为用加密软件进行加密时所用的密钥通常不是我们平常所用的密码那么仅几位，至多十几位数字或字母，一般情况这种密钥达 64bit，有的达到 128bit，我们一般不可能完全用脑来记住这些密钥，只能保存在一个安全的地方，所以，这就涉及到了密钥的管理技术。密钥的保存媒体通常有：磁卡、磁带、磁盘、半导体存储器等，但这些都可能有损坏或丢失的危险，所以现在的主流加密软件都采取第三方认证（这第三方可以是个人，也可以是公证机关）或采用随机密钥来弥补人们记忆上的不足，还是如 PGP 加密软件，不过现在的 WIN2K 系统以及其他一些加密软件都在慢慢地往这个方向发展。有关这些方面同样可以参考我的稿件《文件加密与数字签名》《加密技术的方方面面》。

四、加密技术在智能卡上的应用

与数据加密技术紧密相关的另一项技术则是智能卡技术。所谓智能卡就是密钥的一种媒体，一般就像信用卡一样，由授权用户所持有并由该用户赋予它一个口令或密码字。该密码与内部网络服务器上注册的密码一致。当口令与身份特征共同使用时，智能卡的保密性能还是相当有效的。这种技术比较常见，也应用得较为广泛，比如，我们常用的 IC 卡、银行取款卡、智能门锁卡，等等。

1. 加密技术分类

密码学发展至今，产生了很多密码算法。有的算法已在学术刊物中披露，而更多的却作为军事、商业及贸易等秘密被严加保密。现代密码可以概括为：序列密码、分组密码及公共密钥密码三种类型，同时与密码技术相关联的还有密钥管理和密码分析。

（1）序列密码

序列密码是指利用少量的密钥（制乱元素）通过某种复杂的运算（密码算法）产生大量的伪随机位流，用于对明文位流的加密。解密是指用同样的密钥和密码算法及与加密相同的伪随机位流，用以还原明文位流。序列密码由密钥和密码算法两部分构成。密钥在每次使用之前都要变换，一般存储在密码设备内部或从外部输入密码设备。密码算法在较长时间内是固定的。密钥的灵活变换是这一密码算法的活跃因素，而安全保密的关键则在于密码算法的复杂性。序列密码一般应满足以下三个方面的要求：一是足够长的周期；二是较高的复杂性；三是产生的密钥流符合随机检验的要求。序列密码的优点是运算速度快，密文传输中的错误不会在明文中产生扩散，其缺点是密钥变换过于频繁，密钥分配较难。但由于序列密码历史悠久，理论完善，目前仍是国际密码应用的主流。

（2）分组密码

分组密码是将明文按一定的位长分组，明文组和密钥组的全部经过加密运算得到密文组。解密时密文组和密钥组经过解密运算（加密运算的逆运算），还原成明文组。分组密码的优点是：密钥可以在一定时间内固定，不必每次变换，因此给密钥配发带来了方便。但是，由于分组密码存在着密文传输错误在明文中扩散的问题，因此，在信道质量较差的情况下无法使用。DES密码就是1977年由美国国家标准局公布的第一个分组密码。

（3）公共密钥密码

无论是序列密码还是分组密码，其加密和解密密钥均是相同的，因此必须严格保密，且要经安全渠道配发，这在跨越很大的地理位置上应用是一个难以解决的问题。1976年有人提出了公共密钥密码体制，其原理是加密密钥和解密密钥分离。这样，一个具体用户就可以将自己设计的加密密钥和算法公诸于众，而只保密解密密钥。任何人利用这个加密密钥和算法向该用户发送的加密信息，该用户均可以将之还原。因此，人们通常也将这种密码体制称为双密钥密码体制或非对称密码体制；与此相对应，将序列密码和分组密码等称为单密钥密码体制或对称密钥密码体制。公共密钥密码的优点是不需要经安全渠道传递密钥，极大地简化了密钥管理。它的算法有时也称为公开密钥算法或简称为公钥算法。

1978年有人提出了公共密钥密码的具体实施方案，即RSA方案。1991年提出的DSA算法也是一种公共密钥算法，在数字签名方面有较大的应用优势。目前，国际上在智能IC卡上应用得较多的加密解密算法是DES算法、RSA算法及DSA算法。

2. 密码技术在IC卡上的应用模式

目前，随着网络技术的飞速发展，网络应用已深入到社会的各个领域，而互联网更是逐步走入千家万户。在这样一个网络信息平台上，人们迫切希望获得真实、安全、可靠的信息，密码技术和IC卡技术的结合必将成为在这一平台上保护信息安全的重要技术手段。在IC卡特别是智能卡应用方面，信息安全的保密性、完整性及可获取性等都涉及到密码技术。密码技术在有关IC卡的安全应用主要有：信息传输保护、信息认证及信息授权（数字电子签名）等几种主要模式。密码技术和IC卡，特别是智能IC卡技术的结合必将具有十分广阔的应用和发展前景。信息传输保护，对IC卡处理、传输的信息进行保护是密码应用最重要的方面。采用密码技术的基本思想是将保护大量的明文信息问题转化为保护少量密钥信息的问题，使得信息保护问题易于解决。为防止对传输信息的非法截取，采用密码技术对传输信息进行加密保护，使得非法截取的信息成为不可读、不可知，具有十分重要的意义。

首先，因为 IC 卡的应用和计算机密切相关，并且其中有些安全保护概念就来源于此，因此，先对计算机网络的传输加密做一简单介绍。在计算机网络中的传输加密，通常分为链路加密和端端加密。链路加密是对通过每条链路的全部信息进行加密；端端加密是在信息发送的起点加密，在信息接收点解密。链路加密的优点是全部信息包括信息头都加密，在每条链路上流经的都是密文信息；缺点是信息每经过一个节点就要解密，然后再加密，因此，在信息传输的每一个节点上信息要暴露。端端加密的优点是信息在每一节点上都不暴露，缺点是信息头不能加密。为了安全，也有将两种方式结合使用的。与此相对应，在智能 IC 卡上也存在着类似的传输信息保护方式，一般有三种方式：一是认证传输方式（Authentic Transmit Mode）；二是加密传输方式（Encipher Transmit Mode）；三是混合传输方式（Mixed Transmit Mode）。

（1）认证传输方式

认证传输方式就是将在接口设备（IFD）和 IC 卡（ICC）之间传输的信息附加上相应的认证信息。在 IFD 和 ICC 之间传输的信息可以简单分为两部分：一是信息头，主要为传输控制信息，比如，传输方式等；二是信息主体。

在认证传输方式中，发送端利用相应的加密算法及加密密钥将待传输信息的信息头和信息主体进行加密，得到的密文附加在明文信息尾部传输给接收端。接收端收到该信息后按发送相反的顺序对接收到的信息进行认证，认证通过则进行相应处理，否则回送相应错误信息。在具体的智能 IC 卡应用中，信息发送、接收端则分别为 IFD 或 ICC，采用不同的加密算法则密钥分配、工作顺序也不相同。以采用 DES 算法为例，认证传输的前提就是在 IFD 和 ICC 之间有一公共密钥，在每次认证传输之前，发送端向接收端请求一中间密钥，发送端根据此中间密钥，利用公共密钥导算出加密密钥，再对传输信息做传输认证。如果系统设计合理，附加的认证信息除具有认证功能外，不应具有检错甚至纠错功能。

认证传输方式具有如下特点：一是传输的信息为明文，不具有保密性；二是附加认证信息可以具有信息认证、检错、纠错等多种功能，但绝不是一般的冗余校验。

（2）加密传输方式

加密传输方式就是将信息加密之后再进行传输。加密之后的信息具有保密性，但不具备检错、纠错等功能。此外，在一种具体的 IC 卡应用中，可能同时存在几种传输方式，此次传输所使用的传输方式必须在信息头中说明，因此，应用加密传输方式时的信息头或部分信息头不能被加密，否则接收端将因无法确认传输方式而不能正确地接收信息。

（3）混合传输方式

混合传输方式就是将认证传输方式和加密传输方式的优点结合起来，对待传输的信息既认证又加密。一般在具体实施时先对信息进行认证然后再加密。因为这几种信息传输方式主要是以时间及空间换来信息传输安全的，所以，在一种 IC 卡具体应用中，完全可以视不同情况交替使用或根本不使用这几种信息传输方式。

（4）信息认证与授权

信息认证的目的是防止信息被篡改、伪造或信息接收方事后否认。特别是对于某些开放环境中的信息系统来讲，确保其认证十分重要。认证技术是现代各种计算机通讯网络、办公自动化、电子资金转帐系统、自动零售服务网络等系统设计中的重要组成部分。今后，在 IC 卡应用系统中必将广泛使用。信息认证主要有以下两种方式：

①信息验证

防止信息被篡改，保证信息的完整性，使得有意或无意地篡改了信息后接收者可以发现，其中最简单的为纯认证系统。采用该认证系统的关键在于防止认证码的破译，必须有良好的认证算法和密钥。它将信息通过密钥和某一特定算法进行加密后压缩成一个"信息摘要"，附加在信息之后，接收方收到信息和"信息摘要"之后，用相同的密钥和算法对信息进行验证，如果信息被篡改，必然与所附"信息摘要"不符，从而可以及时发现。例如，可以利用 DES 算法做信息验证，如果信息过长，可用 Hash 算法先对信息进行压缩，再进行验证运算。为没有防范进行信息验证双方的任何措施，纯认证系统必须建立在双方互相信赖的基础上。当然，纯认证系统主要是针对来自进行信息验证双方以外因素的有意或无意的破坏、干扰等。

②数字电子签名

目前，越来越多的敏感数据和文档使用电子服务设施，比如，电子邮件、电传等进行信息处理和传输，这也使得电子签名变得特别重要和迫切。

A 方要发送一个信息给 B 方，既要防止 B 方或第三方伪造，又要防止 A 方事后因对自己不利而否认，通常采用数字签名的方法解决这一问题。

数字签名必须满足三个条件：第一，收方应能确认发方的签名，但不能伪造（收方条件）；第二，发方发送签名信息后，不能否认他已签名的信息（发方条件）；第三，公证方能确认收发双方的信息，作出促裁，但不能伪造成这一过程（公证条件）。

为实现数字签名，用上面的纯验证技术还不行，一般用公钥密码方案解决。用户 A 设计好公钥密码方案。如选用 RSA 算法，设计好加密密钥 E、解密密钥 D 并将有关算法及加密密钥或公布或单独发放给 B。对于信息 M，A 方用解密密钥 D 计算 D(M)，发给 B 方，B 方用 A 方发放的加密密钥 E 计算 E((D(M)=M，此时，B 方掌握了 D(M)和 M。因为只有 A 掌握并了解密钥，其他人包括 B 都无法伪造，如果 A 方事后否认，B 方可以用 D(M)和 M 诉之于公证人裁决；反之，B 也可以设计自己的签名方案并发放给 A。

数字电子签名必须禁止除了原始发送者之外的其他人员再产生此次签名，同时还必须有一个个人化特性并被每一人校验。为避免拷贝，不仅不同的文本给以不同的签名，而且同样的文本也必须给以不同的签名，以区别不同的版本。例如，两个具有同样内容的电子公函。若被签名的文本过长超过了定义的签名串时，可以利用 Hash 算法对文本进行适当的压缩处理等。智能 IC 卡特别适用于改善计算机、信息通讯系统等的安全性。其中一个最重要的应用就是利用数字签名机制达到文档的合法接收，类似的应用领域还有贸易、金融、办公自动化等。这种数字电子签名并无保密功能。若要保密，则需要对签名的密文再进行加密。

参考文献

[1] 董伟.计算机病毒分析及防治策略 [J].信息与电脑, 2009,（07）: 14-15.

[2] 商娟叶.浅谈计算机网络病毒的防治措施 [J].新西部, 2008,（10）: 225.

[3] 刘晓玲, 许三忠.浅谈网络病毒及其危害 [J].济南职业学院学报, 2008（05）: 123-126.

[4] 穆杨.浅谈计算机网络安全的影响因素与应对措施 [J].黑龙江科技信息, 2011（30）.

[5] 何海亮, 张安琳, 黄道颖.基于两段式算法的 P2P 流媒体节点选择机制 [J].计算机工程, 2011（20）.

[6] 叶攀, 罗红霞, 刘光鹏, 等.基于 AJAX 和 JSF 的 W-bGIS 应用研究—以西南大学 WebGIS 为例 [J].测绘科学, 2013（1）.

[7] 沙恒, 帖军.基于 Hadoop 子项目: HiVe 的云计算性能测试 [J].软件导刊, 2012, 11（11）: [8] 李桥兴, 强保华, 杨春燕.大数据基元的 HBase 数据库存储模型与实现 [J].广东工业大学学报, 2014, 31（3）: 8.13.

[9] 刘胜娃, 陈思锦, 李卫.企业私有云平台安全技术研究 [J].现代电子技术, 2014, 37（2）: 88?90.

[10] 刘侃, 章兢.基于自适应线性元件神经网络的表面式永磁同步电机参数在线辨识 [J].中国电机工程学报, 2010, 30（30）: 68-73.

[11] 朱先勇, 刘耀辉, 张英波, 等.基于 BP 神经网络的球墨铸铁组织和力学性能预测 [J].湖南大学学报（自然科学版）, 2007, 34（10）: 74-77.

[12] 王玲芝, 王忠民.动态调整学习速率的 BP 改进算法 [J].计算机应用, 2009, 29（7）: 1896.

[13] 李军华, 黎明, 袁丽华.基于个体相似度交叉率自适应的遗传算法 [J].系统工程, 2006, 24（9）: 108-111.

[14] 林晓鹏.云计算及其关键技术问题 [J].现代电子技术, 2013, 36（12）: 67?70.

[15] 吴蒙, 季丽娜, 无线异构网络的关键安全技术 [J].中兴通讯技术, 2008, 03: 32-37.

[16] 刘富强, 单联海.车载移动异构无线网络架构及关键技术 [J].中兴通讯技术, 2010, 03: 47-51+60.

[17] 刘鸿雁, 胡春静, 李远.分层异构无线网络的协议架构和关键技术 [J].电信科学, 2013, 06: 17-24.

[18] 袁春，信息安全原理与应用电子工业出版社 2010

[19] 刘宝旭，黑客入侵防护体系研究与设计 [期刊论文].计算机工程与应用.2001（8）.

[20] 温世，让计算机网络信息安全认识与防范 2000

[21] 壬渤，信息网络的安全与防泄密问题探讨 2002

[22] 雷震甲，网络工程师教程 2004

[23] 陈巍，JOURNAL OF HUNAN UNIVERSITY OF SCIENCE AND ENGINEERING 2010，31（7）

[24] 南湘浩，网络安全技术概论.北京国防工业出版社 2003

[25] 彭燕，基于 ZigBee 的无线传感器网络研究，现代电子技术 [J]，2011 年 05 期

[26] QU Wei-Qing，Cluster_head Selection Approach Based on Energy and Distance，International Conference on Computer Science and Network Technology[J]，2011.12，Vol.4，2516-2519

[27] 刘小勇，公钥基础设施（PKI）技术及应用研究 [J] 中国西部科技，2009 年 16 期

[28] 霍燕斌.浅议计算机信息安全所面临的威胁以及防范技术 [J].计算机光盘软件与应用，2012（1）：29-30.

[29] 闫巍.网络信息安全威胁与防范措施 [J].硅谷，2013（15）：111-118.

[30] 徐超汉.计算机网络安全与数据完整性技术电子工业出版社，1996.5.

[31] 严有日.论计算机网络安全问题及防范措施 [J].赤峰学院学报（自然科学版），2010，